Schnittpunkt **8**

Mathematik
Rheinland-Pfalz

Rainer Maroska
Achim Olpp
Rainer Pongs
Claus Stöckle
Hartmut Wellstein
Heiko Wontroba

bearbeitet von
Ilona Bernhard, Obermoschel
Volker Müller, Isenburg
Harald Schmitt, Beuren

Ernst Klett Verlag
Stuttgart · Leipzig

Schnittpunkt 8, Mathematik, Rheinland-Pfalz

Begleitmaterial:
Lösungsheft (ISBN 978-3-12-742683-0)
Arbeitsheft plus Lösungsheft (ISBN 978-3-12-742686-1)
Arbeitsheft plus Lösungsheft mit Lernsoftware (ISBN 978-3-12-742685-4)
Schnittpunkt Kompakt, Klasse 5/6 (ISBN 978-3-12-740358-9)
Schnittpunkt Kompakt, Klasse 7/8 (ISBN 978-3-12-740378-7)
Kompetenztest 2, Klasse 7/8 (ISBN 978-3-12-740487-6)
Formelsammlung (ISBN 978-3-12-740322-0)

1. Auflage   1 ^{14} ^{13} ^{12} | 21

Alle Drucke dieser Auflage sind unverändert und können im Unterricht nebeneinander verwendet werden. Die letzten Zahlen bezeichnen jeweils die Auflage und das Jahr des Druckes.

Autoren: Rainer Maroska, Achim Olpp, Rainer Pongs, Claus Stöckle, Prof. Dr. Hartmut Wellstein, Heiko Wontroba
bearbeitet von: Ilona Bernhard, Volker Müller, Harald Schmitt
Redaktion: Annette Thomas, Ina Matussek

Zeichnungen / Illustrationen: Uwe Alfer, Waldbreitbach
Bildkonzept Umschlag: SoldanKommunikation, Stuttgart
Umschlagfoto: Klaus Mellenthin, Stuttgart

Reproduktion: Meyle + Müller, Medien-Management, Pforzheim
DTP / Satz: media office gmbh, Kornwestheim
Druck: PASSAVIA Druckservice GmbH & Co. KG, Passau
Printed in Germany

ISBN 978-3-12-742681-6

Liebe Schülerin, lieber Schüler,

der Schnittpunkt soll dich in diesem Schuljahr beim Lernen begleiten und unterstützen.
Damit du dich jederzeit zurecht findest, wollen wir dir ein paar Hinweise geben.
Zu Beginn des Buches findest du **Basiswissen** aus den letzten Schuljahren zum Nachschlagen und
Auffrischen.
Jedes neue Kapitel beginnt mit einer **Doppelseite**, auf der es viel zu entdecken und auszupro-
bieren gibt und auf der du nachlesen kannst, was du in diesem Kapitel lernen wirst. Innerhalb
der Kapitel wirst du vor allem die **Aufgaben** bearbeiten – gemeinsam mit anderen oder allein.

Auf vielen Aufgabenseiten findest du bunt hervorgehobene Kästen, die Verschiedenes bieten:

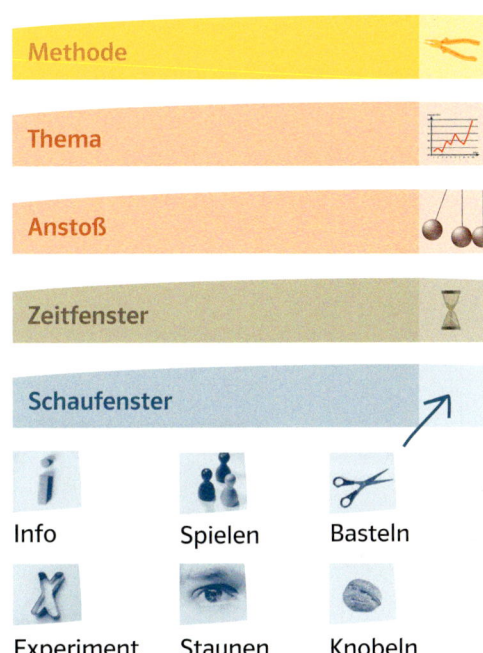

- Wichtige mathematische Methoden und Vorgehensweisen, die du immer wieder brauchen wirst.

- Informationen, Daten und Diagramme zu einem interessanten Thema sowie einige Fragestellungen, zu denen du Antworten und Fragen finden kannst.

- Den Anstoß zu einer ausführlichen Beschäftigung mit einem Thema, bei dem es einiges zu entdecken gibt.

- Wissenswertes aus alter Zeit.

- Schaufenster in die Mathematik mit Interessantem, Staunenswertem, mit Spielen, Bastelideen, Gedanken-experimenten und echten Knobelnüssen.

Am Ende jedes Kapitels findest du in der **Zusammenfassung** noch einmal alles, was du dazu-
gelernt hast. Hier kannst du dich für Klassenarbeiten fit machen und jederzeit nachschlagen.
Unter **Üben • Anwenden • Nachdenken** sind Aufgaben zum Üben, Weiterdenken und
Anknüpfen an früher Gelerntes zusammengestellt.
Die letzte Seite des Kapitels, der Rückspiegel, bietet dir eine Aufgabenauswahl, mit der
du dein Wissen und Können testen kannst. Links findest du die leichteren, rechts die schwie-
rigeren Aufgaben. Wenn du einen Aufgabentyp schon sehr gut beherrschst, kannst du nach
rechts springen, wenn dir eine Art von Aufgaben noch Schwierigkeiten bereitet, wechselst du
auf die linke Seite. Die Lösungen zu diesen Aufgaben findest du alle am Ende des Buches.

Manche Aufgaben haben eine blaue Aufgabenziffer. Bei diesen musst du ein bisschen länger
überlegen oder brauchst eine gute Idee.

Im **Sammelpunkt** sind noch einmal Aufgaben zusammengestellt, die aufgreifen, was du bis
Klasse 8 gelernt hast. Auch zu diesen Aufgaben findest du Lösungen am Ende des Buches.

Und jetzt wünschen wir dir viel Spaß und Erfolg!

Inhalt

Basiswissen | Rechnen mit Brüchen

$$\frac{1}{6} + \frac{3}{4} = \frac{1 \cdot 2}{6 \cdot 2} + \frac{3 \cdot 3}{4 \cdot 3} = \frac{2}{12} + \frac{9}{12} = \frac{11}{12}$$

$$\frac{4}{5} - \frac{2}{3} = \frac{4 \cdot 3}{5 \cdot 3} - \frac{2 \cdot 5}{3 \cdot 5} = \frac{12}{15} - \frac{10}{15} = \frac{2}{15}$$

$$\frac{2}{3} + \frac{1}{2} = \frac{1}{2} + \frac{2}{3} \text{, denn} \quad \frac{2}{3} + \frac{1}{2} = \frac{4}{6} + \frac{3}{6} = \frac{7}{6} = 1\frac{1}{6}$$
$$\frac{1}{2} + \frac{2}{3} = \frac{3}{6} + \frac{4}{6} = \frac{7}{6} = 1\frac{1}{6}$$

$$\left(\frac{2}{3} + \frac{2}{5}\right) + \frac{1}{5} = \frac{2}{3} + \left(\frac{2}{5} + \frac{1}{5}\right) = \frac{2}{3} + \frac{3}{5} = \frac{10}{15} + \frac{9}{15}$$
$$= \frac{19}{15} = 1\frac{4}{15}$$

Zwei Brüche werden **addiert** oder **subtrahiert**, indem man beide Brüche auf einen gemeinsamen Nenner erweitert und dann die beiden Zähler addiert oder subtrahiert.
In Summen dürfen die Summanden vertauscht und beliebig Klammern gesetzt und weggelassen werden.

1 Berechne im Kopf.

a) $\frac{2}{5} + \frac{3}{5}$ b) $\frac{5}{7} - \frac{2}{7}$ c) $\frac{3}{4} + \frac{5}{4}$

d) $\frac{2}{3} + \frac{1}{4}$ e) $1 - \frac{1}{5}$ f) $\frac{2}{3} + \frac{2}{5}$

g) $\frac{1}{3} + 1$ h) $\frac{3}{4} - \frac{3}{8}$ i) $\frac{5}{6} - \frac{1}{3}$

2 Addiere und subtrahiere.

a) $\frac{5}{6} + \frac{3}{8}$ b) $\frac{3}{4} + \frac{4}{5}$ c) $\frac{3}{4} - \frac{5}{9}$

d) $\frac{7}{8} + \frac{4}{5}$ e) $\frac{3}{5} - \frac{2}{7}$ f) $\frac{2}{3} - \frac{2}{5}$

g) $\frac{6}{7} - \frac{5}{8}$ h) $\frac{5}{7} + \frac{2}{9}$ i) $\frac{3}{8} - \frac{2}{9}$

3 Berechne.

a) $1\frac{3}{4} - \frac{1}{2}$ b) $2\frac{2}{3} + 1\frac{1}{2}$

c) $1\frac{2}{3} + 2\frac{7}{8}$ d) $1\frac{4}{5} - 1\frac{1}{8}$

e) $1\frac{4}{9} - \frac{1}{6}$ f) $\frac{1}{2} + 1\frac{5}{6}$

4 Berechne.

a) $\frac{3}{4} + \frac{4}{3} + \frac{1}{4}$ b) $\frac{1}{6} + \left(\frac{1}{4} + \frac{5}{6}\right)$

c) $\frac{1}{2} + \left(\frac{3}{7} + \frac{1}{4}\right) + \frac{9}{14}$ d) $\left(\frac{2}{7} + \frac{5}{8}\right) + \left(\frac{5}{7} + \frac{3}{4}\right)$

e) $\frac{1}{12} + \left(\frac{3}{7} + \frac{5}{6}\right) + \frac{2}{7} + \frac{1}{3}$ f) $\left(\frac{1}{6} + \frac{2}{3}\right) + \frac{1}{2} + \left(\frac{8}{9} + \frac{3}{4}\right)$

$$\frac{2}{3} \cdot \frac{5}{7} = \frac{2 \cdot 5}{3 \cdot 7} = \frac{10}{21}$$

$$\frac{2}{3} : \frac{4}{5} = \frac{2}{3} \cdot \frac{5}{4} = \frac{2 \cdot 5}{3 \cdot 4} = \frac{10}{12} = \frac{5}{6}$$

$$\frac{3}{5} \cdot \frac{4}{7} = \frac{4}{7} \cdot \frac{3}{5} \text{, denn} \quad \frac{3}{5} \cdot \frac{4}{7} = \frac{3 \cdot 4}{5 \cdot 7} = \frac{12}{35}$$
$$\frac{4}{7} \cdot \frac{3}{5} = \frac{4 \cdot 3}{7 \cdot 5} = \frac{12}{35}$$

$$\left(\frac{2}{3} \cdot \frac{2}{5}\right) \cdot \frac{5}{2} = \frac{2}{3} \cdot \left(\frac{2}{5} \cdot \frac{5}{2}\right) = \frac{2}{3} \cdot 1 = \frac{2}{3}$$

Zwei Brüche werden **multipliziert**, indem man Zähler mit Zähler und Nenner mit Nenner multipliziert.
Zwei Brüche werden **dividiert**, indem man den ersten Bruch mit dem Kehrbruch des zweiten Bruches multipliziert.
In Produkten dürfen die Faktoren vertauscht und beliebig Klammern gesetzt und weggelassen werden.

5 Berechne im Kopf.

a) $\frac{3}{5} \cdot \frac{1}{2}$ b) $\frac{1}{2} \cdot \frac{9}{5}$ c) $\frac{2}{3} \cdot \frac{1}{2}$

d) $\frac{3}{8} \cdot 1$ e) $\frac{3}{4} : \frac{7}{3}$ f) $1 \cdot \frac{5}{7}$

g) $1 : \frac{5}{6}$ h) $\frac{2}{3} \cdot \frac{3}{4}$ i) $\frac{8}{9} : 1$

6 Multipliziere und dividiere.

a) $\frac{3}{5} \cdot \frac{7}{6}$ b) $\frac{3}{7} : \frac{8}{5}$ c) $\frac{4}{9} \cdot \frac{4}{5}$

d) $\frac{7}{9} \cdot \frac{1}{4}$ e) $\frac{5}{6} : \frac{6}{7}$ f) $\frac{4}{9} : \frac{7}{4}$

g) $\frac{11}{9} : \frac{6}{5}$ h) $\frac{5}{9} \cdot \frac{7}{8}$ i) $\frac{3}{8} : \frac{8}{7}$

7 Berechne. Kürze wenn möglich.

a) $\frac{5}{4} : \frac{15}{8}$ b) $\frac{8}{25} \cdot \frac{5}{12}$

c) $\frac{5}{9} \cdot \frac{3}{10}$ d) $\frac{3}{5} \cdot \frac{10}{3}$

e) $\frac{9}{8} : \frac{3}{10}$ f) $\frac{25}{12} : \frac{5}{6}$

8 Benutze die Rechengesetze.

a) $\left(\frac{2}{5} \cdot \frac{3}{4}\right) \cdot \frac{5}{3}$ b) $\frac{3}{8} \cdot \left(\frac{5}{7} \cdot \frac{4}{3}\right)$

c) $\left(\frac{8}{9} \cdot \frac{7}{5}\right) \cdot \left(\frac{3}{4} \cdot \frac{15}{14}\right)$ d) $\frac{5}{8} \cdot \left(\frac{14}{3} \cdot \frac{12}{25}\right) \cdot \frac{4}{7}$

e) $\frac{8}{6} \cdot \left(\frac{2}{25} \cdot \frac{4}{7}\right) \cdot \left(\frac{15}{8} \cdot \frac{21}{16}\right)$ f) $\left(\frac{8}{9} \cdot \frac{3}{10}\right) \cdot \frac{7}{20} \cdot \left(\frac{5}{4} \cdot \frac{10}{21}\right)$

Basiswissen | Rechnen mit rationalen Zahlen

Beim **Addieren** von rationalen Zahlen mit **gleichen Vorzeichen** addiert man zunächst die Zahlen, ohne die Vorzeichen zu berücksichtigen. Das Ergebnis erhält das gemeinsame Vorzeichen beider Zahlen. Bei **verschiedenen Vorzeichen** subtrahiert man die Zahlen ohne Berücksichtigung ihres Vorzeichens. Das Ergebnis erhält das Vorzeichen der Zahl, die den größeren Betrag hat.
Beim **Subtrahieren** einer rationalen Zahl wird ihre Gegenzahl addiert.
Haben beim **Multiplizieren** beide Faktoren **gleiche Vorzeichen**, dann ist der Wert des Produkts **positiv**. Haben die Faktoren **verschiedene Vorzeichen**, dann ist der Wert **negativ**.
Haben beim **Dividieren** Dividend und Divisor **gleiche Vorzeichen**, dann ist der Wert des Quotienten **positiv**.
Haben Dividend und Divisor **verschiedene Vorzeichen**, ist der Wert **negativ**.

$$-12 + (-17) = -29$$

$$17 + (-29) = -12$$

$$(-11) - (+13) = (-11) + (-13) = -24$$
$$(-22) - (-15) = (-22) + (+15) = -7$$

$$(-12) \cdot (-7) = +(12 \cdot 7) = 84$$

$$(-12) \cdot (+7) = -(12 \cdot 7) = -84$$

$$(-96) : (-12) = +(96 : 12) = 8$$

$$(-96) : (+12) = -(96 : 12) = -8$$

1　a) $(+23) + (+36)$　b) $(-15) + (-45)$
c) $-45 + (-13)$　d) $34 + (-23)$
e) $-4,6 + 2,2$　f) $\frac{1}{2} + \left(-\frac{3}{4}\right)$

2　a) $(+34) - (+18)$　b) $(-56) - (-64)$
c) $42 - (-17)$　d) $-100 - 120$
e) $3,2 - 5,8$　f) $-\frac{1}{4} - \frac{1}{8}$

3　a) $(+12) \cdot (+9)$　b) $(-11) \cdot (-22)$
c) $-5 \cdot (-25)$　d) $-0,5 \cdot (-12,8)$
e) $-\frac{1}{3} \cdot \left(-\frac{1}{2}\right)$　f) $\frac{1}{2} \cdot \left(-\frac{1}{3}\right)$

4　a) $(+15) \cdot (-22)$　b) $(-9) \cdot (+19)$
c) $7 \cdot (-21)$　d) $-30 \cdot 0,4$
e) $\frac{1}{4} \cdot (-8)$　f) $-\frac{2}{3} \cdot 24$

5　a) $(+99) : (+11)$　b) $(-100) : (-8)$
c) $-175 : (-25)$　d) $-15 : (-0,5)$
e) $-\frac{17}{40} : (-17)$　f) $\frac{3}{4} : \left(-\frac{1}{4}\right)$

6　a) $(+56) : (-7)$　b) $(-256) : (+16)$
c) $72 : (-3,6)$　d) $-3,9 : 0,13$
e) $\frac{1}{3} : \left(-\frac{2}{9}\right)$　f) $-5,2 : 0,1$

Berechnen von Termen
Terme mit rationalen Zahlen werden nach denselben Regeln berechnet wie solche mit natürlichen Zahlen.

Innere Klammer zuerst
Klammern vor anderen Rechnungen
Potenzen zuerst
Punktrechnung **vor Strich**rechnung
Vereinfachte Schreibweise anwenden
von links nach rechts vereinfachen

$$
\begin{aligned}
&(64 - (130 - 36)) + (-5) \cdot 2^3 + 46,5 \\
=\ &(64 - \quad\ 94\quad\ ) + (-5) \cdot 2^3 + 46,5 \\
=\ &\quad\ -30 \qquad\quad + (-5) \cdot 2^3 + 46,5 \\
=\ &\quad\ -30 \qquad\quad + (-5) \cdot 8 + 46,5 \\
=\ &\quad\ -30 \qquad\quad + (-40) \quad\ + 46,5 \\
=\ &\quad\ -30 \qquad\qquad\quad -40 \quad\ + 46,5 \\
=\ &\qquad\qquad -70 \qquad\qquad\ + 46,5 \\
=\ &\qquad\qquad\quad -23,5
\end{aligned}
$$

7　a) $20 + 11 \cdot (-8)$
b) $13 \cdot (-5) + 25 \cdot (-11)$
c) $-2,5 \cdot 10 - (-2) \cdot (-4,5) + 0,5 \cdot (-4,2)$
d) $100 : 25 - (-8,4) : (-2,1)$
e) $-(-35 - 35) - (36 - 37)$
f) $-\left(\frac{1}{2} - \frac{1}{3}\right) + \left(\frac{1}{3} - \frac{1}{2}\right)$

8　a) $5,2 - (10,8 - 2 \cdot 5,6)$
b) $-150 : 25 - (5 - 225 : 15)$
c) $3 \cdot (4 - 5) - 4 \cdot (5 - 6)$
d) $-10,2 - (5,3 - 2 \cdot (4,5 - 2,5))$
e) $2 \cdot (4 - 5,5) - (3 \cdot (4,2 - 5,7) + 2)$
f) $10 - (2,5 \cdot 2,1 - (1,5 \cdot (-3) - 0,5))$

Basiswissen | Rechnen mit Termen

$3 \cdot x - 2 \cdot y + z$
Wert des Terms für $x = 4$; $y = 3$; $z = -5$:
$3 \cdot 4 - 2 \cdot 3 + (-5) = 12 - 6 - 5 = 1$

Der **Wert eines Terms** lässt sich berechnen, wenn die Variablen durch Zahlen ersetzt werden.

$2x + 3y + x - 2y + 4z$
$= 2x + x + 3y - 2y + 4z$
$= 3x + y + 4z$

Gleichartige Terme lassen sich durch Addieren und Subtrahieren **zusammenfassen**, verschiedenartige dagegen nicht.

	T_1: $2x + 3y - 4x$	T_2: $3y - 2x$
$x = -1$	$-2 + 7{,}5 + 4$	$3 \cdot 2{,}5 - 2 \cdot (-1)$
und	$= 5{,}5 + 4$	$= 7{,}5 + 2$
$y = 2{,}5$	$= 9{,}5$	$= 9{,}5$

Terme heißen **äquivalent**, wenn ihre Werte nach jeder Ersetzung der Variablen durch Zahlen übereinstimmen.

$3xy \cdot 5z \cdot 4xz$
$= (3 \cdot 5 \cdot 4) \cdot (x \cdot x) \cdot y \cdot (z \cdot z)$
$= 60x^2yz^2$
$8abc : (-4) = -2abc$

Terme lassen sich **multiplizieren**, indem man die Koeffizienten und die Variablen getrennt multipliziert.
Beim **Dividieren** eines Terms durch eine Zahl wird nur der Koeffizient dividiert.

Klammerregeln für Terme

$x + (y + z) = x + y + z$
$x - (y + z) = x - y - z$
$x - (y - z) = x - y + z$
$x \cdot (y + z) = xy + xz$
$(x + y) : z = x : z + y : z$

- Addition einer Summe
- Subtraktion einer Summe
- Subtraktion einer Differenz
- Multiplikation einer Summe (Distributivgesetz)
- Division einer Summe

---

1 Setze die Zahl 3 für x und die Zahl −1 für y ein und berechne den Wert des Terms.
a) $2x + 3y$ b) $-2x - 3$
c) $2x \cdot 3y$ d) $y^2 - x$

2 Setze für die Variable x die ganzen Zahlen von −3 bis 3 ein und berechne den Wert des Terms.
a) $4 + 2x$ b) $-3x - 4$
c) $2x - 5x$ d) $2x^2 - x$

3 Fasse zusammen.
a) $9x + 12y - 5x + 7x - 4y$
b) $4a + 7b - 13a + 9b - b$
c) $3xy + 10ab - 9xy - 21ab$
d) $4a^2 - 4a + 4 - a^2 + a - 4$

4 Ergänze so, dass die Rechnung stimmt.
a) $10x - \square - 3x + 2y = 7x - 7y$
b) $-12x - y + \square - 5y = 5x - 6y$
c) $2a - 3b - 4 - a - \square = a - 4 + b$
d) $3xy - \square + 19ab - \square = 2xy + 20ab$

5 Multipliziere bzw. dividiere.
a) $6xy \cdot 5z \cdot 4 \cdot 8x$ b) $5x \cdot (-4y) \cdot 3 \cdot (-z)$
c) $12a \cdot (-6bc) \cdot 4a$ d) $2a \cdot 3ab \cdot c \cdot (-2a)$
e) $25xy : 2{,}5$ f) $35y^2 : (-7)$

6 Beachte „Punkt vor Strich".
a) $5xy + 4x \cdot (-7y) - 12y \cdot 3x$
b) $42xy - 40xy : 8 + 25xy - 20xy \cdot 3$
c) $3ab \cdot (-4ab) - cd \cdot cd + 5a^2b^2$

7 Löse die Klammern auf und berechne.
a) $9a + (12b - 6a) - 3b$
b) $6a + (14 - 3a) + (2a - 5)$
c) $10m - (3m + 5n) - (n + 2m)$
d) $6m - (-4n + m) + (-10m + 2n)$

8 Schreibe ohne Klammer.
a) $3a(9b + 6)$ b) $8a(7b - 9c)$
c) $(12x - 6y) \cdot 5y$
d) $(18x + 15y^2) \cdot (-2x)$
e) $-9x \cdot (-6x - 7y^2)$ f) $(14a - 21) : 7$
g) $(17ab - 34bc) : 17$
h) $(8a^2b - b^2) : (-0{,}5)$

Basiswissen | Gleichungen lösen

Um eine Gleichung zu lösen, führt man **Termumformungen** und **Äquivalenzumformungen** aus.
Durch solche Umformungen ändert sich die Lösung einer Gleichung nicht.
Am Ende steht eine Gleichung, deren Lösung unmittelbar abzulesen ist.

$$8x + 27 + x + 2 \cdot (8 - 3x) = -32 + 4 \cdot (24 - x)$$

$$\downarrow$$

$$x = 3$$

Termumformungen
Die zwei Terme auf der linken und der rechten Seite der Gleichung werden durch Zusammenfassen einzeln vereinfacht. Enthält ein Term **Klammern**, werden diese zuerst aufgelöst.

$$
\begin{aligned}
8x + 27 + x + 2 \cdot (8 - 3x) &= -32 + 4 \cdot (24 - x) \\
8x + 27 + x + 16 - 6x &= -32 + 96 - 4x \\
3x + 43 &= 64 - 4x & |+4x \\
7x + 43 &= 64 & |-43 \\
7x &= 21 & |:7 \\
x &= 3
\end{aligned}
$$

Äquivalenzumformungen
- Auf beiden Seiten der Gleichung wird derselbe Term addiert oder subtrahiert.
- Beide Seiten der Gleichung werden mit derselben Zahl multipliziert oder durch dieselbe Zahl dividiert.
  Nicht möglich sind die Multiplikation mit null und die Division durch null.

Probe:

linker Term	rechter Term
$8 \cdot 3 + 27 + 3 + 2 \cdot (8 - 3 \cdot 3)$	$-32 + 4 \cdot (24 - 3)$
$= 24 + 27 + 3 + 2 \cdot (8 - 9)$	$= -32 + 4 \cdot 21$
$= 24 + 27 + 3 + 2 \cdot (-1)$	$= -32 + 84$
$= 24 + 27 + 3 - 2$	$= 52$
$= 52$	

1 Löse die Gleichung so weit wie möglich im Kopf.
a) $12x - 18 = 4x + 30$
b) $19x + 8 - 7x = 48 - 8x$
c) $29 - 17x = -18x + 30$
d) $34x - 27 + 8x = 50x - 87 - 2x$
e) $-x + 3x + 1 = -2x + 2 + 3x - 1$
f) $34 + 15x = 46 + 18x$

2 Löse die Gleichung.
a) $0,5x - 1 = 6$ b) $\frac{1}{3}x + 5 = 9$
c) $\frac{3}{4}x + \frac{7}{2} = \frac{1}{4}x + 6$ d) $\frac{5}{6}x + \frac{1}{4} = 4$
e) $1,5x + 8 = 6 - 0,5x$
f) $9,6x + 7 - 2,4x = -0,8x + 19$

3 Löse zuerst die Klammern auf, bevor du die Gleichung löst.
a) $6 \cdot (3x + 4) = 5 \cdot (2x + 8)$
b) $-12x + 4 \cdot (x - 9) = 3 \cdot (2 - 5x)$
c) $y + 2 \cdot (7 - y) - 5 = 13 \cdot (y - 9)$
d) $4 \cdot (y - 11) = 11 \cdot (y - 4)$
e) $3 \cdot (6 - u) + 4 \cdot (2u + 5) = 3 \cdot (u - 8)$

4 Die drei Schwierigen!
a) $\frac{1}{3}x + \frac{1}{2} \cdot (4 - 2x) = \frac{7}{6} + x$
b) $6 \cdot (5 + 6y) = \frac{3}{2} \cdot (9 + 21y) + 13,5$
c) $2 \cdot (1 + z) + 3 \cdot (7 - z) - 4 \cdot (2z - 1)$
$- (6 - 12z) = 0$

5 Das 7-Fache einer Zahl ist 3-mal so groß wie ihr um 5 verkleinertes 4-Faches.

6 a) In 8 Jahren wird Anca 3-mal so alt sein wie sie jetzt ist.
b) In 5 Jahren wird Bea 4-mal so alt sein wie sie vor 10 Jahren war.

7 Welche Aufgabe ist an der Zahlengeraden dargestellt? Löse sie und trage sie in eine richtig unterteilte Gerade ein.

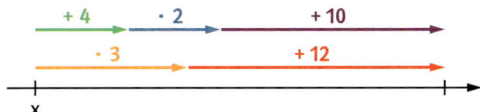

Basiswissen | Dreiecke

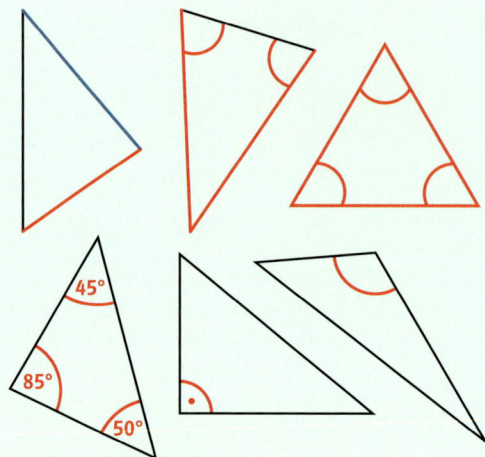

Die Summe der Winkel eines Dreiecks beträgt 180°: $\alpha + \beta + \gamma = 180°$.

allgemein	Alle Seiten sind unterschiedlich lang.
gleichschenklig	Zwei Seiten sind gleich lang. Zwei Winkel sind gleich groß.
gleichseitig	Drei Seiten sind gleich lang. Die Winkel sind gleich gross (60°).
spitzwinklig	Alle Winkel sind kleiner als 90°.
rechtwinklig	Ein Winkel beträgt 90°.
stumpfwinklig	Ein Winkel ist größer als 90°.

Gegeben:
b = 8 cm; c = 7 cm; α = 40°
SWS-Konstruktion

Planfigur

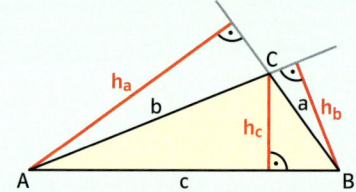

Konstruktion:
1. Seite c
2. Winkel α
3. der Kreis um A mit Radius b
4. Schnittpunkt des Kreises mit dem freien Schenkel von a.
Es gibt nur ein solches Dreieck.

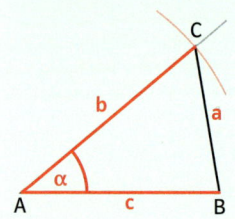

Zum **Konstruieren** eines Dreiecks mit Geodreieck und Zirkel benötigt man drei Stücke. In einer Planfigur werden die gegebenen Stücke farbig markiert.

Seiten-Winkel-Beziehung
In jedem Dreieck liegt der größeren von zwei Seiten auch der größere Winkel gegenüber und umgekehrt.
Dreiecksungleichung
In jedem Dreieck ist die Summe der Längen zweier Seiten größer als die Länge der dritten Seite.

In Dreiecken gibt es Linien mit besonderen Eigenschaften.
Eine **Höhe** verläuft von einem Eckpunkt senkrecht zur gegenüberliegenden Seite.

1 Ergänze die Winkel des Dreiecks. Benenne die Dreiecksart nach Winkeln.

	α	β	γ
a)	60°	60°	
b)		125°	15°
c)	45°		90°

2 Konstruiere das Dreieck.
a) a = 6 cm; b = 7 cm; c = 8 cm
b) a = 5 cm; c = 8 cm; β = 100°
c) b = 6,5 cm; α = 85°; γ = 50°
d) a = 11 cm; c = 7 cm; α = 42°

3 Wie hoch ist der Turm?

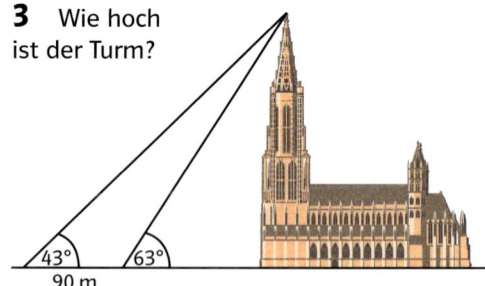

4 Auch mit diesen Stücken lassen sich Dreiecke konstruieren.
a) c = 8,5 cm; α = 50°; h_c = 6 cm
b) a = 7 cm; γ = 42°; h_a = 7 cm

Basiswissen | Proportionale und antiproportionale Zuordnungen

Bei einer **Zuordnung** werden zwei Größen in Beziehung gesetzt. Jeder Eingabegröße wird eine Ausgabegröße zugeordnet.

Eine **Zuordnung** heißt **proportional**, wenn zum n-Fachen der **Eingabegröße** immer das n-Fache der **Ausgabegröße** gehört.

Alle Punkte einer proportionalen Zuordnung liegen auf einer **Ursprungsgeraden**. Es gilt die **Quotientengleichheit**.

Jedem Alter eines Menschen wird eine Körpergröße in cm zugeordnet

Ölvolumen in Litern	500	700	1100	1600
Preis in €	275	385	605	880

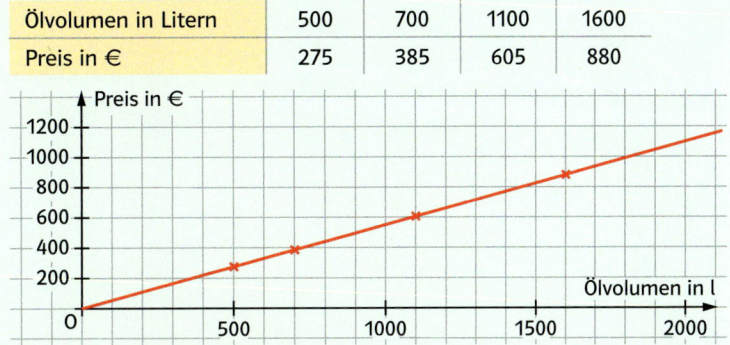

Eine Zuordnung heißt **antiproportional**, wenn zum n-Fachen der Eingabegröße der n-te Teil der Ausgabegröße und zum n-ten Teil der Eingabegröße das n-Fache der Ausgabegröße gehört.

Das **Produkt aus zusammengehörenden Ein- und Ausgabegrößen** ist immer gleich.

Alle Punkte der antiproportionalen Zuordnung gehören zu einer **Hyperbel**.

Länge des Rechtecks in cm	4	6	10	12	15	20
Breite des Rechtecks in cm	15	10	6	5	4	3

1 a) der Futtervorrat für 16 Pferde reicht 9 Tage. Es sind nur 12 Pferde im Stall.
b) Aus einem Eichenstamm werden 24 Bretter von je 4 cm Dicke gesägt. Ein gleich starker zweiter Stamm wird dagegen in 16 Bretter zersägt.
c) Normalerweise fährt Hajo mit dem Rad 20 km/h und benötigt für seinen Heimweg 10 Minuten. Heute fährt er aber mit einer Durchschnittsgeschwindigkeit von 25 km/h.
d) Ein Gewinn soll an 12 Personen verteilt werden. Jeder erhält 80 €.
Zwei Personen verzichten nachträglich auf den Gewinn.

2 Beim Schulfest verkaufen Jan und Peter Pizza vom Blech. Anstatt 16 Stücke vom Blech zu schneiden und 1,50 € einzunehmen, schneiden sie die Pizza in 20 Stücke.

3 Um die Fenster der Schule zu säubern, benötigen drei Reinigungskräfte acht Stunden. In welcher Zeit hätten 6; 12; 60; Reinigungskräfte die Fenster geputzt?

4 Ein Flugzeug fliegt in einer Stunde 950 km weit. Von Düsseldorf nach Chicago benötigt es neun Stunden. Auf dieser Strecke bläst häufig Gegenwind, sodass die Geschwindigkeit des Flugzeuges sich um die Windgeschwindigkeit verringert.
a) Wie lange dauert der Flug, wenn der Wind mit einer durchschnittlichen Geschwindigkeit von 75 km/h bläst? Runde geschickt.
b) Der Flug Düsseldorf – Chicago hat eine Verspätung von einer Stunde. Wie groß war vermutlich die Geschwindigkeit des Gegenwindes?

Rechtecke legen

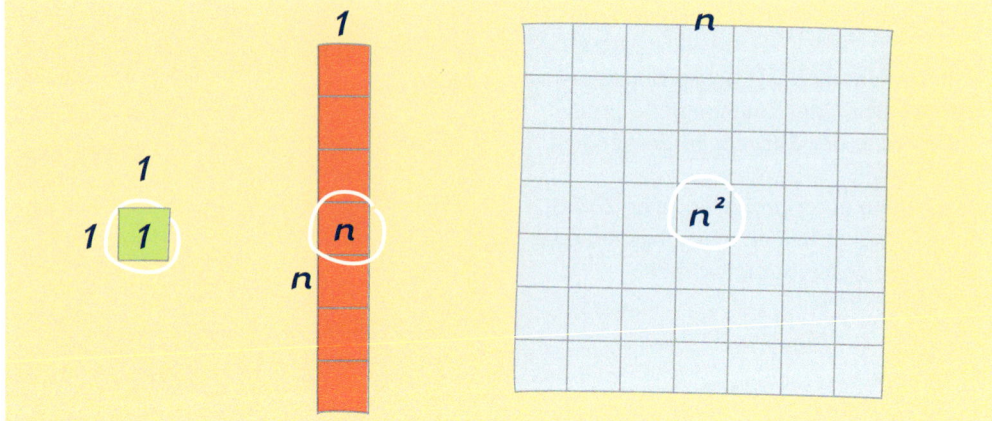

Aus Quadraten und Streifen sollen Rechtecke gelegt werden.

Dazu benötigt ihr **9 kleine Quadrate**, deren Seitenlänge ihr beliebig wählen könnt. Sie kann also 1 cm; 1,5 cm oder 2 cm betragen. Weiter braucht ihr **6 Streifen**, die so breit sind wie ein kleines Quadrat. Die Länge der Streifen muss ein Vielfaches der Breite sein. Ihr könnt z. B. den Streifen 6-mal oder 7-mal so lang anfertigen wie die Breite.

Jetzt braucht ihr noch **4 große Quadrate**, deren Seitenlänge so groß sein muss wie die Länge eines Streifens.

Beschriftet die Flächen wie abgebildet mit der Anzahl der kleinen Quadrate, die die Fläche bedecken.

Wenn ihr mit euren Flächenstücken Rechtecke legt, dann dürft ihr nur Seiten mit gleichen Bezeichnungen aneinanderlegen, also n an n oder 1 an 1.

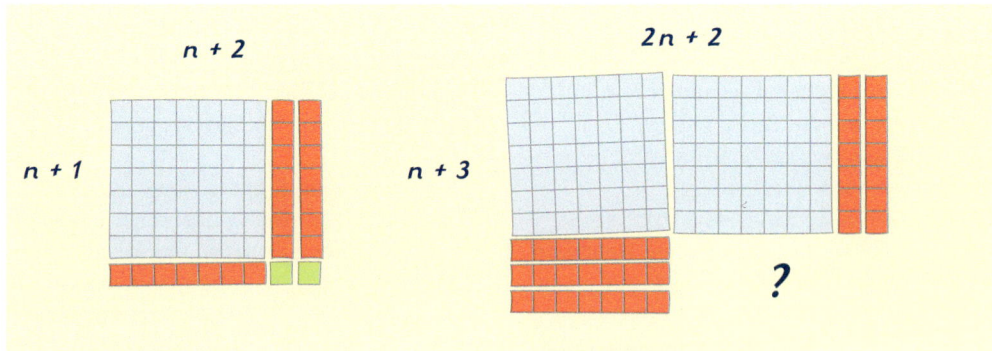

Sandra sagt, dass die ausgelegte Fläche des Rechtecks mit dem Term $n^2 + 3n + 2$ beschrieben werden kann. Daniel meint dagegen, dass der Term $(n + 1)(n + 2)$ richtig ist.

Wer hat Recht? Begründe.

Ergänze zu einem Rechteck.

Mit welchen beiden Termen kann man die Gesamtfläche ausdrücken?

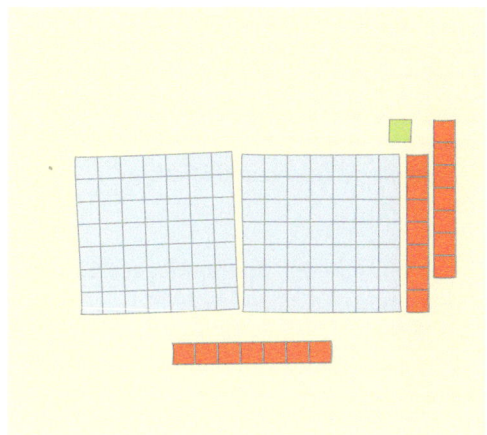

Arbeite mit einem Partner oder einer Partnerin zusammen. Einer legt mit den kleinen und großen Quadraten sowie den Streifen Rechtecke, der andere beschreibt die Anzahl der kleinen Quadrate, die das Rechteck enthält, mit verschiedenen Termen.

Tauscht anschließend eure Rollen.

Ergänzt durch Anlegen von Streifen und kleinen Quadraten schrittweise zu immer größeren Quadraten.

Stellt auch Terme dazu auf.

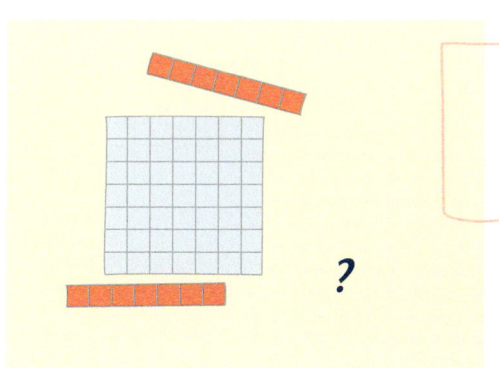

Lässt sich auch der Term $n^2 - 2n$ mithilfe der Quadrate und Streifen darstellen?

Gibt es einen anderen Term für dieselbe Fläche?

In diesem Kapitel lernst du,

• wie man Terme ausmultipliziert und ausklammert,
• wie Summen miteinander multipliziert werden,
• was man unter den binomischen Formeln versteht,
• wie mithilfe der binomischen Formeln Produkte zu Summen umgeformt werden und umgekehrt.

1 Ausmultiplizieren. Ausklammern

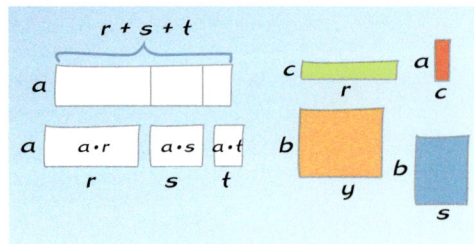

→ Teile das große Flächenstück auf und schiebe die entstehenden kleinen Flächenstücke passend zu neuen Rechtecken zusammen.

→ Drücke jeweils die Gesamtfläche durch die Summe der Einzelflächen und durch das Produkt der Seitenlängen aus.

→ Findest du Gesetzmäßigkeiten?

Terme wie $2a \cdot (3b + 4c)$ oder $6x + 8xy$ lassen sich mithilfe des **Distributivgesetzes** (Verteilungsgesetzes) umformen. Dabei unterscheidet man

Ausmultiplizieren und

Durch das Ausmultiplizieren wird ein Produkt zu einer Summe.

Ausklammern (Faktorisieren).

Beim Ausklammern wird eine Summe zu einem Produkt.

Produkt: $2a \cdot (3b + 4c)$

$= 2a \cdot 3b + 2a \cdot 4c$

Summe: $= 6ab + 8ac$

Summe: $6x + 8xy$

$= 2x \cdot 3 + 2x \cdot 4y$

Produkt: $= 2x \cdot (3 + 4y)$

Beim **Ausmultiplizieren** wird jeder Summand in der Klammer mit dem Faktor außerhalb der Klammer multipliziert.

Aus einem Produkt wird eine Summe.

Haben Summanden gemeinsame Faktoren, können diese **ausgeklammert** werden.

Aus einer Summe wird ein Produkt.

Beispiele

a)

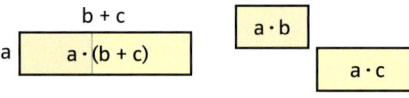

b)

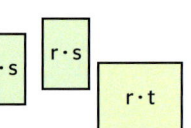

$r \cdot s + r \cdot s + r \cdot t$

$r \cdot (s + s + t)$

$= r \cdot (2s + t)$

> Das Distributivgesetz gilt auch für Differenzen:
>
> $a \cdot (b - c)$
>
> $= ab - ac$
>
> und für Quotienten:
>
> $(a + b) : c$
>
> $= a : c + b : c$

Durch Ausmultiplizieren in eine Summe oder Differenz verwandeln

c) $4x \cdot (5y + 7x)$

$= 4x \cdot 5y + 4x \cdot 7x$

$= 20xy + 28x^2$

d) $(5a - 3b) \cdot 2c$

$= 5a \cdot 2c - 3b \cdot 2c$

$= 10ac - 6bc$

Durch Ausklammern in ein Produkt verwandeln

e) $24ab + 42ac$

$= 6a \cdot 4b + 6a \cdot 7c$

$= 6a(4b + 7c)$

f) $28x^2y + 21xy^2 - 7xy$

$= 7xy \cdot 4x + 7xy \cdot 3y - 7xy \cdot 1$

$= 7xy(4x + 3y - 1)$

Das Distributivgesetz auf Quotienten anwenden

g) $(144st + 108t) : 12$

$= 144st : 12 + 108t : 12$

$= 12st + 9t$

h) $(7,5x^2 - 5xy) : 2,5x$

$= 7,5x^2 : 2,5x - 5xy : 2,5x$

$= 3x - 2y$

Aufgaben

1 Rechne wie im Beispiel.

$9 \cdot 24 = 9 \cdot 20 + 9 \cdot 4$
$ = 180 + 36 = 216$

a) $4 \cdot 36$ b) $7 \cdot 44$ c) $34 \cdot 9$
   $5 \cdot 43$ $8 \cdot 53$ $8 \cdot 82$
   $6 \cdot 24$ $9 \cdot 65$ $9 \cdot 73$

2 Schreibe einen Faktor als Differenz.
Beispiel: $8 \cdot 28 = 8 \cdot (30 - 2)$
$ = 240 - 16 = 224$

a) $6 \cdot 78$ b) $12 \cdot 27$ c) $13 \cdot 19$
   $8 \cdot 38$ $11 \cdot 85$ $12 \cdot 48$
   $7 \cdot 87$ $9 \cdot 69$ $15 \cdot 39$

3 Drücke die Gesamtfläche als Summe und als Produkt aus.

a)
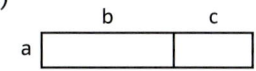

b)

c)
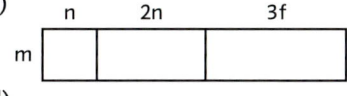

d)

4 Multipliziere aus.

a) $5(x + 2)$ b) $x(1 + y)$
c) $7(a - 1)$ d) $-2m(6 + 5n)$
e) $2x(y - 2)$ f) $(-3f + 12) \cdot 2g$
g) $(15 - 3b) \cdot (-12a)$ h) $9a(3b - 4a)$
i) $0{,}5z(7z + 1{,}5)$ j) $(4r - 6s) \cdot 1{,}5rs$

5 Setze in das Produkt und in die Summe ein. Wie rechnest du lieber?

a) $x = 8$; $y = 20$
    $4x(5x + 3y)$ $20x^2 + 12xy$
b) $a = 3$; $b = 1$
    $(2a - 3b) \cdot 6a$ $12a^2 - 18ab$
c) $m = 5$; $n = -2$
    $2m(n + 4m^2)$ $2mn + 8m^3$

6 Welche Terme passen zusammen?

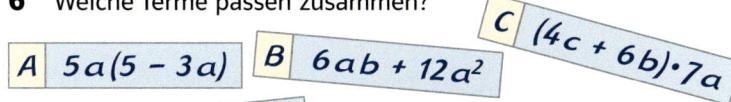

A $5a(5 - 3a)$
B $6ab + 12a^2$
C $(4c + 6b) \cdot 7a$
D $-(15a^2 - 25a)$
G $35ab + 28ac$
E $7a(-b + 2a)$
F $25a - 15a$
H $14a^2 - 7ab$
I $7a^2 + 5ab$
J $42ab + 28ac$
L $7ab + 14a^2$
K $3a(4a + 2b)$

7 Rechne in Tabellen.

Beispiel: $4x(5x - 3y) = 20x^2 - 12xy$

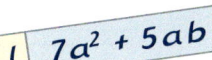

a) $3x(2x - 3y)$ b) $2a(2b + 6b)$
c) $2a(-9b + 4c)$ d) $(-2b + 3a) \cdot (5a)$
e) $9p(-3p + 2q)$ f) $5ab(-3a - 4b)$
g) $(-2x + 3y) \cdot (-6xy)$ h) $2{,}5x(3xy - 4y)$

8 Verwandle in ein Produkt.

a) $32x + 24y$ b) $49xy + 21x$
c) $22xy + 33yz$ d) $-45ab + 27bc$
e) $60st + 80s^2$ f) $105v^2w - 60vw$
g) $-72m^2n + 84mn^2$ h) $84x^2y^2 - 56xy$

9 Klammere aus.

a) $44a^2 - 96ab$ b) $30y^2 - 51z^2$
c) $25x^2y - 16xy^2$ d) $12x^2y - 7xyz$
e) $240xy^2 - 150x^2y$ f) $27x^3y - 33xy^2$
g) $10x^2y - 35xy$ h) $85xy^2 - 105x^2y^2$

10 Fülle die Lücken aus.

a) $9x(\square + 3y) = 36x + 27xy$
b) $6a(2a - \square) = 12a^2 - 54ab$
c) $(-5x) \cdot (\square - 4x) = -10xy + 20x^2$
d) $(-ab) \cdot (-a - \square) = a^2b + ab^2$
e) $(\square + 3rs) \cdot (-7s) = -7s^2 - 21rs^2$
f) $(-25xy - \square) \cdot (-4y) = 100xy^2 - 2y^2$

11 Dividiere.

a) $(35x - 21y) : 7$ b) $(51t^2 - 85s) : 17$
c) $(-96a - 72a^2) : 24$
d) $(48x - 64xy) : (-16)$
e) $(4ab + 5bc) : \frac{1}{6}$ f) $\left(\frac{3}{5}x + \frac{9}{10}y^2\right) : \frac{6}{5}$

Summenterm, Produktterm

Mit Quadraten und Streifen lassen sich Rechtecke legen.
- Drücke die Anzahl der kleinen Quadrate als Summe und als Produkt aus.

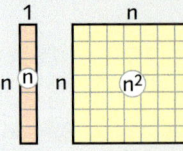
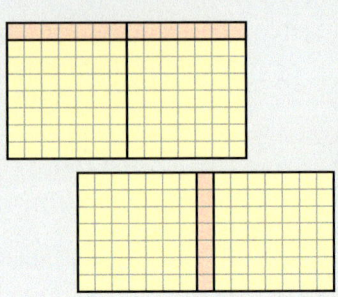
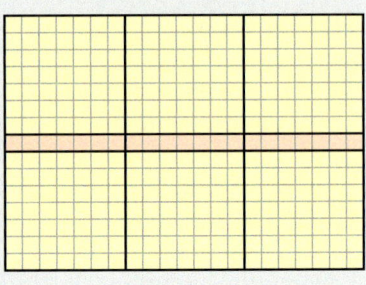

- Lege selbst Flächen und stelle Terme dazu auf.

12 Multipliziere aus.
a) $4(a + b + 3c)$
b) $4x(x + 2y - z)$
c) $-2a(5a - a^2 - 12b^2)$
d) $2xy(5x - 7y - 3z)$
e) $3y(5x^2 - y + zy)$
f) $(-9r - 4s + 1) \cdot (-2u)$
g) $(2a - 3b + c) \cdot 5ab$
h) $-2u(9u - 4v + 1)$

13 Multipliziere mit dem Faktor -1.
a) $(8x + 12y)$ b) $(11a - 17b)$
c) $(4z - 12y)$ d) $(2u - 3v + 4w)$
e) $(-e - f^2 - g)$ f) $(-0{,}5x + 0{,}8y^2)$
g) $(-q + r)(-1)$ h) $(-a)(-3a - b)$

14 Drücke den Inhalt der Mantelfläche
in Produkt- und in Summenform aus.
a)   b)

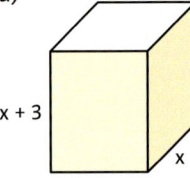
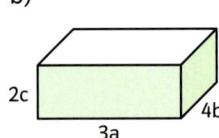

c)   d)

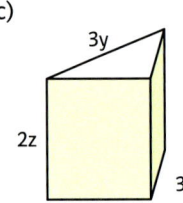
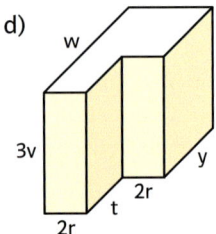

15 Klammere den Faktor -1 aus.
a) $-a - 2$ b) $-5 - x^2$
c) $-12a + b$ d) $-v + w^2$
e) $-x + 2xy - y$ f) $5a^2 + 4b^2 + 3c^2$

16 Verwandle in ein Produkt.
a) $35mn - 21m^2n + 63mn^2$
b) $24xy^2 + 40x^2y - 48xy$
c) $27ab^2c - 81a^2b^3c^2 - 54a^2b^2c$
d) $-54a^2b^2c - 18ab^2c + 48abc^2 - 60abc$
e) $42x^3y^2z - 7x^2yz^2 - 14xy^2z^2 - 49x^2y^2z$

17 Klammere im Zähler aus. Nur dann
kannst du kürzen.

Beispiel: $\frac{42x - 28y}{7} = \frac{7(6x - 4y)}{7} = 6x - 4y$

a) $\frac{18a + 27b}{3}$ b) $\frac{36x^2 - 54x}{6}$

c) $\frac{125a^2b - 75ab}{-25}$ d) $\frac{-144x^2 + 108y^2}{12}$

e) $\frac{-63xy + 81yt}{-9}$ f) $\frac{-91ax^2 - 117by^2}{-13}$

18 Bei der Division $\frac{21x - 42y}{7}$
erhält Sven das Ergebnis $3x - 42y$,
Lisa errechnet $3x - 6y$.
Sie kann den Fehler von Sven erklären.
Findest du die Fehler?

a) $\frac{6a - 3}{3} = 2a - 3$ b) $\frac{36xy + 12}{12} = 36xy$

c) $\frac{5 - 10ac}{5} = 1 - 5ac$ d) $\frac{72x^2 - 8}{8} = 72x^2$

2 Multiplizieren von Summen

Die Fläche des Rechtecks **A** lässt sich mit dem Term $(n + 1) \cdot (n + 3)$ beschreiben.
→ Finde einen zweiten Term.
→ Warum müssen die beiden Terme wertgleich sein?
→ Gib zwei unterschiedliche Terme für die Fläche des Rechtecks **B** an.
→ Stellt euch gegenseitig ähnliche Aufgaben und vergleicht.

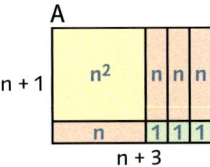
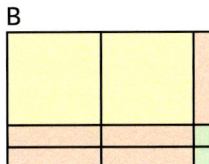

Bei der Multiplikation von zwei Summen wird das Distributivgesetz zweimal angewendet.

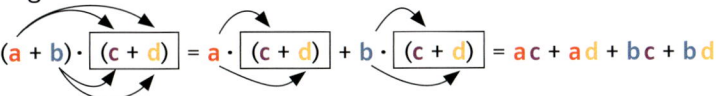

$$(a + b) \cdot (c + d) = a \cdot (c + d) + b \cdot (c + d) = ac + ad + bc + bd$$

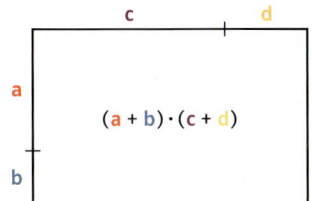
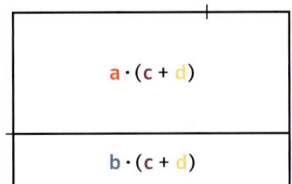
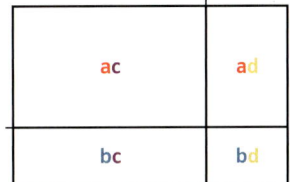

Summen werden miteinander **multipliziert**, indem man jeden Summanden der ersten Summe mit jedem Summanden der zweiten Summe multipliziert. Die Produkte werden anschließend addiert.

$(a + b)(c + d) = ac + ad + bc + bd$

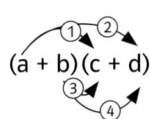

Beispiele

a) $(7 + x)(y + 4)$
$= 7 \cdot y + 7 \cdot 4 + x \cdot y + x \cdot 4$
$= 7y + 28 + xy + 4x$

b) $(12n + 5)(4m + 6)$
$= 12n \cdot 4m + 12n \cdot 6 + 5 \cdot 4m + 5 \cdot 6$
$= 48mn + 72n + 20m + 30$

c) $(3x - 4y)(2x + y)$
$= 3x \cdot 2x + 3x \cdot y - 4y \cdot 2x - 4y \cdot y$
$= 6x^2 + 3xy - 8xy - 4y^2$
$= 6x^2 - 5xy - 4y^2$

d) $(r - t)(-5t + 2r)$
$= r \cdot (-5t) + r \cdot 2r + (-t) \cdot (-5t) + (-t) \cdot 2r$
$= -5rt + 2r^2 + 5t^2 - 2rt$
$= 5t^2 + 2r^2 - 7rt$

e) In den Klammern können auch mehr als zwei Summanden stehen.
$(2a - 3b) \cdot (a + b - c)$
$= 2a \cdot a + 2a \cdot b - 2a \cdot c - 3b \cdot a - 3b \cdot b + 3b \cdot c$
$= 2a^2 + 2ab - 2ac - 3ab - 3b^2 + 3bc$
$= 2a^2 - ab - 2ac - 3b^2 + 3bc$

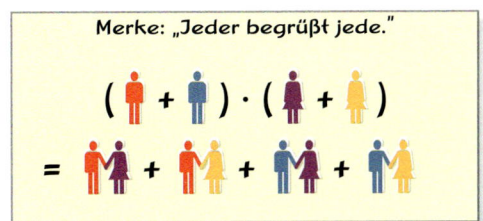

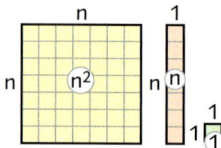

n | 1

n | n^2 | n | n

1 | 1 | 1

Beispiel:

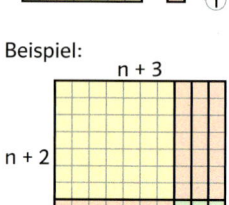

n + 3

n + 2

$(n + 2)(n + 3)$
$= n^2 + 5n + 6$

Aufgaben

1 Mit großen Quadraten, Streifen und kleinen Quadraten lassen sich Rechteckflächen legen. Drücke den Flächeninhalt mit zwei verschiedenen Termen aus.

a)

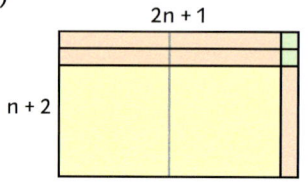

2n + 1

n + 2

b)

3n + 2

2n + 1

c)

4n + 3

n + 1

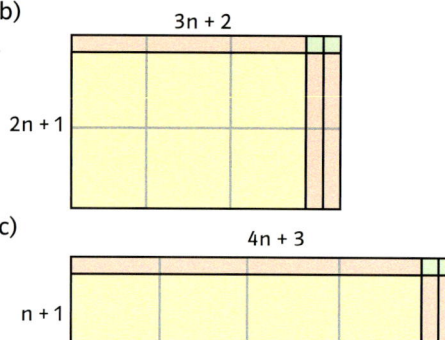

d) Lege mit deiner Partnerin oder deinem Partner eigene Flächen.

2 Verwandle in eine Summe.
Lege zur Kontrolle die Flächen nach.
a) $n \cdot (n + 1)$ b) $4n \cdot (n + 2)$
c) $(n + 3) \cdot (n + 2)$ d) $(2n + 3) \cdot (3 + 2n)$
e) $2n \cdot (2n + 2)$ f) $(n + 1) \cdot (2 + 2n)$

3 Verwandle in ein Produkt. Eine Zeichnung mit Quadraten und Streifen hilft, die Lösung zu finden.
a) $n^2 + 4n + 4$ b) $n^2 + 7n + 12$
c) $n^2 + 5n + 6$ d) $2n^2 + 3n + 1$

$(2x + 1)(3x + 2)$
$(2x + 1)(3x - 2)$
$(2x - 1)(3x + 2)$
$(2x - 1)(3x - 2)$
$(1 - 2x)(3x + 2)$
$(1 - 2x)(3x - 2)$
$(1 + 2x)(3x - 2)$
$(1 + 2x)(3x + 2)$

4 Produkte aus größeren Faktoren lassen sich mithilfe einer Tabelle berechnen. Erkläre am Beispiel $16 \cdot 22$.

·	20	2	
10	200	20	
6	120	12	352

a) $24 \cdot 35$ b) $27 \cdot 42$ c) $51 \cdot 28$
d) $66 \cdot 75$ e) $19 \cdot 56$ f) $26 \cdot 34$

5 Produkte von Summen lassen sich übersichtlich mithilfe einer Multiplikationstabelle berechnen.
Beispiel: $(x + 3)(x + 2)$

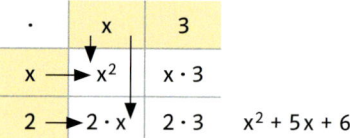

·	x	3
x →	x^2	$x \cdot 3$
2 →	$2 \cdot x$	$2 \cdot 3$

$x^2 + 5x + 6$

a) $(x + 1)(x + 4)$ b) $(2x + 1)(x + 3)$
c) $(2x - 2)(3x + 1)$ d) $(3x - 1)(x - 4)$
e) $(3x - 2)(2x - y)$ f) $(6x - 5y)(x + 2y)$

6 Rechne mit Symbolen.
a) $(\triangle + \blacksquare)(\bigcirc - \square)$
b) $(2\square - \triangle)(\square - 3\bigcirc)$
c) $(3\square - 2\bigcirc)(\bigcirc + 2\triangle)$
d) $(\triangle - 4\square)(-\square + 3\bigcirc)$
e) $(\bigcirc + 2\bigcirc + 3\blacksquare)(\square - \bigcirc)$
f) $(3\square - 2\bigcirc)(-\blacksquare - 2\triangle + \bigcirc)$

7 Verwandle in eine Summe.
a) $(3x + y)(6a + 2b)$
b) $(5a + 2b)(3c + 4d)$
c) $(8u + 4v)(6r - 6s)$
d) $(10k + 4i)(3m - 2n)$
e) $(9t - 4w)(15s + w)$
f) $(6a - 7b)(4s + 3t)$

8 Multipliziere die Klammern aus.
a) $(1,5x + 3,2)(4,8y - 12)$
b) $(6y - 3,5x)(2,4y + x)$
c) $(12a - 2,8b)(-0,2a + 10b)$
d) $(-0,5r - 6,4s)(1,2u - 2,5v)$
e) $(-0,1xy + 1,5x)(-0,5x^2 + y^2)$

9 Zeichne die Figuren in dein Heft. Trage die Produkte der Summenterme in die passenden Felder ein.
a) $(a + b + c)(d + e)$
b) $(a + b + c)(d + e + f)$

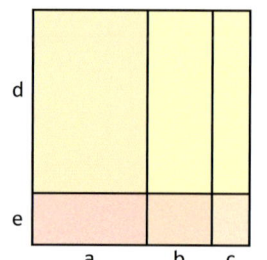

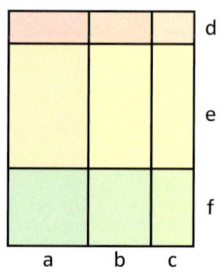

10 Rechne mit Brüchen.

a) $\left(\frac{1}{2}x + 1\right)\left(y + \frac{1}{4}\right)$ b) $\left(5x - \frac{1}{2}\right)\left(6 + \frac{1}{5}x\right)$

c) $\left(-\frac{1}{4}a + 3\right)\left(2b - \frac{1}{2}\right)$ d) $\left(x - \frac{1}{2}y\right)\left(x - \frac{2}{3}y\right)$

e) $\left(\frac{3}{4}a - \frac{2}{3}b\right)\left(\frac{1}{3}a - \frac{1}{2}b\right)$ f) $\left(\frac{3}{2}j - \frac{3}{4}i\right)\left(\frac{2}{3}j - \frac{4}{3}i\right)$

11 Übertrage ins Heft und fülle die Lücken.

a) $(10s - 12t)(5s + 4t) = 50s^2 - \square - 48t^2$

b) $(6x + 4y)(2x + 8) = 12x^2 + \square + \square + 32y$

c) $(7a - b)(5c + 4d)$
$= 35ac - \square - \square + 28ad$

d) $(6xy + 4x)(3y - 1) = 18xy^2 + \square - 4x$

e) $(-10a + 6)(20ab + 12b) = -200a^2b + \square$

12 Wie wurde hier faktorisiert? Ergänze im Heft.

a) $42xy - 14xyz = 7xy(\square - \square)$

b) $\square cd - 52df = \square \cdot (3cd - 4df)$

c) $-45pq + 27p^2q^2 = \square \cdot (5 + \square)$

d) $44xyz - 99xz = \square \cdot (\square - 9x)$

e) $a^2 + 18a + 77 = (a \square 7)(a \square 11)$

f) $x^2 + 5x - 126 = (x \square 9)(x \square 14)$

g) $12x^2 + 35x + 18 = (\square + 2)(4x + \square)$

13 Auch Summen oder Differenzen kann man ausklammern.

Beispiel: $(x + 2) \cdot 5 + (x + 2) \cdot y$
$= (x + 2) \cdot (5 + y)$

a) $3(y - 2) + x(y - 2)$

b) $(x^2 + 1) \cdot y - (x^2 + 1) \cdot 3z$

c) $4a(2x + 1) + 3b(2x + 1) - 2c(2x + 1)$

d) $(a^2 - b^2) \cdot c - d(a^2 - b^2) + (a^2 - b^2) \cdot e$

14 Übertrage die Figur ins Heft. Färbe die Teilflächen und drücke das Produkt als Summe aus.

a) $(a + b)(b + c)$ b) $(b + c + d) \cdot b$

c) $(b + c)(c + d)$ d) $(c + d)(a + b + c)$

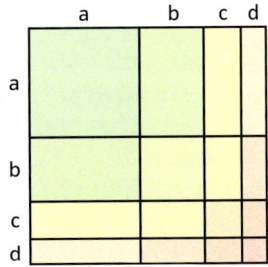

15 Betrachte die Quader.

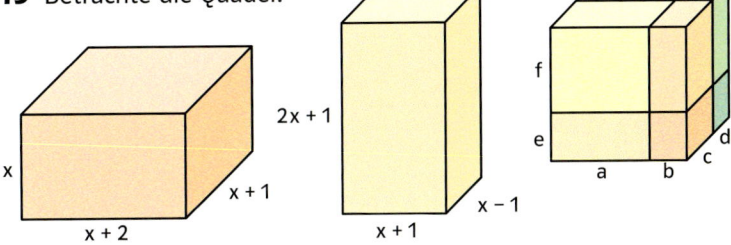

a) Bestimme die Grundfläche.

b) Erstelle eine Formel für den Oberflächeninhalt.

c) Gib eine Formel für das Volumen an.

16 Der Flächeninhalt der Figur lässt sich auf verschiedene Arten ausdrücken:

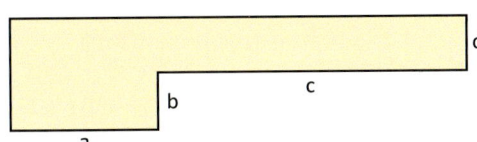

$A = a \cdot (b + d) + c \cdot d$
$A = (a + c)(b + d) - bc$

a) Erkläre an der Figur die Überlegungen, die hinter den beiden Termen stecken.

b) Suche einen weiteren Term für den Flächeninhalt.

17 Zu den Figuren A bis D sind Terme für Flächeninhalte angegeben.

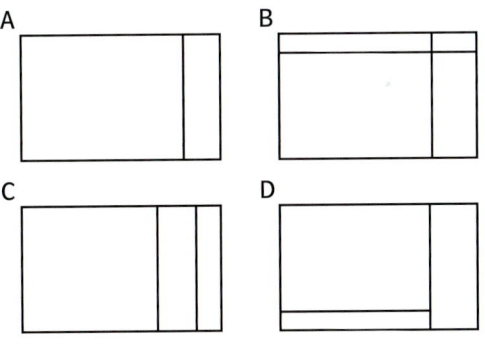

T1: $a \cdot b + b \cdot c$
T2: $(a + b)(c + d)$
T3: $a(b + c + d)$
T4: $(\square + \square)(\square + \square)$
T5: $b(a + c)$
T6: $a(c + d) + b(c + d)$
T7: $ab + ac + ad$
T8: $ac + ad + bc + bd$

a) Ordne den Figuren die richtigen Terme zu. Begründe.

b) Für welche Figur ist kein Term formuliert? Erstelle einen Term für den Flächeninhalt.

c) Erfinde ähnliche Aufgaben und stelle Terme dazu auf.

3 Binomische Formeln

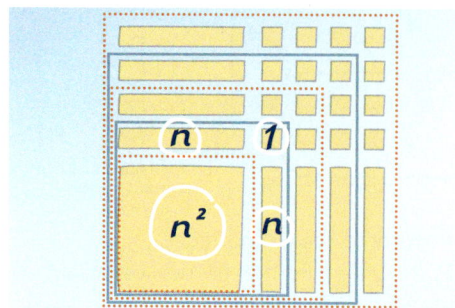

Du kannst Quadrate wachsen lassen, indem du ein großes Quadrat durch die entsprechende Anzahl von Einheitsstreifen und Einheitsquadraten ergänzt.

→ Wie heißt die Summe der Einzelflächen?

$(n + 1)^2 = n^2 + \ldots$
$(n + 2)^2 = n^2 + \ldots$
$(n + 3)^2 = n^2 + \ldots$
$\vdots$
$(n + 25)^2 = n^2 + \ldots$

Die Produkte $(a + b)(a + b)$, $(a - b)(a - b)$ und $(a + b)(a - b)$ sind besondere Produkte. Werden sie multipliziert, so hat das Ergebnis immer den gleichen Aufbau.

$(a + b)^2 = (a + b)(a + b)$
$= a \cdot a + a \cdot b + b \cdot a + b \cdot b$
$= a^2 + 2\,ab + b^2$

$(a - b)^2 = (a - b)(a - b)$
$= a \cdot a - a \cdot b - b \cdot a + b \cdot b$
$= a^2 - 2\,ab + b^2$

$(a + b)(a - b)$
$= a \cdot a - a \cdot b + b \cdot a - b \cdot b$
$= a^2 - b^2$

Durch das Zusammenfassen ergeben sich nur drei, im dritten Fall sogar nur zwei Summanden. Es lohnt, sich diese Umformungen als Formeln zu merken.

Binomische Formeln

1. binomische Formel	$(a + b)^2 = a^2 + 2\,ab + b^2$
2. binomische Formel	$(a - b)^2 = a^2 - 2\,ab + b^2$
3. binomische Formel	$(a + b)(a - b) = a^2 - b^2$

$a \cdot b$ | b^2
a^2 | $a \cdot b$

$a + b$

$(a + b)^2$
$= (a + b)(a + b)$
$= a^2 + ab + ab + b^2$
$= a^2 + 2\,ab + b^2$

Beispiele

a) $(c + 3)^2 = c^2 + 2 \cdot 3c + 3^2$
$= c^2 + 6c + 9$

b) $(5 + w)(5 - w)$
$= 5 \cdot 5 - 5 \cdot w + 5 \cdot w - w \cdot w$
$= 25 - w^2$

c) $(x - 3y)^2$
$= x^2 - 2 \cdot x \cdot 3y + (3y)^2$
$= x^2 - 6xy + 9y^2$

d) $(-2r + 3s)^2$
$= (-2r)^2 + 2 \cdot (-2r) \cdot 3s + (3s)^2$
$= 4r^2 - 12rs + 9s^2$

! Achtung
Vorzeichen!

e) $(3m - 7n)(3m + 7n)$
$= (3m)^2 - (7n)^2$
$= 9m^2 - 49n^2$

f) $(-7a - 10b)^2$
$= (-7a)^2 - 2 \cdot (-7a) \cdot (10b) + (10b)^2$
$= 49a^2 + 140\,ab + 100b^2$

Aufgaben

1 Notiere die Formel mit Symbolen.

a) $(\triangle + \square)^2$
b) $(\bigcirc - \square)^2$
c) $(\bigcirc + \triangle)^2$
d) $(\square + \bigcirc)(\square - \bigcirc)$
e) $(\square + \bigcirc)^2$
f) $(\bigcirc + \triangle)(\bigcirc - \triangle)$

! „binomisch"
lateinisch für
bi – zwei
nomen – Namen

2 Schreibe das Quadrat als Summe.

a) $(v + w)^2 = \ldots$
b) $(a + z)^2 = \ldots$
c) $(y + 2)^2 = \ldots$
d) $(d + e)^2 = \ldots$

3 Schreibe als Summenterm.

a) $(m - n)^2$
b) $(y - z)^2$
c) $(c + 7)^2$
d) $(r - s)^2$
e) $(12 - 2a)^2$
f) $(15 + 3i)^2$

4 Löse die Klammern auf.

a) $(y + 4)(y - 4)$
$(t + s)(t - s)$
$(f + g)(f - g)$

b) $(n - q)(n + q)$
$(u - v)(u + v)$
$(k - j)(k + j)$

Ping – Pong mit Termen

Wähle verschiedene Startzahlen. Spiele deiner Partnerin oder deinem Partner das Ergebnis zu.

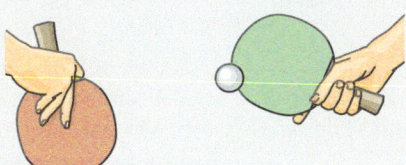

Sie oder er setzt es in ihren oder seinen Term ein.

$(● + 1)^2 - 4$

$(▲ - 3)^2 - 7$

$(■ + 5)^2 + (7 - ■)^2 = ?$

$(◆ - 1)^2 - 3$

$(▼ + 2)^2 + (▼ - 1)^2$

$(✿ - 3)(✿ + 3) = ?$

---

5 Setze ein und vergleiche die Werte.

	x	y	$(x + y)^2$	$x^2 + y^2$
a)	4	3	☐	☐
b)	−2	1	☐	☐
c)	−3	−5	☐	☐
d)	0,5	1,5	☐	☐
e)	$\frac{1}{3}$	$\frac{1}{6}$	☐	☐

6 Berechne mithilfe der Multiplikationstabelle.
Beispiel: $(x - 3y)^2$

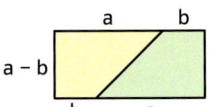

$x^2 - 6xy + 9y^2$

a) $(v - 3w)^2$ b) $(2x + 3y)^2$
c) $(4p + 5q)^2$ d) $(7c + 5d)^2$
e) $(8a - 9b)^2$ f) $(10x - 9y)^2$
g) $(0,5a + 6c)^2$ h) $(2r - 1,5t)^2$

7 Verwandle in eine Summe.
a) $(2s + 3t)(2s - 3t)$ b) $(10k - 8i)^2$
c) $(6c - 5d)(6c + 5d)$ d) $(11c + 9d)^2$
e) $(5s - 4t)(4t + 5s)$ f) $(0,4z - 5w)^2$
g) $(0,1t + 5s)(0,1t - 5s)$ h) $(15p - 12q)^2$

8 Welche binomische Formel wird durch die Abbildung veranschaulicht? Begründe.

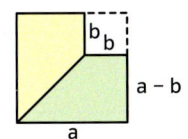

9 Nicht alle sind binomische Terme!
$(7p + 3q)(7p - 3)$ $(7p + 3q)(3p - 7q)$
$(7p + 3q)(7p + 3q)$ $(7p + 3q)(7q + 3p)$
$(7p + 3q)(3q + 7p)$ $(7p + 3q)(3q - 7p)$

10 Berechne.
a) $2(3a + 2b)^2$ b) $6(5y - 4z)^2$
c) $4x(6y + 11)^2$ d) $(4p - 6q)^2 \cdot 3s$
e) $10v(v - 5w)^2$ f) $(0,5c + 2d)^2 \cdot 5c$
g) $1,5(2m - 4n)(2m + 4n)$
h) $\frac{1}{4}pq(6p + 8pq)(6p - 8pq)$

11 Schreibe ohne Klammern, vereinfache.
a) $6x^2 + (2x - 12y)^2$
b) $11a^2 - (7b + 9a)^2$
c) $6a(5 - 2b) + (12a - 7b)^2$
d) $(4b - 10a)^2 - (a + 2b)(a - 2b)$
e) $(3x + 4)^2 - (3 - 2x)^2$
f) $3(2x - y)^2 - (6x - 2y)(2y + 6x)$

12 Quadrate von Fünferzahlen lassen sich leicht so berechnen:
Multipliziere den Zehner mit dem nächsthöheren und addiere 25.

Beispiele:
$35^2 = 30 \cdot 40 + 25$ $75^2 = 70 \cdot 80 + 25$
$= 1200 + 25$ $= 5600 + 25$
$= 1225$ $= 5625$

a) Berechne so die Quadratzahlen von 15; 25; 45; 55; 65; 85; 95.
b) Schaffst du auch 105^2; 155^2; 195^2; 205^2; 995^2; 1005^2?
c) Ist die Zehnerziffer x, so beschreibt der Term $10x \cdot 10(x + 1) + 25$ das Ergebnis. Begründe allgemein.

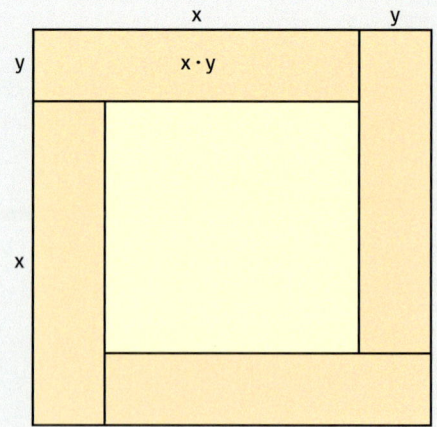

13 Subtrahiere die Quadrate aufeinander folgender natürlicher Zahlen. Du erhältst dasselbe Ergebnis, wenn du die beiden Zahlen addierst.
a) Überprüfe diese Aussage.
b) Erkläre die geometrische Darstellung.
c) Zeige, dass die Behauptung allgemein für x und $x + 1$ gilt.

14 Achte auf Plus- und Minuszeichen.
a) $(-z + 9)(z + 9)$
b) $(-2w + u)^2$
c) $(-1 + x)(x + 1)$
d) $(-a + 4)(-a - 4)$
e) $(-5x - y)^2$
f) $(-10a + 20b)^2$
g) $(0,5a + 1,2)(1,2 - 0,5a)$
h) $\left(-\frac{1}{2}x + y\right)^2$
i) $\left(\frac{1}{3}x - \frac{3}{4}y\right)^2$

15 Ergänze.
a) $(x + 6)^2 = x^2 + \square + 36$
b) $(a - 3)^2 = a^2 - 6a + \square$
c) $(6m + 5)^2 = 36m^2 + \square + 25$
d) $(20r + 0,5s)^2 = \square + \square + 0,25s^2$
e) $\left(2g - \frac{1}{2}h\right)^2 = \square - \square + \frac{1}{4}h^2$
f) $(0,5v + w)^2 = 0,25v^2 + \square + \square$
g) $\left(\frac{1}{2}c - \frac{1}{3}d\right)^2 = \frac{1}{4}c^2 - \square + \frac{1}{9}d^2$

16 Ergebnisse mit gleicher Ziffernfolge
$6^2 - 5^2 = 11$ $7^2 - 4^2 = 33$
$56^2 - 55^2 = 111$ $57^2 - 54^2 = 333$
$556^2 - 555^2 = 1111$ $557^2 - 554^2 = 3333$
$5556^2 - 5555^2 = 11111$ …
a) Prüfe mit der 3. binomischen Formel.
b) Mit welcher Folge von Differenzen erhält man die Ergebnisse
55; 555; 5555; … beziehungsweise
77; 777; 7777; …?

17 Quadratzahlen von 75^2 bis 99^2 kann man mit dem im Beispiel angegebenen Trick berechnen.

Beispiel: 93^2
$100 - 93 = 7$ $93 - 7 = 86$
Hänge an diese Zahl die Quadratzahl des Abstandes an. $7^2 = 49$, also $93^2 = 8649$

a) Berechne so 96^2, 91^2, 88^2, 82^2, 77^2.
b) Stelle einen Term für die Gesetzmäßigkeit auf und vereinfache ihn.

18 Setze aufeinander folgende natürliche Zahlen ein. Was stellst du fest?
$4(a^2 + b^2 + c^2 + d^2) - (a + b + c + d)^2$

Babylonische Multiplikation

Die Babylonier benutzten Tontafeln mit Quadratzahlen, um größere Zahlen miteinander zu multiplizieren. Obwohl uns das heute sehr umständlich erscheint, war es in Wirklichkeit günstiger, denn sie hätten für das Berechnen von Produkten mithilfe von Multiplikationstafeln wesentlich mehr Tafeln benötigt als für das Rechnen mit Quadratzahlen.

$17 \cdot 13 = ?$

$17 + 13 = \mathbf{30}$
$17 - 13 = \mathbf{4}$
$\mathbf{30}^2 = 900$
$\mathbf{4}^2 = 16$
$900 - 16 = \mathbf{884}$
$884 : 4 = 221$
$17 \cdot 13 = 221$

Sollten die Zahlen a und b miteinander multipliziert werden, bildeten sie zunächst die Summe $(a + b)$ und die Differenz $(a - b)$, ermittelten dann die Quadrate der Summe und der Differenz und subtrahierten anschließend die beiden Ergebnisse voneinander. Schließlich teilten sie das Ergebnis durch 4.
■ Berechne ebenso $18 \cdot 22$; $33 \cdot 27$; $46 \cdot 34$; $51 \cdot 49$; $62 \cdot 38$; $102 \cdot 98$; $106 \cdot 94$
■ Weise die Richtigkeit dieses Rechenwegs allgemein nach, indem du den Term $((x + y)^2 - (x - y)^2) : 4$ vereinfachst.
■ Erkläre die geometrische Darstellung.

4 Faktorisieren mit binomischen Formeln

Ein großes Quadrat, mehrere Streifen und kleine Quadrate sollen zu größeren Quadraten zusammengelegt werden.

→ Drücke die Summe der Gesamtfläche als Produkt der Seitenlängen aus:

$n^2 + 2n + \square$ =

$n^2 + 4n + \square$ =

$n^2 + 6n + \square$ =

→ Welche Bedingungen müssen erfüllt sein, damit du Quadrate legen kannst?

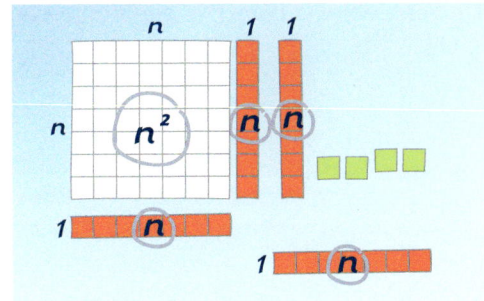

Treten in allen Summanden einer Summe gleiche Faktoren auf, kann man ausklammern: $18a^2 + 27ab = 9a \cdot (2a + 3b)$.

Dabei wird eine Summe in ein Produkt verwandelt. Dies nennt man **Faktorisieren**.

Auch mithilfe der binomischen Formeln kann man faktorisieren.

Summe oder Differenz			Produkt
$x^2 + 6x + 9$	=	$(x + 3)^2$	= $(x + 3)(x + 3)$
$x^2 - 10x + 25$	=	$(x - 5)^2$	= $(x - 5)(x - 5)$
$x^2 - 36$	=	$x^2 - 6^2$	= $(x + 6)(x - 6)$

> Will man Summenterme in Produkte umwandeln (Faktorisieren), sind die binomischen Formeln hilfreich.

Beispiele

a) $x^2 + 18x + 81$
   $= x^2 + 2 \cdot 9x + 9^2$
   $= (x + 9)^2$

c) $4x^2 - 121y^2$
   $= (2x)^2 - (11y)^2$
   $= (2x + 11y)(2x - 11y)$

b) $64y^2 - 48yz + 9z^2$
   $= (8y)^2 - 2 \cdot (8y \cdot 3z) + (3z)^2$
   $= (8y - 3z)^2$

d) Manchmal muss zuerst ein gemeinsamer Faktor ausgeklammert werden.
   $8y^2 - 24yz + 18z^2$
   $= 2(4y^2 - 12yz + 9z^2) = 2(2y - 3z)^2$

Bemerkungen

• Mit der 1. oder 2. binomischen Formel kann nicht faktorisiert werden, wenn der mittlere Summand nicht dem doppelten Produkt aus a und b (2ab) entspricht.

$36n^2 + \mathbf{40}mn + 16m^2$
$\neq (6n)^2 + 2 \cdot 6 \cdot 4mn + (4m)^2$

$36n^2 + \mathbf{48}mn + 16m^2$
$= (6n)^2 + 2 \cdot 6 \cdot 4mn + (4m)^2$
$= (6n + 4m)^2$

• Oft ist es wichtig zu wissen, für welchen Variablenwert ein Term den Wert null annimmt.

Dazu schreibt man einen Term wie $x^2 + 6x + 9$ in Produktform $(x + 3)^2$. Hier wird schnell deutlich, dass für $x = -3$ der Wert des Terms null ist.

Einen Term wie $x^2 - 4$ schreibt man als Produkt $(x + 2)(x - 2)$. Ist in einem Produkt ein Faktor null, ist auch der Produktwert null. Für $(x + 2)(x - 2)$ gilt dies für $x = -2$ oder $x = 2$.

Aufgaben

1 Setze ein und berechne die Termwerte.

x	$x^2 - 9$	$x^2 + 9$	$(x-3)^2$	$x^2 + 3$	$(x+3)(x-3)$
−2	☐	☐	☐	☐	☐
−1	☐	☐	☐	☐	☐
0	☐	☐	☐	☐	☐
2	☐	☐	☐	☐	☐
3	☐	☐	☐	☐	☐

2 Verwandle in ein Produkt.
a) $x^2 + 2xy + y^2$ b) $v^2 - 2vw + w^2$
c) $x^2 + 6x + 9$ d) $x^2 + 8x + 16$
e) $x^2 - 18x + 81$ f) $x^2 - 24x + 144$

$n^2 - 1 = (▯▯▯)(▯▯▯)$
$n^2 - 4 = (▯▯▯)(▯▯▯)$
$n^2 - 9 = (▯▯▯)(▯▯▯)$
?
$4n^2 - 100 = (▯▯▯)(▯▯▯)$
$4n^2 - 121 = (▯▯▯)(▯▯▯)$
?
$9n^2 - 225 = (▯▯▯)(▯▯▯)$
$9n^2 - 256 = (▯▯▯)(▯▯▯)$
?

3 Zerlege in ein Produkt.
a) $x^2 - y^2$ b) $t^2 - u^2$
c) $b^2 - 16$ d) $36 - y^2$
e) $81 - 4z^2$ f) $400 - 9x^2$

4 Übertrage ins Heft und fülle aus.
a) $121m^2 - 25 = (☐ - 5)(☐ + 5)$
b) $81 - 144p^2 = (9 - ☐)(9 + ☐)$
c) $49 - 169z^2 = (7 - ☐)(7 + ☐)$
d) $144 - 0{,}25t^2 = (12 + ☐)(12 - ☐)$
e) $9x^2 - \frac{1}{4}z^2 = (☐ - ☐)(☐ + ☐)$

5 Ersetze die Lücken in deinem Heft.
a) $a^2 - 14a + 49 = (a - ☐)^2$
b) $m^2 - 18m + 81 = (☐ - ☐)^2$
c) $121 - 22w + w^2 = (☐ - ☐)^2$
d) $x^2 + ☐ + y^2 = (☐ + y)^2$
e) $x^2 - 10xy + ☐ = (x - ☐)^2$
f) $s^2 + 24s + ☐ = (s + ☐)^2$

6 Nicht alle Terme lassen sich mithilfe der binomischen Formeln faktorisieren. Begründe.

A $1 + 4t^2$

B $r^2 - 18g - 81$ C $1{,}44m^2 - n^2$ D $9p^2 + 225q^2$

E $4n^2 + 16mn + 64m^2$ G $0{,}4s^2 - 25t^2$

H $-y^2 + 14y - 49$ F $-60ab + 25b^2 + 36a^2$

I $x^2 + 6x + 6{,}25$ J $2x^2 + 4x + 1$

K $16y^2 + 144xy + 81x^2$ L $900a^2 - 600ab + 100b^2$

7 Ermittle durch Faktorisieren, für welche Werte von a der Termwert null wird.
a) $a^2 - 25$ b) $121 - a^2$
c) $a^2 + 8a + 16$ d) $1 + 2a + a^2$
e) $a^2 - 20a + 100$ f) $64a^2 - 16$
g) $a^2 - 34a + 289$ h) $25a^2 + 80a + 64$

8 Mithilfe von Multiplikationstabellen kann man Summenterme faktorisieren.

Beispiel: $9x^2 + 6xy + y^2$
 $= (3x + y)(3x + y) = (3x + y)^2$

Trage zuerst die Quadrate ein.
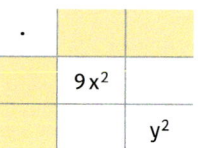

Schließe auf die Ausgangsglieder.
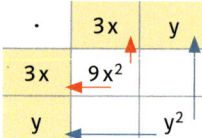

Halbiere das gemischte Glied und überprüfe beim Eintragen.
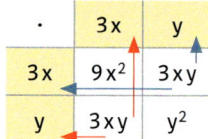

a) $36r^2 - 48rs + 16s^2$ b) $q^2 + 4qz + 4z^2$
c) $9a^2 - 84a + 196$ d) $169 + 52x + 4x^2$
e) $x^2 - 18x + 81$ f) $a^2 + a + 0{,}25$

9 Mache den Binomtest! Überprüfe und korrigiere gegebenenfalls das doppelte Produkt, sodass du faktorisieren kannst.
a) $25m^2 + 20mn + n^2$ b) $36a^2 - 6a + 1$
c) $64t^2 + 132t + 81$ d) $4a^2 - 2ab + b^2$
e) $4c^2 - 34c + 289$ f) $z^2 - 18z + 81$
g) $0{,}04a^2 - 1{,}2ab + 0{,}09b^2$

10 Faktorisiere den Term.
a) $4a^2 + 9b^2 - 12ab$ b) $m^2 + 169 + 26m$
c) $9b^2 + 25c^2 - 30bc$ d) $1 + 2a + a^2$
e) $-56rs + 16s^2 + 49r^2$ f) $-4z^2 + 1$
g) $1 - 2{,}8x^2 + 1{,}96x^4$ h) $625 - 196a^2$
i) $-16z^2 + 40yz - 25y^2$ j) $0{,}49a^2 - 0{,}01b^2$

11 Die Differenz von zwei quadratischen Termen lässt sich immer in ein Produkt umformen.
a) $25y^2 - 9x^2$ b) $121 - 81g^2$
c) $169a^2 - 144b^2$ d) $1 - x^2$
e) $400p^2 - 1$ f) $100m^2 - n^2$

12 Beim Faktorisieren gibt es mehrere Möglichkeiten.

Beispiel:
$\square + 24x + \square$
$= (x + 12)^2 ; (2x + 6)^2 ; (3x + 4)^2$

Gib drei Möglichkeiten an.
a) $\square + 36x + \square$ b) $\square + 50x + \square$
c) $\square + 6ab + \square$ d) $\square + 2ab + \square$
e) $\square + ab + \square$ f) $\square + 3x^2y + \square$

13 Faktorisiere. Klammere zunächst einen Faktor aus.

Beispiel:
$12x^2 + 72xy + 108y^2$
$= 12 \cdot (x^2 + 6xy + 9y^2)$
$= 12(x + 3y)^2$

a) $75a^2 - 108b^2$ b) $28v^2 - 112w^2$
c) $ax^2 + 6axy + 9ay^2$ d) $8ax^2 - 50ay^2$
e) $27x^2 + 18xy + 3y^2$ f) $0{,}5x^2 + 6x + 18$
g) $2ax^2 + 12axy + 18ay^2$
h) $\frac{1}{2}x^2 + 4x + 8$ i) $\frac{1}{5}x^2 + \frac{4}{5}xy + \frac{4}{5}y^2$

14 Faktorisiere zweimal.

Beispiel: $a^3 - a = a(a^2 - 1)$
$\qquad\qquad\quad = a(a + 1)(a - 1)$

a) $a^3b - ab^3$ b) $8a^2 + 2b^2 + 8ab$
c) $6xy - 3x^2 - 3y^2$ d) $a^2c + 2abc + b^2c$
e) $2a + 2a^3 + 4a^2$
f) $50m^2 - 40mn + 8n^2$
g) $4x^3 + 4x^2 + x$
h) $12c^3 + 27cd^2 - 36c^2d$

15 $2 \cdot 12 + 25 = 49$
$\quad\;\; 3 \cdot 13 + 25 = 64$
$\quad\;\; 4 \cdot 14 + 25 = 81$
$\quad\;\; \dots$

Multipliziert man eine Zahl mit der um 10 vermehrten Zahl und addiert 25, erhält man eine Quadratzahl.
Setze fort und erkläre den Zusammenhang.

16 Zerlege in möglichst viele Faktoren.

Beispiel: $n^3 - n = n(n^2 - 1) = n(n + 1)(n - 1)$

a) $n^5 - n = ?$
b) $n^9 - n = ?$
c) $n^{17} - n = ?$

17 „Binom gewinnt"
Schreibt Terme, die sich bei geschicktem Zuordnen mit der binomischen Formel faktorisieren lassen, auf Kärtchen.
Wer durch Ziehen beim Partner drei zusammenpassende Karten erhält, darf ablegen.

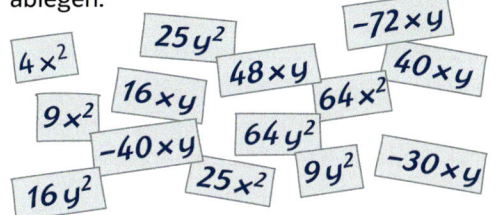

$4x^2$ $25y^2$ $-72 \times y$
$16xy$ $48 \times y$ $40xy$
$9x^2$ $64x^2$
$-40 \times y$ $64y^2$
$16y^2$ $25x^2$ $9y^2$ $-30 \times y$

Die quadratische Ergänzung   *i*

$25 + 30n + ?$
$= (5 + \square)^2$

Die fehlende Ergänzung zum vollständigen binomischen Term wird aus dem doppelten Produkt $2ab$ bestimmt. Dazu halbiert man dieses Produkt und dividiert durch den bekannten Summanden a. Man erhält den Summanden b und damit das zu ergänzende b^2:

$25 + 30n \quad + \triangle \quad = (5 + \triangle)^2$
$a^2 + 2ab \quad + b^2 \quad = (a + b)^2$
$5^2 + 2 \cdot 5 \cdot b + b^2$
$2 \cdot 5 \cdot b = 30n \quad |:10$
$\qquad\quad b = 3n$
$25 + 30n + (3n)^2 = (5 + 3n)^2$

■ Ergänze.
$x^2 + 8x + \triangle$ $x^2 + 10x + \triangle$
$x^2 - 2x + \triangle$ $x^2 - 6xy + \triangle$
$n^2 - n + \triangle$ $4n^2 + 2nm + \triangle$
$4n^2 + 32nm + \triangle$ $16m^2 - 72mn + \triangle$
$n^2 - 15nm + \triangle$ $121n^2 + 66nm + \triangle$
$\triangle - 12n + 1$ $\triangle - 2ab + 0{,}25$

■ Hier gibt es mehrere Möglichkeiten.
$\triangle + 12ab + \triangle$ $\triangle + rs + \triangle$
$\triangle - 18xy + \triangle$ $\triangle - 2mn + \triangle$
$\triangle + 0{,}4ab + \triangle$ $\triangle - a + \triangle$

Zusammenfassung

Distributivgesetz		
• ausmultiplizieren	Das Umformen eines Produkts in eine Summe mithilfe des Distributivgesetzes nennt man **Ausmultiplizieren**. Dabei wird jeder Summand mit dem Faktor außerhalb der Klammer multipliziert.	$2n \cdot (n + m)$ $= 2n \cdot n + 2n \cdot m$ $= 2n^2 + 2nm$

• ausklammern faktorisieren	Das Umformen einer Summe in ein Produkt mithilfe des Distributivgesetzes nennt man **Ausklammern oder Faktorisieren**. Dabei werden gemeinsame Faktoren vor die Klammer gesetzt.	$3n^2 + 6mn$ $= \mathbf{3n} \cdot n + \mathbf{3n} \cdot 2m$ $= \mathbf{3n}(n + 2m)$

• multiplizieren von Summen	Werden zwei Summen miteinander multipliziert, wird jeder Summand der ersten Summe mit jedem Summanden der zweiten Summe multipliziert. Die Produkte werden anschließend addiert.	$(m + 2n)(3m + n)$ $= m \cdot 3m + m \cdot n + 2n \cdot 3m + 2n \cdot n$ $= 3m^2 + mn + 6mn + 2n^2$ $= 3m^2 + 7mn + 2n^2$

binomische Formeln	1. binomische Formel: $(a + b)(a + b) = (a + b)^2 = a^2 + 2ab + b^2$ 2. binomische Formel: $(a - b)(a - b) = (a - b)^2 = a^2 - 2ab + b^2$ 3. binomische Formel: $(a + b)(a - b) = a^2 - b^2$	$(x + 5)^2 = x^2 + 10x + 25$ $(3y - x)^2 = 9y^2 - 6xy + x^2$ $(x + 2y)(x - 2y) = x^2 - 4y^2$
• ausmultiplizieren	Produkte, deren Faktoren aus Summen oder Differenzen mit gleichlautenden Summanden bestehen, können mithilfe der binomischen Formeln ausmultipliziert werden.	
• faktorisieren mithilfe der binomischen Formeln	Liegen binomische Terme als Summen- oder Differenzterme vor, kann man sie zu Produkten umformen.	$x^2 + 2xy + y^2 = (x + y)^2$ $x^2 - 2xy + y^2 = (x - y)^2$ $x^2 - y^2 = (x + y)(x - y)$

Üben • Anwenden • Nachdenken

1 Bei einem Schachturnier spielte „jeder gegen jeden". Die Ergebnisse sind in einer Tabelle festgehalten.

	1.	2.	3.	4.	5.
1. Jens	□	0	$\frac{1}{2}$	1	1
2. Marina	1	□	1	$\frac{1}{2}$	1
3. Saskia	$\frac{1}{2}$	0	□	1	0
4. Fabian	0	$\frac{1}{2}$	0	□	0
5. Lara	0	0	1	1	□

a) Erkläre die Tabelle. Wie viele Partien fanden statt?
b) Stelle die Siegerliste auf.
c) Wie viele Spiele sind bei einem Turnier mit neun Teilnehmern zu organisieren?
d) Finde einen Term, der für die Anzahl der Spiele bei n Teilnehmern gilt.

2 Drücke die Gesamtfläche als Summe und als Produkt aus.

a)
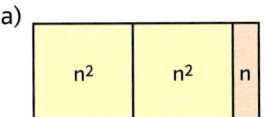

b)
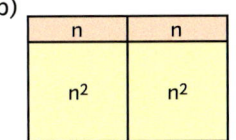

c)
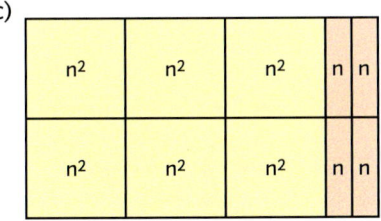

d) Erfindet selbst Flächen und stellt euch gegenseitig Aufgaben.

3 Verwandle in ein Produkt. Eine Zeichnung mit Quadraten und Streifen hilft, die Lösung zu finden.
a) $6n^2 + 3n$ b) $4n + 8n^2$
c) $n^2 + 2n + 1$ d) $n^2 + 6n + 9$
e) $n^2 + 3n + 2$ f) $n^2 + 7n + 12$
g) $2n^2 + 6n + 4$ h) $4n^2 + 6n + 2$

4 a) Durch eine Baulandumlegung vergrößert sich ein quadratischer Bauplatz mit der Seitenlänge x in eine Richtung um 6 m und in die andere um 4 m.
Wie groß ist die neue rechteckige Fläche?
b) Für einen Grundstückstausch wird ein rechteckiges Grundstück vorgeschlagen, das an einer Seite 3 m länger, an der anderen Seite aber 3 m kürzer als der ursprüngliche quadratische Bauplatz ist.
Wärst du mit diesem Tausch einverstanden?

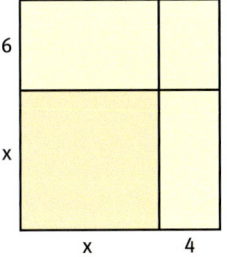

5 Multipliziere aus und fasse zusammen.
a) $5(12y - 7x) + 8(9y - 4x)$
b) $(13c - 10d)6a - 3c(a - 9d) - 2d(8c + a)$
c) $7a(-2 + a) - 5a^2 + 4(a - 1)$
d) $2(8x + 3y) + (y + 2) \cdot 5 - 4(x + 1)$
e) $10x(3x - 4y) + (8y - 5x) \cdot (-2y)$

6 Verwandle in eine Summe.
a) $(9a - 7b)(4c - 3d)$
b) $(4z + 5x)(-x + 3y)$
c) $(7x - 9)(-y + 3x)$
d) $(-2a + b)(5b - 1)$
e) $(a^2 - 3b)(-a - 5)$
f) $(-x - y)(-xy + 1)$
g) $(-v - w)(-s - t)$
h) $(-2x^2 - y^2)(-6 - z^2)$

	y+1	x−2	x−y
x+1	□	□	□
x−1	□	□	□
y+2	□	□	□
2x+1	□	□	□
3x−2y	□	□	□
−x+4	□	□	□
−x−2	□	□	□
−y−x	□	□	□

7 Übertrage ins Heft und fülle die Lücken aus.
a) $(3x + 2)(9 + 4x) = □ + 35x + □$
b) $(5a - 2b)(a + 3b) = □ + 13ab - □$
c) $(3u + 9v)(5u - 6v) = 15u^2 + □ - 54v^2$
d) $(8y - x)(3y - 6x) = 24y^2 - □ + □$
e) $(-5a - 3b)(-a + 5b) = □ - □ - 15b^2$
f) $(-6y^2 + 14x^2)(7x^2 + 3y^2) = 98x^4 - □$
g) $(5a - 4c)(-3b + 6d)$
    $= -15ab + □ + □ - 24cd$

8 Vereinfache.
a) $50x + (12y + 5(-x + 4y))$
b) $2a((5b + a) \cdot (-2) + 10ab) + 20ab$
c) $(7r - (18s + 5r) \cdot 6) \cdot (-2rs)$
d) $30x - (5y - (-7x - y) \cdot (-2))$
e) $-140x^2y - 8x((-5y) - (4 - 6x) \cdot 5y)$

9 Fußwege kreuzen sich im Stadtpark. Drücke den Anteil der Rasenfläche in einem Term aus. Berechne die jeweilige Grünfläche in m², wenn $a = 75\,\text{m}$, $b = 32\,\text{m}$, $x = 1{,}50\,\text{m}$ und $y = 1\,\text{m}$ lang sind.

a)   b)

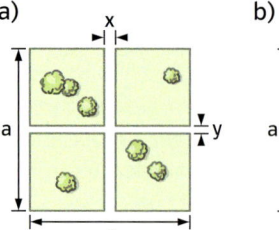

10 Setze „+" und „–" richtig ein.
a) $(y - 10)(y + 2) = y^2 \,\square\, 8y \,\square\, 20$
b) $(x + 4)(x - 1{,}5) = x^2 \,\square\, 2{,}5x \,\square\, 6$
c) $(3u + 10v)(10u - 2v)$
$= 30u^2 \,\square\, 94uv \,\square\, 20v^2$
d) $(6u - 12v)(7u - 8v)$
$= 42u^2 \,\square\, 132uv \,\square\, 96v^2$

11 Berechne.
a) $(a + 2b + 4c)(10 + 3a)$
b) $(6 + b + 12a)(6a - 3z)$
c) $(4m + 2n)(10m + n - 8)$
d) $(3x + 4y + 5z)(2x + 3y + 6)$
e) $(5r + 2s + 10)(4r + 8s - t)$

12 a) $5x(7 + y) + (x + 7)(y + 5)$
b) $(13 + 3a)5b - (5a + 3)(3b - 13)$
c) $(6a + 4)(4b + 6) - (2b + 3)(3a + 2)$
d) $(10m + 5n + 2)(2n + 5) - 10n(n - 2m)$
e) $(g + 4)(8 + 2h) - (g + h)(4g - 2h + 8)$

13 Multipliziere und fasse zusammen.
a) $6x + (x + 5)(2x + 7)$
b) $4a + (a - 8)(2a + 5)$
c) $2x + (x - y)(3x - y + 10)$
d) $(8s - 9r)(2{,}6r - 4{,}5s)$
e) $(1{,}6b - 3{,}3a)(-4{,}8a - 2{,}1b)$

14 Gib die Fläche des rot gefärbten Teils der Nationalflagge in einem Term an.

a)   b)

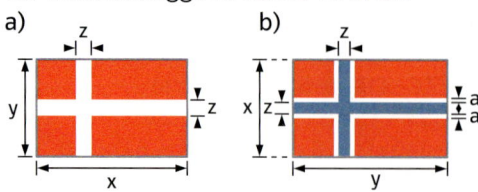

15 Neben dem Schwimmbecken mit der Länge a und der Breite b wird ein Plattenweg mit der Breite x angelegt. Gib die Fläche der Gesamtanlage in einem Term an.

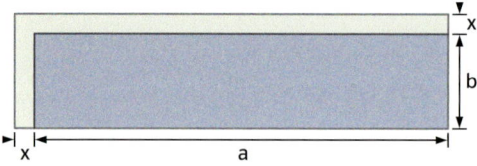

16 a) $(\square + \square)(\square + \square) = ab + 3a + 2b + 6$
b) $(\square + \square)(\square + \square) = 3x + 15 + xy + 5y$
c) $(\square - \square)(\square - \square) = 5m - 5n - am + an$
d) $(\square + \square)(\square + \square) = 3a - 3b + ax - bx$
e) $(\square + \square)(\square + \square) = x^2 + 5x + 4x + 20$

17 Welche binomische Formel wird durch die Abbildung veranschaulicht? Erkläre.

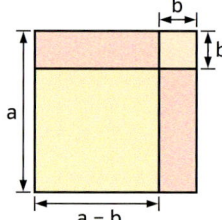

18 Berechne.
a) $(4a - 3b)^2$ b) $(3a - b)^2$
c) $(5x + 4y)^2$ d) $(16 - 12s)^2$
e) $(4{,}5m - 3{,}5n)^2$ f) $\left(\frac{3}{5}x + \frac{1}{3}y\right)^2$

19 Vereinfache so weit wie möglich.
a) $(2x + 6y)^2 + (5x - 4y)^2 + 16xy$
b) $(2a - b)(2a + b) - (a - 4b) + (5a + 3b)^2$
c) $(10x - 8y) - 2(3y - 7x) - 25x(8x - 10y)$
d) $-5(4a - 9b)^2 - 3(2a - 7b)(2a + 7b)$
e) $(-8x - 3y)^2 \cdot (-2z) - 2z \cdot (4y + 5x)(5x - 4y)$

20 Übertrage ins Heft und fülle aus.

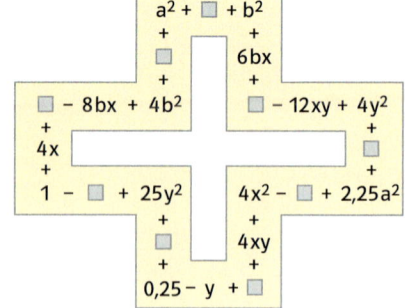

21 Mit der 1. und 2. binomischen Formel kann man Quadratzahlen im Kopf rechnen.

Beispiel: $61^2 = (60 + 1)^2$
$= 60^2 + 2 \cdot 60 \cdot 1 + 1^2$
$= 3600 + 120 + 1$
$= 3721$

a) 51^2 b) 39^2 c) 98^2
81^2 59^2 87^2
101^2 99^2 205^2

22 Gib den Flächeninhalt der Figur mit einem möglichst einfachen Term an.

a)
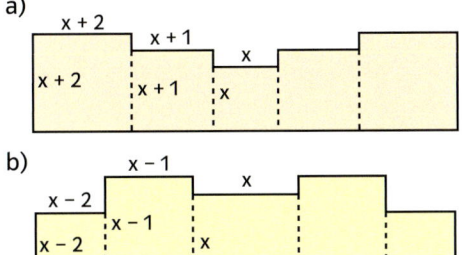

b)

23 Setze in die Lücke jeweils einen solchen Term, dass du mithilfe der binomischen Formeln umformen kannst.
a) $x^2 + 8x + \square$ b) $x^2 - 12x + \square$
c) $9a^2 - 30a + \square$ d) $\frac{1}{4}x^2 + x + \square$
e) $u^2 + \square + 81$ f) $0,25p^2 - 0,2p + \square$
g) $4a^2 - 2ab + \square$ h) $\square - 120y + 12y^2$
i) $a^2 + a + \square$ j) $\square + 10x + 25$

24 Forme die Terme in Produkte um. Klammere wenn nötig vorher aus.
a) $121 - 25b^2$ b) $y^2 + 2y + 1$
c) $25m^2 + 10mn + n^2$ d) $36a^2 - 12a + 1$
e) $144y^2 + 216xy + 81x^2$ f) $1 - \frac{1}{4}a^2$
g) $x^4 - 256$ h) $4a^2 - 2ab + \frac{1}{4}b^2$
i) $50m^2 - 20mn + 2n^2$ j) $6,25a^2 - 3,61b^2$
k) $28x^2 + 28xy + 7y^2$ l) $7a^2 - 7b^2$

25 Fülle die Lücken.
a) $(2a^2 + \square)^2 = \bigcirc + 12a^2 + 9$
b) $(\square - 3v)(\square + \bigcirc) = 25u^2 - \triangle$
c) $\square - \frac{1}{4}uv + \bigcirc = (\frac{1}{4}u - \triangle)^2$
d) $(\square + 0,2)^2 - \triangle = 0,4a + 0,04$
e) $\frac{25}{64} + \square + x^2 = (\bigcirc + \triangle)^2$

Taxigeometrie

Das aus natürlichen Zahlen bestehende Dreieck wurde nach dem berühmten französischen Mathematiker Blaise Pascal benannt. Sowohl die einzelnen Zeilen als auch die Zahlen entlang der farbigen Linien weisen viele Besonderheiten auf.

Blaise Pascal (1623–1662)

■ Erkläre, wie eine Zeile des pascalschen Dreiecks aus der vorhergehenden Zeile entsteht. Bestimme somit die Zahlen der nächsten Zeile.

■ Berechne nun die Potenzen $(a + b)^1$, $(a + b)^2$, $(a + b)^3$, $(a + b)^4$ und $(a + b)^5$.
Vergleiche die Ergebnisse mit den Zahlen des pascalschen Dreiecks.

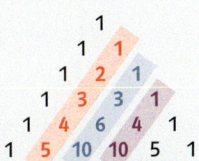

In einigen Städten, wie z.B. Mannheim, sind die Straßen so angeordnet, dass sie ein fast regelmäßiges Gitter aus gleich großen Quadraten bilden. In solch einer Stadt muss sich ein Taxifahrer zurechtfinden, damit er den kürzesten Weg von A nach B fahren kann. In der Taxigeometrie kann es aber mehrere kürzeste Verbindungen zwischen zwei Punkten geben.

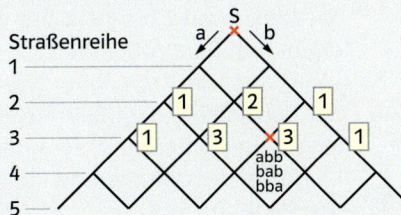

■ Übertrage den vereinfachten Plan des Straßennetzes und notiere – wie in der Abbildung – an den Kreuzungspunkten, wie viele kürzeste Verbindungen es vom Taxistandort S aus gibt. a und b bezeichnen verschiedene Richtungen gleich langer Wegstrecken. Erweitere den Plan um eine Kreuzungsreihe.

■ Verwende verkürzte Schreibweisen z.B. für a^2 statt aa und fasse die Wegbeschreibungen ba und ab zu $2ab$ zusammen. Trage in einem neuen Diagramm die verkürzten Schreibweisen ein. Vergleiche die Ergebnisse mit den binomischen Formeln.

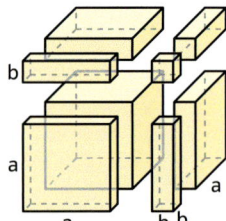

26 Berechne auf folgende Art.

Beispiel: $(a + b)^3 = (a + b)^2(a + b)$
$$= (a^2 + 2ab + b^2)(a + b)$$
$$= a^3 + 3a^2b + 3ab^2 + b^3$$

a) $(x + y)^3$; $(x + 1)^3$; $(y - 1)^3$; $(2a + 3b)^3$
b) Der auf dem Rand abgebildete Würfel ist eine geometrische Veranschaulichung. Beschreibe alle Teile des Würfels mit zugehörigem Termteil.

27 Welcher Fehler wurde gemacht?
a) $(15x \cdot 25y):5$ b) $3x - 2(x + 2)^2$
   $= 3x \cdot 5y$ $= 3x - (2x + 4)^2$
   $= 15xy$ $= 3x - 4x^2 - 16x + 16$

$(x + 4)(x - 4)$
$(x + 3)(x - 3)$
$(x + 2)(x - 2)$

28 a) Setze die Reihe der Produkte um fünf Schritte fort und schreibe jeweils ohne Klammer.
b) Die Faktoren sind Länge und Breite von Rechtecken. Welches der Rechtecke besitzt den größten Umfang, welches den größten Flächeninhalt?
c) Wähle für $x = 5\,cm$ und setze die begonnene Zeichnung fort. Was fällt auf?

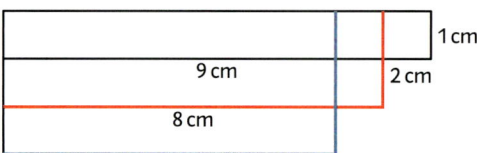

29 Setze in den Term
$(x - 6)(5 - x)(x - 4)(3 - x) \cdot (x - 2)(1 - x)$
die Zahlen von 1 bis 6 ein. Für welche Zahl ergibt sich der größte Wert?

Tipp: Hier hilft die Babylonische Multiplikation, Seite 22.

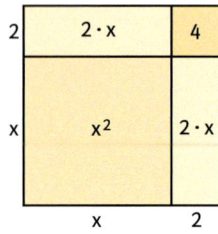

30 Subtrahiere die Quadrate zweier Zahlen mit der Differenz 2, so erhältst du das Vierfache der zwischen den beiden liegenden Zahl.
Beispiel: $8^2 - 6^2 = 28$ $28 = 4 \cdot 7$
Probiere mit anderen Zahlen und führe einen allgemeinen Nachweis.

31 Sarah behauptet: „Jede Zahl ist so groß wie ihr Doppeltes!" Wo steckt ihr Fehler?
$$x^2 - x^2 = x^2 - x^2$$
$$(x + x)(x - x) = x(x - x)$$
$$x + x = x$$
$$2x = x$$

32 Die Summe aus einer zweistelligen Zahl und der Zahl, die durch Vertauschung der Ziffern entsteht, ist teilbar durch 11.

Beispiel: $57 + 75 = 132$ und $11\,|\,132$

a) Prüfe weitere zweistellige Summen.
b) Überprüfe die Behauptung allgemein.
Hinweis: Verwende für die zweistellige Zahl den Term $10x + y$.

Bist du ein Sonntagskind?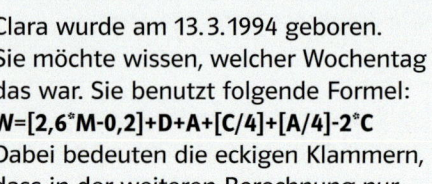

Clara wurde am 13.3.1994 geboren. Sie möchte wissen, welcher Wochentag das war. Sie benutzt folgende Formel:
W=[2,6*M-0,2]+D+A+[C/4]+[A/4]-2*C
Dabei bedeuten die eckigen Klammern, dass in der weiteren Berechnung nur der Teil vor dem Komma betrachtet wird. Man muss natürlich noch wissen, was in der obigen Formel M, A, C, D bedeuten.

M Monat (beginnend mit März, d.h.
         M = 1 ist März usw., …
         M = 10 ist Dezember,
         M = 11 ist Januar des **Vor**jahres, …)
D Tag   (des jeweiligen Monats)
A Jahr   im Jahrhundert (d.h. für 1994 ist A = 94)
C Jahrhundert (also 19 für 1994)

Anschließend dividiert man W durch 7. Ergibt sich als Divisionsrest 0, so handelt es sich um einen Sonntag, ergibt sich 1, so handelt es sich um einen Montag usw. Am Computer sieht das so aus:

	A	B
1	Tag	13
2	Monat	3
3	Jahrhundert	19
4	Jahr	94
5	m	=B2-2
6	[c/4]	=GANZZAHL(B3/4)
7	[a/4]	=GANZZAHL(B4/4)
8	[2,6*m-0,2]	=GANZZAHL(2,6*B2-0,2)
9	w	=B8+B1+B4+B6+B7-2*B3
10	[w/7]	=GANZZAHL(B4/7)
11	Rest	=B9-B10*7

■ An welchem Wochentag bist du geboren?

ləgəiqexüЯ

1 Gib den Flächeninhalt als Summe und als Produkt an.

a)

b)

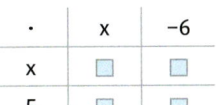

2 Wandle in eine Summe um.
a) $6\,a\,x\,(4\,b + 3\,b\,x)$
b) $(14\,n\,m - n^2)\cdot(-3\,m)$
c) $(x + 3)(x - 4)$ d) $(y + 9)(3 - y)$
e) $(5\,x + 2)(6\,x - 3)$ f) $(2\,x + y)(-y + 3\,x)$

3 Vervollständige die Tabelle und gib den Term als Summe und als Produkt an.

a)

·	x	−6
x	☐	☐
5	☐	☐

b)

·	x	☐
x	☐	−7x
☐	12x	☐

4 Verwandle Summen in Produkte und Produkte in Summen.
a) $(9\,x + 5\,y)^2$ b) $(3\,x + 0{,}4\,y)^2$
c) $y^2 - 16\,x\,y + 64\,x^2$
d) $16\,a^2 + 40\,a\,b + 25\,b^2$
e) $81\,t^2 - 121\,s^2$ f) $(s - 2\,u)(s + 2\,u)$

5 Fülle die Lücken aus.
a) $\square + 16\,x + \square = (x + 8)^2$
b) $a^2 - \square + 100 = (a - \square)^2$
c) $121 - 22\,w + \square = (\square - \square)^2$
d) $4\,x^2 - 4\,x\,y + \square = (2\,x - \square)^2$
e) $(6\,r + \square)^2 = \square + \square + 81\,s^2$

6 Gib einen einfachen Term an für
a) den Oberflächeninhalt
b) das Volumen
des Körpers.

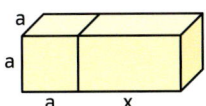

7 Klammere vor dem Faktorisieren einen geeigneten Faktor aus.
a) $4\,x^2 + 24\,x\,y + 36\,y^2$
b) $48\,x^2 - 120\,x\,y + 75\,y^2$
c) $28\,u^2 - 112\,w^2$
d) $0{,}5\,p^2 - 2\,p + 2$

---

1 Gib den Flächeninhalt als Summe und als Produkt an.

a)

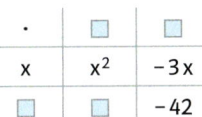

b)

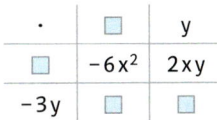

2 Wandle in eine Summe um.
a) $8\,a\,(3\,a + 4\,b)\cdot 2\,b$
b) $(-2\,x)(x\,y - 3\,x)\cdot 4\,x$
c) $(17 - t)(r - s)$ d) $(16 - a)(b - 15)$
e) $(8\,x - 0{,}5)(-6 + 2\,x)$
f) $(6\,x - y)(-0{,}8\,y - x)$

3 Vervollständige die Tabelle und gib den Term als Summe und als Produkt an.

a)

·	☐	☐
x	x^2	−3x
☐	☐	−42

b)

·	☐	y
☐	$-6x^2$	2xy
−3y	☐	☐

4 Verwandle Summen in Produkte und Produkte in Summen.
a) $(16\,t - 12\,s)^2$ b) $(0{,}7\,c - 0{,}2\,d)^2$
c) $9\,x^2 + 3\,x\,y + 0{,}25\,y^2$ d) $a^2 + a\,b + 0{,}25\,b^2$
e) $\left(\frac{1}{3}\,a - \frac{1}{2}\,b\right)\left(\frac{1}{3}\,a + \frac{1}{2}\,b\right)$ f) $x^2 - \frac{1}{4}\,y^2$

5 Fülle die Lücken aus.
a) $9\,x^2 + \square + 0{,}25\,y^2 = (3\,x + \square)^2$
b) $\square - 32\,m\,n + 4\,n^2 = (\square - 2\,n)^2$
c) $c^2 - 34\,c + \square = (\square - \square)^2$
d) $\square - 56\,r\,s + \square = (\square - \square)^2$
e) $(\square - \square)^2 = \square - 150\,a\,b + 25\,b^2$

6 Gib einen einfachen Term an für
a) den Oberflächeninhalt
b) das Volumen
des Körpers.

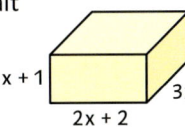

7 Klammere vor dem Faktorisieren einen geeigneten Faktor aus.
a) $\frac{1}{2}\,x^2 - 2\,x + 2$ b) $\frac{3}{4}\,v^2 - \frac{3}{16}\,w^2$
c) $\frac{1}{5}\,x^2 + \frac{4}{5}\,x\,y + \frac{4}{5}\,y^2$
d) $150\,x^2 + 120\,x\,y + 24\,y^2$

Geht alles immer?

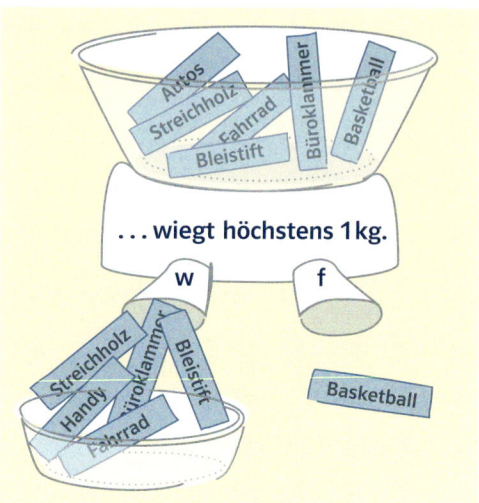

Was bedeuten hier „w" und „f"?
Beschreibe in eigenen Worten, was aufgefangen und was weggeworfen wird.

Ist hier etwas schiefgegangen?

- Was könnte oben eingefüllt worden sein?
- Gibt es mehrere Möglichkeiten?
- Ist alles richtig sortiert?
- Konstruiere eigene Sortiermaschinen zu Begriffen, Größen und Zahlen. Verwende Gleichheitszeichen und die Zeichen < und >.

Gib deiner Partnerin oder deinem Partner eine Bauanleitung für eine Sortiermaschine, die sie oder er dann bauen soll. Kommt tatsächlich heraus, was du erwartet hast?

Mit Bäumen rechnen

Ein Baum steht nur dann sturmsicher, wenn seine Höhe im Vergleich zum Umfang in Bodennähe nicht zu groß ist. Man misst den Umfang u in Brusthöhe, also etwa bei 1,30 m.

Faustformeln für die Stammhöhe h in Abhängigkeit vom Umfang u
- im Freistand $\quad\quad\quad$ h = 10 · u
- im dichten Bestand $\quad$ h = 15 · u

Bianca, Anke und Tim haben für u 0,75 m; 1,30 m und 3,70 m gemessen.

Auch das Volumen V eines Baumstamms lässt sich schätzen, ohne den Baum zu fällen. Die erste der zwei Faustformeln ist meist genauer als die zweite.
- $V = 0,4 \cdot u^3$
- $V = u^2$

Hier wird u in m eingegeben, V ergibt sich in m³.
Sarah und David haben Stämme mit u = 2,80 m und u = 3,70 m gemessen.

1 m³ vieler Holzarten wiegt etwa 0,6 t. Gebt zwei Faustformeln für die Masse m eines Stamms an, der den Umfang u hat.

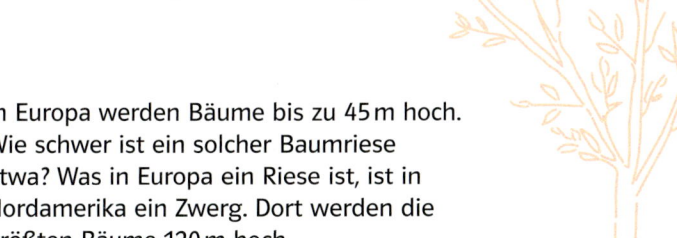

In Europa werden Bäume bis zu 45 m hoch. Wie schwer ist ein solcher Baumriese etwa? Was in Europa ein Riese ist, ist in Nordamerika ein Zwerg. Dort werden die größten Bäume 120 m hoch.

Auch für das Alter t gibt es eine Faustfomel. Sie ist aber ziemlich ungenau.
- $t = 0,4 \cdot u$

Hier wird u in cm eingegeben, und t ergibt sich in Jahren. Messt und rechnet selbst.

Sarah hat gelesen, dass es 1000-jährige Bäume gibt.

1 Gleichungen mit Klammern

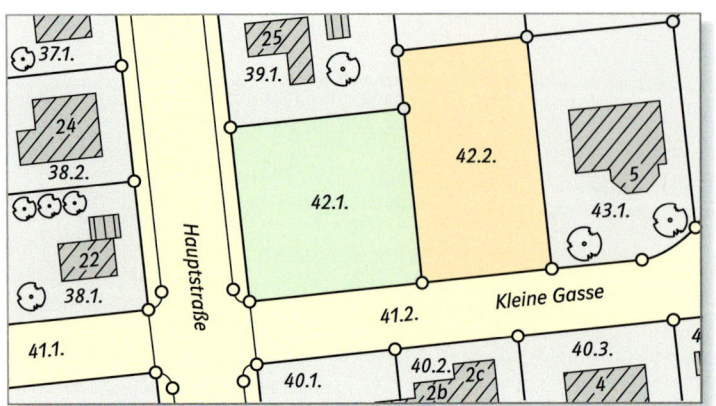

Familie Grüner hat beim Grundstückskauf die Auswahl zwischen dem quadratischen Eckgrundstück 42.1 und dem flächengleichen Flurstück 42.2. Dieses ist 8 m länger, dafür aber um 6 m schmaler als das quadratische Grundstück.

→ Findest du heraus, wie lang und wie breit die Grundstücke 42.1 und 42.2 sind?

Kommen in einer Gleichung Terme mit Klammern vor, werden diese zuerst aufgelöst.

$$
\begin{aligned}
12(2x+1) - 15(x+3) &= 5(1-x) + 32 && |\text{Klammern ausmultiplizieren} \\
24x + 12 - 15x - 45 &= 5 - 5x + 32 && |\text{zusammenfassen} \\
9x - 33 &= 37 - 5x && |+33 \\
9x &= 70 - 5x && |+5x \\
14x &= 70 && |:14 \\
x &= 5
\end{aligned}
$$

An einer Gleichung der einfachsten Form wie $x = 5$ kann man die Lösung leicht ablesen. Die **Lösungsmenge** enthält nur die Zahl 5. Man schreibt kurz: $\mathbb{L} = \{5\}$.

Gleichungen mit Klammern vereinfacht man zuerst durch **Termumformungen**.
1. Klammern auflösen.
2. Zusammenfassen, falls möglich.
Dann wird die Variable durch **Äquivalenzumformungen** frei gestellt.
3. Falls Brüche vorkommen, mit dem Hauptnenner multiplizieren.
4. Weiter umformen wie gewohnt.
5. Lösung bzw. Lösungsmenge je nach Grundmenge angeben.

Beispiele

a)
$$
\begin{aligned}
6x + 10 - 8x &= 87 - (21 + 10x) \\
6x + 10 - 8x &= 87 - 21 - 10x \\
-2x + 10 &= 66 - 10x && |-10 \\
-2x &= 56 - 10x && |+10x \\
8x &= 56 && |:8 \\
x &= 7 \\
\mathbb{G} = \mathbb{Q}; \; \mathbb{L} &= \{7\}
\end{aligned}
$$

Probe:

linker Term	rechter Term
$6 \cdot 7 + 10 - 8 \cdot 7$	$87 - (21 + 10 \cdot 7)$
$42 + 10 - 56$	$87 - (21 + 70)$
-4	-4

b)
$$
\begin{aligned}
2(x-9) &= 7(4x-3) - (2x+1) \cdot 9 \\
2x - 18 &= 28x - 21 - 18x - 9 \\
2x - 18 &= 10x - 30 && |+30 \\
2x + 12 &= 10x && |-2x \\
12 &= 8x && |:8 \\
1{,}5 &= x \\
\mathbb{G} = \mathbb{N}; \; \mathbb{L} &= \{\ \}
\end{aligned}
$$

Probe:

linker Term	rechter Term
$7(4 \cdot 1{,}5 - 3) - (2 \cdot 1{,}5 + 1) \cdot 9$	$2(1{,}5 - 9)$
$7 \cdot 3 - 4 \cdot 9$	-15
-15	-15

c) Multipliziere die Klammern aus.

$(x - 3)(x - 1) = (x + 1)(x - 9)$

$$
\begin{aligned}
x^2 - 1x - 3x + 3 &= x^2 - 9x + 1x - 9 \\
x^2 - 4x + 3 &= x^2 - 8x - 9 \qquad |-x^2 \\
-4x + 3 &= -8x - 9 \qquad |+8x \\
4x + 3 &= -9 \qquad |-3 \\
4x &= -12 \qquad |:4 \\
x &= -3 \\
\mathbb{G} = \mathbb{Q}; \ & \mathbb{L} = \{-3\}
\end{aligned}
$$

Probe:

linker Term	rechter Term
$(-3 - 3)(-3 - 1)$	$(-3 + 1)(-3 - 9)$
$-6 \cdot (-4)$	$(-2)(-12)$
24	24

d) Vereinfache mithilfe der binomischen Formeln.

$(x + 4)^2 - 3(x - 10) = (x - 3)(x + 3)$

$$
\begin{aligned}
x^2 + 8x + 16 - 3x + 30 &= x^2 - 9 \qquad |-x^2 \\
8x + 16 - 3x + 30 &= -9 \\
5x + 46 &= -9 \qquad |-46 \\
5x &= -55 \qquad |:5 \\
x &= -11 \\
\mathbb{G} = \mathbb{Q}; \ & \mathbb{L} = \{-11\}
\end{aligned}
$$

Probe:

linker Term	rechter Term
$(-11 + 4)^2 - 3(-11 - 10)$	$(-11 - 3)(-11 + 3)$
$(-7)^2 - 3(-21)$	$-14 \cdot (-8)$
$49 + 63$	112
112	112

> **Binomische Formeln**
> $(a + b)^2 = a^2 + 2ab + b^2$
> $(a - b)^2 = a^2 - 2ab + b^2$
> $(a + b)(a - b) = a^2 - b^2$

Aufgaben

1 Löse die Gleichung.
a) $9x + 33 - (45 - 15x) = 15 - 3x$
b) $7 - (10 - 8x) = 23 - (4 + 14x)$
c) $(17x + 22) - (5x + 9) = (11x + 15) - (22 - 21x)$
d) $(42x + 37) - (26 - 34x) = 26x + 211$

2 Gib die Lösung an.
a) $4(2x + 3) = 3(3x + 2)$
b) $(12 - 3x) \cdot 2 = 9(7x + 18)$
c) $3(9 - y) = 5(y - 9)$
d) $(2 - 3y) \cdot 5 + (8 - y) \cdot (-4) = 0$

3 Baue Gleichungen wie im Beispiel.
$3(2x - 4) = 2(3 + 4x)$

a) Stelle fünf weitere Gleichungen auf und löse sie.
b) Stellt euch selbst einen Gleichungsbaukasten zusammen und rechnet.

4 Beachte die Minusklammern.
Ordne die richtige Lösung zu.

a) $2n^2 - (n + 12)(2n + 3) = 18$	12
b) $15n - (3n - 5)(4n + 5) = 5 - 12n^2$	1,5
c) $8n^2 - 2(2n - 7)(2n + 6) = 11n$	-1
d) $-10n^2 - 5(3 - n)(2n + 11) = -30n$	-2
e) $7(4n - 3) - (2n + 1) \cdot 9 = 2(n - 9)$	3

5 Stelle die Gleichung auf und löse sie.

Beispiel: $(x - 2) \cdot 3 = 2x$

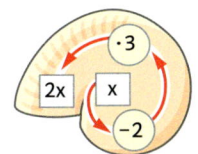

a)

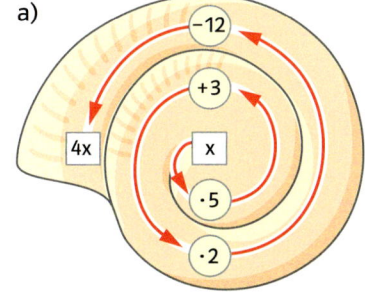

b)

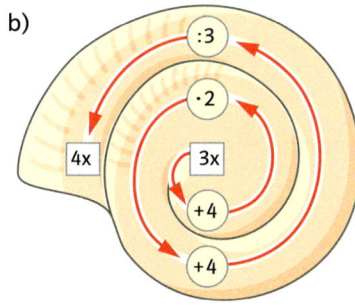

6 Löse die Gleichung und vergleiche mit den angegebenen Lösungen.
a) $7m + 2(m - 12) = 2(m - 13) + 3(2m + 1)$
b) $8(m - 1) - 17(3 - m) = 4 - 12(3 - 2m)$
c) $7(6n + 3) - 8(3 - 4n) = 12(2n + 3) + 161$
d) $8(2n - 3) - 5(2n + 8) = 38 - 4(1 - 5n)$
e) $\frac{2}{3}m - \frac{2}{3} = 1 - \left(\frac{1}{2} - \frac{5}{8}m\right)$
f) $\frac{4}{5}n - \left(-1 - \frac{4}{3}n\right) = -\left(\frac{4}{5} + \frac{1}{3}\right)$

Die Lösungen lauten ungeordnet:
27; 4; -7; 28; -1; 1.

7 Quadrat und Rechteck sind flächengleich.

a) 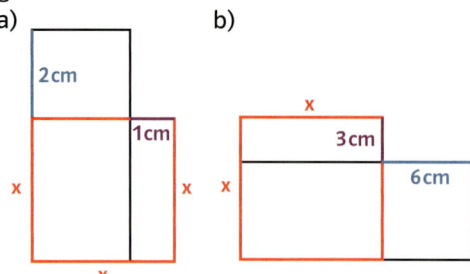 b)

8 Rotes und schwarzes Rechteck sind flächengleich.

a) 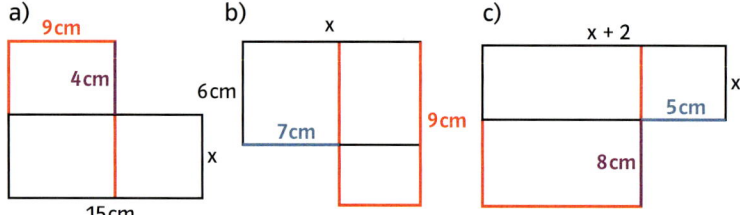 b) c)

9 Die Lösungen findest du unter den Zahlen −5; −3; −2; −1; 0; 1; 2; 3; 4. Setze Zahlen probeweise ein, dann findest du die Lösung vielleicht schneller.
a) $(x + 1)(x − 9) = (x − 3)(x − 1)$
b) $(x + 5)(3x + 4) = (x + 33)(3x − 4)$
c) $(2x + 2)(2x + 3) = (x + 1)(4x − 3)$
d) $(3x − 4)(6 + 4x) = (6x − 2)(2x + 12)$

10 Achte auf den zusätzlichen Faktor.
a) $4(x + 6)(x − 5) = 4x^2 − 11x$
b) $(x − 3)(x + 9) \cdot 6 = 6x^2 + 18x$
c) $(x + 8) \cdot 3 \cdot (x − 4) = 3x^2 − 4x$

11 a) Löse die Gleichungen.
$(x + 1)^2 = (x + 3)^2$
$(x + 2)^2 = (x + 4)^2$
$(x + 3)^2 = (x + 5)^2$
$(x + 4)^2 = (x + 6)^2$
b) Stellst du eine Gesetzmäßigkeit fest? Löse dann $(x + 45)^2 = (x + 47)^2$.

12 Es gibt Gleichungen, die eine, keine oder unendlich viele Lösungen haben.
Beispiel: $2(x + 2) = 2x + 2$
$2x + 4 = 2x + 2 \quad |−2x$
keine Lösung, weil: $4 = 2$ falsch!
Wie ist es bei diesen Gleichungen?
a) $2x − 1 + 6(2x + 1) = 16x − (2x − 7)$
b) $3(x − 1) = 9x − 3(2x + 1)$
c) $10x − \left(\frac{1}{2} + 3x\right) = 2\left(\frac{7}{2}x − \frac{3}{4}\right)$
d) $x + \frac{1}{3} − \frac{3x + 2}{15} = 1$

13 Gleichungen mit besonderen Lösungen.
a) $(x − 2)^2 − (x + 2)^2 = 8(1 − x)$
b) $x^2 + (x − 1)^2 + (x − 1)(x + 1) = 3x^2 − 2x$
c) $(x + 3)^2 − x = 5(x + 5) − (x + 4)(4 − x)$
d) $4x(x + 9) = 5(2x + 1)^2 − 4(2x − 1)^2$

Aufgaben selbst erfinden

Zu einer Gleichung lässt sich häufig eine passende Sachsituation finden.
Einige Gleichungen können beispielsweise als Flächenvergleich dargestellt werden.
Beispiel: $4 \cdot (2x + 3) = 3 \cdot (3x + 2)$

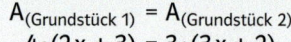

Dazu erfundene Aufgabe: Die beiden Grundstücke 1 und 2 haben den gleichen Flächeninhalt. Bestimme die Länge der unbekannten Seiten in Metern. Lösung:

$A_{(\text{Grundstück 1})} = A_{(\text{Grundstück 2})}$ Seitenlänge Grundstück 1: $2x + 3 = 2 \cdot 6 + 3 = 15$
$4 \cdot (2x + 3) = 3 \cdot (3x + 2)$ Grundstück 2: $3x + 2 = 3 \cdot 6 + 2 = 20$
$8x + 12 = 9x + 6 \quad |−8x|−6$

Probe:	linker Term	rechter Term
	$4 \cdot 15$	$3 \cdot 20$
	60	60

$6 = x$

Die unbekannten Grundstücksseiten sind 15 m und 20 m lang.
■ Formuliere zu der Gleichung $x \cdot (x + 6) = (x + 2)^2$ eine Aufgabe. Überprüfe, ob du sie berechnen kannst.
■ Erfinde selbst Aufgaben, die mithilfe von Gleichungen mit Klammern gelöst werden können. Kontrolliere deine Aufgabe, bevor du sie deiner Klasse zum Lösen vorlegst.

14 Ein 800-m-Läufer benötigte 2 min 7 s für die Strecke. Die erste der beiden Runden lief er 3,8 s schneller als die zweite.

15 Opa Erwin ist 50 Jahre älter als seine Enkelin Cora und doppelt so alt wie sein Sohn. Zusammen sind sie 100 Jahre alt.

16 Ein gleichschenkliges Dreieck hat einen Umfang von 2,75 m. Ein Schenkel ist jeweils doppelt so lang wie die Basis.

17 Die Eltern von Ana, Bert, Cora und Daniel geben ihren Kindern zusammen 37 € im Monat. Ana erhält 7 € mehr und Bert 4 € mehr als Cora. Daniel, der Jüngste, erhält 2 € weniger als Cora.

18 Familie Mainz mit drei Personen und Familie Ebert mit fünf Personen haben mit einem gemeinsamen Tippschein einen Lottogewinn von 6248 € gemacht, den sie nun gleichmäßig aufteilen wollen.
Bestimme den Anteil für jede Familie sowie für jede Einzelperson.
Wie ändert sich das Resultat, wenn sie den Einsatz von 16,40 € für den Tippschein berücksichtigen?

19 Von einem Bauplatz der Größe 1448 m² wird eine Parzelle von 622 m² abgeteilt.
Die Anliegerkosten von 9774 € sollen entsprechend den Grundstücksgrößen auf die Eigentümer verteilt werden.

20 Zum Entladen des Getreides auf einem Frachtkahn werden drei Getreideheber eingesetzt. Würde man sie einzeln einsetzen, so würde der erste 50 Minuten, der zweite 45 Minuten und der dritte 30 Minuten zum Entladen benötigen.
Bestimme die Zeit, wenn
a) die beiden schnellsten benutzt werden.
b) die beiden langsamsten benutzt werden.
c) alle drei eingesetzt werden.

Lesen und Lösen

Zum Lösen von Problemen aus Alltag oder Technik helfen häufig Gleichungen oder Ungleichungen. Dazu werden die Aufgabenstellungen zunächst in die „Sprache Mathematik" übersetzt, mit deren Regeln vereinfacht und gelöst und zum Schluss die Lösung in die Alltagssprache übersetzt.
Zur Veranschaulichung helfen Skizzen, Tabellen, Diagramme.

Lösungsschritte bei Textaufgaben:
1. Notiere **gegebene** und **gesuchte** Daten oder Größen.
   Drücke **gesuchte** Werte mit **Variablen** aus, bestimme G.
2. **Übersetze** die Angaben im Text in **Terme**.
3. **Stelle** die Gleichung oder Ungleichung **auf**.
4. **Bestimme** die Lösungen unter Beachtung der Grundmenge.
5. **Interpretiere** die Lösung, mache die Probe an der Aufgabe.
6. Notiere die **Antwort**.

Kai hat zum Verschnüren eines würfelförmigen Paketes genau 3,05 m Schnur benötigt. Wie lang sind die Seiten des Würfels, wenn er für Knoten und Schleife 25 cm rechnet?

1. Gesamtlänge der Schnur: 3,05 m, gesucht Seitenlänge a
2. Schnurstücke am Paket: $8 \cdot a$, Gesamtlänge: $8 \cdot a + 25$, $\mathbb{G} = \mathbb{Q}^+$
3. in cm: $8a + 25 = 305 \quad | -25$
4. $\qquad 8a = 280 \quad | :8$
   $\qquad\quad a = 35$
   $\qquad \mathbb{L}_a = \{35\}$
5. Für $a = 35$ gilt: $8 \cdot 35 + 25 = 305$ (wahr)
6. Jede Seite des würfelförmigen Paketes ist 35 cm lang.

■ Zwei Zahlen unterscheiden sich um 12, ihre Quadratzahlen um 480. Bestimme die Zahlen.

■ Die Differenz der Quadratzahlen zweier aufeinanderfolgender Zahlen beträgt 613. Bestimme die beiden Zahlen.

■ Lea und ihre Mutter sind zusammen 65 Jahre alt.
Vor 10 Jahren war die Mutter genau viermal so alt wie Lea.

2 Ungleichungen

PREISE IM ZOO

Rundfahrt   2,50

Riesensalat mit
Fitnessdrink 3,50

Aquarium   4,–

Die 27 Schülerinnen und Schüler der 8f planen den Besuch eines Zoos.
In der Klassenkasse sind 726 €.
Das Busunternehmen verlangt 470 €.
→ Prüfe anhand von Beispielen, welche Ausgaben pro Schüler die Klassenkasse noch tragen kann.
→ Kann der Kassenwart genau angeben, welche Ausgaben pro Kopf möglich sind?
→ Gib die Lösungen für ganzzahlige Eurobeträge an.

Ungleichungen bestehen aus zwei Zahlen, Größen oder Termen, die durch eines der Relationszeichen (Ungleichheitszeichen) $<$, $>$, $\leqq$, $\geqq$ verbunden sind. Es muss geprüft werden, ob die Äquivalenzumformungen auch auf Ungleichungen anwendbar sind:

$$16\,x - 13 < 107 \qquad |+13$$
$$16\,x < 120 \qquad |:16$$
$$x < 7{,}5$$

$$3{,}5\,x + 14 \geqq 3\,x + 11{,}75 \qquad |-3x$$
$$0{,}5\,x + 14 \geqq 11{,}75 \qquad |-14$$
$$0{,}5\,x \geqq -2{,}25 \qquad |\cdot 2$$
$$x \geqq -4{,}5$$

! *Wenn nichts anderes bekannt ist, verwendet man immer die größtmögliche Grundmenge.*

Da die Ungleichung mehrere Lösungen hat, kann die Probe nur an Beispielen erfolgen:
$x = 7$: $16 \cdot 7 - 13 < 107$
                $99 \quad < 107$ wahr
$x = 8$: $16 \cdot 8 - 13 < 107$
                $115 \quad < 107$ falsch

Die erste und letzte Zeile der Ungleichung sind äquivalent.

Je nach Grundmenge gilt also:
$\mathbb{G} = \mathbb{N}$; $\mathbb{L} = \{0; 1; 2; 3; 4; \ldots\} = \mathbb{N}$
$\mathbb{G} = \mathbb{Z}$; $\mathbb{L} = \{-4; -3; -2; -1; 0; 1; 2; \ldots\}$
$\mathbb{G} = \mathbb{Q}$; $\mathbb{L} = \{x \,|\, x > -4{,}5\}$
lies: „Menge aller x für die gilt: x ist größer oder gleich $-4{,}5$"
(beschreibende Form der Lösungsmenge)

Ungleichungen werden mit Äquivalenzumformungen gelöst. Dabei darf man
– auf beiden Seiten denselben Term **addieren** oder **subtrahieren**.
– beide Seiten mit derselben **positiven** Zahl außer Null **multiplizieren** oder **dividieren**.
Falls möglich, gibt man die Lösungsmenge in der **aufzählenden** Form an, andernfalls in der **beschreibenden** Form.

Bemerkung

Beim grafischen Darstellen einer Lösungsmenge müssen die Grundmenge und das Relationszeichen beachtet werden. Besteht die Grundmenge aus ganzzahligen Werten ($\mathbb{N}$, $\mathbb{Z}$ usw.), so werden die Lösungszahlen als Punkte markiert, andernfalls als Linie.

kleiner, weniger als	größer, mehr als	höchstens, kleiner oder gleich	mindestens, größer oder gleich
$x < y$ $\mathbb{G} = \mathbb{Z}$	$x > y$ $\mathbb{G} = \mathbb{Q}$	$x \leqq y$ $\mathbb{G} = \mathbb{Q}$	$x \geqq y$ $\mathbb{G} = \mathbb{N}$

Die Relationszeichen kleiner bzw. größer werden durch eckige Klammern dargestellt, die von den Lösungswerten wegzeigen. Bei den Zeichen größer oder gleich bzw. kleiner oder gleich zeigen die Klammern zu den Lösungswerten hin.

Beispiele

a)
$$5(6 + 2x) < (3x - 5) \cdot 8$$
$$30 + 10x < 24x - 40 \quad |-10x$$
$$30 < 14x - 40 \quad |+40$$
$$30 + 40 < 14x$$
$$70 < 14x \quad |:14$$
$$5 < x$$
$$x > 5$$
$$\mathbb{G} = \mathbb{N}; \quad \mathbb{L} = \{6; 7; 8; \ldots\}$$

b)
$$(2x + 3)(2 + 2x) \geqq (4x - 3)(x + 1)$$
$$4x + 6 + 4x^2 + 6x \geqq 4x^2 - 3x + 4x - 3$$
$$10x + 6 + 4x^2 \geqq 4x^2 + x - 3 \quad |-4x^2$$
$$10x + 6 \geqq x - 3 \quad |-x$$
$$9x + 6 \geqq -3 \quad |-6$$
$$9x \geqq -9 \quad |:9$$
$$x \geqq -1$$
$$\mathbb{G} = \mathbb{Q}; \quad \mathbb{L} = \{x \,|\, x \geqq -1\}$$

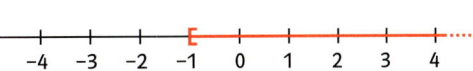

Nun wird noch geprüft, ob auch die Multiplikation und Division mit negativen Zahlen bei Ungleichungen Äquivalenzumformungen sind:

Multiplikation	Division
$-0,5x < -4 \quad |\cdot(-2)$	$-4x > 12 \quad |:(-4)$
$x < 8$	$x > -3$

Die Probe mit z. B. 6 ergibt:
$$-0,5 \cdot 6 < -4$$
$$-3 < -4 \quad \textbf{falsch}$$

Die Probe mit z. B. -2 ergibt:
$$-4 \cdot (-2) > 12$$
$$8 > 12 \quad \textbf{falsch}$$

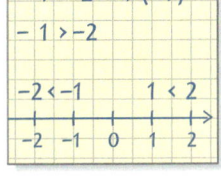

Die Proben würden wahre Aussagen liefern, wenn nach der Umformung die umgekehrten Relationszeichen gesetzt würden:

Anstatt $x < 8$ gilt daher	Anstatt $x > -3$ gilt daher
$x > 8$	$x < -3$
$\mathbb{L} = \{x \,|\, x > 8\}$	$\mathbb{L} = \{x \,|\, x < -3\}$

Multiplikation und Division mit negativen Zahlen sind bei Ungleichungen **keine** Äquivalenzumformungen. Erst die Umkehrung des Relationszeichens liefert die Lösungsmenge.

> Wird bei einer Ungleichung mit einer **negativen** Zahl **multipliziert oder dividiert**, so muss das **Relationszeichen umgekehrt** werden.

Beispiele

$$-2x + 7 < 9 \quad |-7$$
$$-2x < 2 \quad |:(-2)$$
$$x > -1$$
$$\mathbb{G} = \mathbb{N}; \quad \mathbb{L} = \{0; 1; 2; 3; \ldots\} = \mathbb{N}$$

$$2x + 11 > 3x + 2 \quad |-3x - 11$$
$$-x > -9 \quad |\cdot(-1)$$
$$x < 9$$
$$\mathbb{G} = \mathbb{Q}; \quad \mathbb{L} = \{x \,|\, x < 9\}$$

Aufgaben

1 Gleiche oder unterschiedliche Lösungsmengen?

a) $x > 5$
$\quad -5 > -x$

b) $-x > 5$
$\quad x > -5$

c) $x < -1$
$\quad -1 > -x$

d) $2 \geqq -x$
$\quad x \leqq -2$

e) $-4 \leqq -x$
$\quad x \geqq 4$

f) $-x \leqq 3,5$
$\quad -3,5 \geqq x$

2 Setze eines der Zeichen $>, <, \geqq, \leqq$ richtig ein.

a) $2x > -2$
$\quad x \,\square\, 1$

b) $-x < 3$
$\quad x \,\square\, -3$

c) $-x \geqq -7$
$\quad x \,\square\, 7$

d) $-3x \leqq 6$
$\quad x \,\square\, -2$

e) $0 > -2x$
$\quad 0 \,\square\, x$

f) $-\frac{1}{2}x \geqq 4$
$\quad x \,\square\, -8$

3 Gib mindestens zwei Ungleichungen mit der zugehörigen Grundmenge an.

a)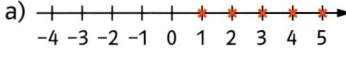

b)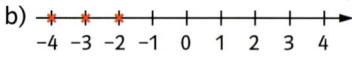

c)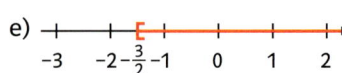

d)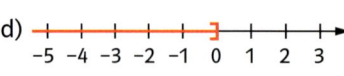

e)

f)

4 Übertrage die Lösung auf die Zahlengerade. Nimm als Einheit 1 cm.
a) $x \geqq 0$; $\quad \mathbb{G} = \mathbb{N}$
b) $x < -1$; $\quad \mathbb{G} = \mathbb{Z}$
c) $x > -3$; $\quad \mathbb{G} = \mathbb{Q}$
d) $x \leqq 2$; $\quad \mathbb{G} = \mathbb{Q}$
e) $x \geqq -2{,}5$; $\quad \mathbb{G} = \mathbb{Q}$
f) $x \leqq 8{,}1$; $\quad \mathbb{G} = \mathbb{Q}$
g) $3{,}5 < -x$; $\quad \mathbb{G} = \mathbb{Q}$
h) $-3\frac{1}{5} \leqq x$; $\quad \mathbb{G} = \mathbb{Q}$

5 Löse die Ungleichung.
a) $-5x > 3$
b) $-4x < 14$
c) $12x \geqq -30$
d) $-9x \leqq -29{,}7$
e) $-\frac{x}{3} < 4{,}8$
f) $-\frac{x}{8} \geqq -3{,}2$
g) $-16{,}3x > -40{,}75$
h) $-4\frac{3}{10} \leqq \frac{5}{4}x$

6 a) $7(4x + 6) < 14x$
b) $2x + 5 \leqq x - 1$
c) $7(x + 22) - 43 > 132$
d) $4(2x + 3) > 3(3x + 2)$
e) $5x - 17 \geqq 8x + 12$
f) $3\left(\frac{1}{2}x - 1\right) - 2\left(4 - \frac{3}{2}x\right) \geqq 0$

7 Bei welchen zweistelligen Zahlen ist die Quersumme kleiner als 13 und die Einerziffer halb so groß wie die Zehnerziffer?

8 Wie lang muss b sein, damit der Umfang größer als 50 m ist?

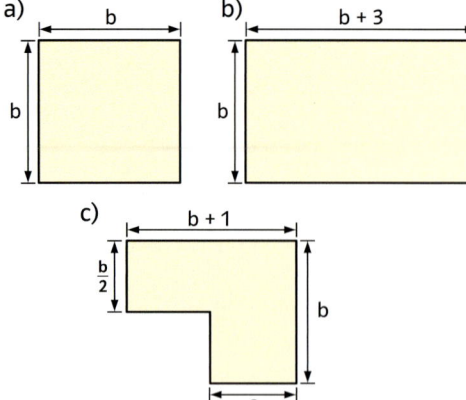

9 Welche Rechtecke, deren ganzzahlige Breite das 3-Fache der Länge ist, haben einen Umfang von mindestens 60 cm?

10 a) Die Summe von drei aufeinander folgenden natürlichen Zahlen ist kleiner als 245. Bestimme alle Zahlen, für die das gilt.
b) Die Summe aus einer Zahl und 5 ist kleiner als die Differenz aus dem 6-Fachen der Zahl und 80.

11 Wie groß muss ein Kapital mindestens sein, damit bei 3,6 % Verzinsung mehr als 1400 € Ertrag erzielt werden?

12 Im Fahrstuhl hängt ein Schild: „Maximales Gesamtgewicht 220 kg". Kai wiegt 75 kg und hat 8 Getränkekisten zu je 16,2 kg eingekauft.

13 Mara will mit dem 4 m langen Rest einer Zaunrolle ein rechteckiges Hasengehege einzäunen. Die eine Seite soll anderthalbmal so lang sein wie die andere. Welche Maße hat das Gehege höchstens? Bestimme auch den Flächeninhalt.

14 Frau Sabel will Fliesenpakete in ihrem Pkw transportieren. Eines davon wiegt 21,5 kg. Sie darf 385 kg zuladen.

15 Tanja möchte eigene CDs mit ihren Songs aufnehmen und verkaufen. Das Tonstudio verlangt 535 € für die Aufnahme und für die CDs eine Grundgebühr von 55 € sowie 1,20 € pro Stück. Tanja beabsichtigt einen Verkaufspreis von 8,50 €.
a) Ab wie viel verkauften CDs macht Tanja einen Gewinn?
b) Sie erstrebt einen Gewinn von 4000 €. Wie viele CDs muss sie mindestens verkaufen?

16 Mias Eltern vergleichen Stromtarife. Der Normaltarif kostet einen monatlichen Grundbetrag von 6,40 € und 16,15 ct je kWh. Beim Öko-Tarif ist der Grundbetrag jährlich 52 €, jede kWh kostet 18,05 ct. Was würdest du ihnen raten? Begründe.

3 Formeln

At the beginning of the summer holidays Sarah and her mother travel to New York. The captain announces: The temperature in New York is 95 degrees.
Sarah hopes that her mother didn't listen.
Mrs. Swan, Sarah's seat neighbor, asks her: What was the temperature in Frankfurt at our departure?
Sarah answers: 15 degrees.
Mrs. Swan replies: Very chilly this July in Europe, isn't it?

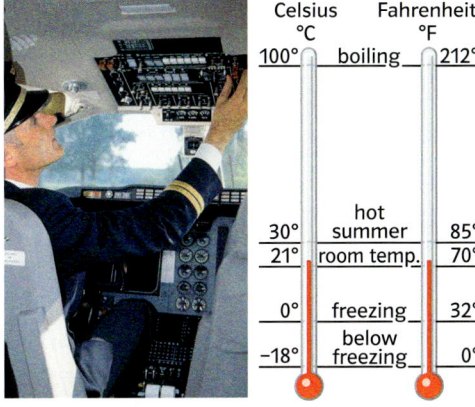

$y = \frac{9}{5} \cdot x + 32$
Can you find out by yourself what x and y mean here?

Die Prozentformel $\frac{p}{100} = \frac{W}{G}$ beschreibt den Zusammenhang zwischen den Variablen $\frac{p}{100}$ (Prozentsatz), W (Prozentwert) und G (Grundwert).

Wenn man für verschiedene Werte von G und $\frac{p}{100}$ den Prozentwert W berechnen soll, ist immer dieselbe Umformung nötig.
Es ist dann praktischer, vor dem Einsetzen umzuformen und die umgeformte Formel zu benutzen.

$$\frac{7,5}{100} = \frac{W}{120\,€}\ |\cdot 120\,€; \quad \frac{35}{100} = \frac{W}{8,37\,€}\ |\cdot 8,37\,€; \ \ldots$$

$$\frac{p}{100} = \frac{W}{G} \qquad |\cdot G$$
$$\frac{p}{100} \cdot G = W \quad \text{bzw.}$$
$$W = G \cdot \frac{p}{100}$$

Eine **Formel** ist eine Gleichung oder Ungleichung, die einen Zusammenhang zwischen Zahlen, Größen und Variablen beschreibt. Kennt man außer einer Variablen alle Angaben, so lässt sich diese Variable, die **Lösungsvariable**, bestimmen. Dazu wird so umgeformt, dass die Lösungsvariable alleine steht, die Formel wird nach ihr „aufgelöst". Die Größen (Länge, Zeit usw.), die die Lösungsvariable bestimmen, heißen **Parameter**.

Beispiele

a) Die Summe der Kantenlängen eines Quaders ist $k = 4(a + b + c)$. Aus k, b und c soll a berechnet werden. Dazu wird die Formel nach a aufgelöst
$$k = 4(a + b + c) \qquad |:4$$
$$\frac{k}{4} = a + b + c \qquad |-b-c$$
$$a = \frac{k}{4} - b - c$$
Für $k = 120\,cm$ und einige Werte von b und c wird jetzt a berechnet (alle in cm).

b	10	10	10	9	2,5	6,2
c	5	8	10	10	3,5	7,9
a	15	12	10	11	24	15,9

b) „Geschwindigkeit gleich Weg durch Zeit"
Diese Formel wird nach der Zeit aufgelöst:
$$v = \frac{s}{t} \qquad |\cdot t$$
$$v \cdot t = s \qquad |:v$$
$$t = \frac{s}{v}$$
Die nach der Zeit aufgelöste Formel heißt „Zeit gleich Weg durch Geschwindigkeit".
Für $s = 100\,km$ kann man die Zeit t zu gegebener Geschwindigkeit v berechnen.

v in $\frac{km}{h}$	20	40	60	80	100
t in h	5	2,5	$1\frac{2}{3}$	$1\frac{1}{4}$	1

Aufgaben

1 a) Stelle die Rechtecksformel $A = a \cdot b$
nach a um.
b) Berechne mithilfe einer umgestellten Formel die fehlende Seitenlänge des Rechtecks. (A in cm^2; a und b in cm)

A	80	80	80	90	90	90	100	100
a	16	18				25	29	
b			7	6	8			33

2 a) Stelle die Quaderformel $V = a \cdot b \cdot c$
nach a, nach b und nach c um.
b) Berechne die fehlende Kantenlänge des Quaders. (V in cm^3; a, b und c in cm)

V	80	90	100	120	140	170	241
a	16	15	8		8		17,1
b	2,5	3		7,5		5,6	14,1
c			2,5	32	2,8	4,6	

Eva: $c = 80 : (16 \cdot 2,5)$
Gerd: $c = 80 : 16 \cdot 2,5$
Saskia: $c = 80 : 16 : 2,5$

c) Der Taschenrechner hilft nur, wenn man ihn richtig benutzt. Rechnen Eva, Gerd oder Saskia für $V = 80\,cm^3$; $a = 16\,cm$; $b = 2,5\,cm$ den richtigen Wert für c aus?

3 a) Berechne die Grundfläche
$G = a \cdot b$ des Quaders. (V in dm^3; c in dm)

V	60	120	150	225	280	400	1000
c	5	7,5	2,5	4,5	35	32	16

b) Gib zu den Ergebnissen aus a) je einige mögliche Kantenlängen a und b an. Auch Brüche sind erlaubt.

4 Ein Quader hat die Kantenlängen a, b und c. Die Summe seiner Kantenlängen ist
$k = 4(a + b + c)$.
a) Stelle die Formel nach b und nach c um.
b) Berechne mithilfe der passend umgestellten Formel die fehlende Kantenlänge (alle Maße in cm).

k	80	60	120	180	206	30	12	960
a		10	12	15	27,5		2	79
b	6	2		15	12	1	1	
c	5		12				1	81

! *Eine geht nicht!*

Nadja, Hajo, Jasmin und Kai schneiden Streifen aus und falten sie rechtwinklig.

■ Hajo misst die Flächeninhalte aus.
■ Nadja überlegt, welche Fläche verloren geht, wenn sie einmal faltet. Sie findet eine Formel für den Flächeninhalt A_1 des einmal gefalteten Streifens.

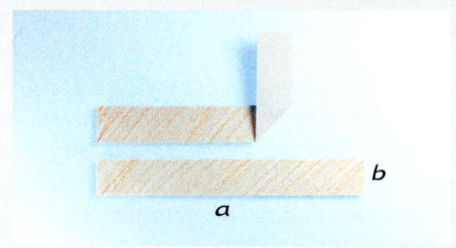

■ Jasmin und Kai finden Formeln für die Flächeninhalte A_2, A_3 und A_4 von 2-mal, 3-mal, 4-mal gefalteten Streifen.
■ Hajo schneidet Streifen aus mit $a = 24\,cm$; $b = 2\,cm$; $a = 25\,cm$; $b = 6\,cm$. Er prüft die Formeln durch Messen nach.
■ Kai will gefaltete Streifen herstellen mit $b = 2\,cm$ und
$A_1 = 40\,cm^2$; $A_1 = 60\,cm^2$; $A_2 = 40\,cm^2$
$A_3 = 40\,cm^2$; $A_3 = 70\,cm^2$; $A_4 = 80\,cm^2$
Dazu löst er die Formeln nach a auf.
■ Die vier finden heraus, wie man ein Achteck um ein Quadrat legen kann.

Enthält eine Gleichung **Bruchterme**, bei denen Variablen im Nenner auftreten, so spricht man von **Bruchgleichungen**. Durch Multiplikation mit dem Hauptnenner kann man sie in Gleichungen ohne Brüche umformen, da die Nenner beim Kürzen wegfallen.
Besteht eine Gleichung aus nur 2 Bruchtermen, so hilft die „Über-Kreuz-Multiplikation".

Beispiel:

$$\frac{45}{54} = \frac{20}{x} \qquad | \cdot (54 \cdot x)$$

$$\frac{45 \cdot 54 \cdot x}{54} = \frac{20 \cdot 54 \cdot x}{x} \qquad | \text{kürzen}$$

$$45\,x = 54 \cdot 20$$

$$\frac{45}{54} = \frac{20}{x} \qquad | \text{„über Kreuz"}$$

$$45\,x = 54 \cdot 20 \qquad | \text{Nun wie gewohnt: } :45$$

$$x = \frac{54 \cdot 20}{45} = 24$$

Diese Gleichung erhält man kürzer so:

$$\mathbb{G} = \mathbb{Q};\ \mathbb{L} = \{24\}$$

Ein Stadtplan hat den Maßstab 1 : 12 500. Misst du auf der Karte eine Entfernung von 8 cm ab, kannst du die wirkliche Strecke so berechnen: 1 : 12 500 = 8 : x

Als Bruchgleichung: $\frac{1}{12\,500} = \frac{8}{x}$

$$1 \cdot x = 8\,\text{cm} \cdot 12\,500 \qquad | :1$$

$$x = \frac{8 \cdot 12\,500}{1}\,\text{cm}$$

$$x = 100\,000\,\text{cm} = 1\,\text{km}$$

■ Bestimme die tatsächliche Weglänge von A nach B.

■ Suche den kürzesten Fußweg von C nach D. Beschreibe ihn und berechne die tatsächliche Länge. Vergleiche mit deiner Partnerin oder deinem Partner.

■ Angelina und Janine machen einen Stadtbummel. Zuhause erzählen die beiden, dass sie mindestens 6 km gelaufen sind. Welchem Weg auf der Karte könnte das entsprechen? Gib verschiedene Möglichkeiten an.

■ Formuliere für deine Mitschülerinnen und Mitschüler Aufgaben mit anderen Karten. Benutze dazu zum Beispiel einen Atlas.

Maßstab   1 : 12 500

Auch in anderen Breichen des Alltags kommst du schnell mithilfe der „Über-Kreuz-Multiplikation" zum Ergebnis:
Für die Wischerflüssigkeit empfiehlt es sich im Winter, Frostschutzmittel und Wasser im Verhältnis 2 : 3 zu mischen.

■ Wie viel % Wasser enthält das Gemisch?

■ Wie mischst du Frostschutzmittel und Wasser für eine 6-l-Füllung?

■ Im 6-l-Behälter ist noch ein halber Liter Restflüssigkeit enthalten. Fülle auf.

■ Die unterschiedliche Anziehungskraft der Himmelskörper lässt sich mit der Erdanziehungskraft ins Verhältnis setzen. So kannst du die auf der Erde erzielten Weltrekorde im Weitsprung (8,95 m) und Hochsprung (2,45 m) der Männer umrechnen.

Erde : Mond   6 : 1
Erde : Mars   2,6 : 1
Erde : Venus   11 : 10
Erde : Saturn   16 : 15
Erde : Jupiter   5 : 21
Erde : Sonne   5 : 126

5 a) Löse die Prozentformel nach G auf.
b) Berechne W bzw. G mithilfe der umgestellten Formeln.

p%	5%	2%	2,5%	3%	2,15%
G	350,00 €	350,00 €	82,50 €		
W				7,50 €	21,50 €

p%	4,5%	2,2%	22%	36%	0,5%
G			864,30 €		620,00 €
W	144,90 €	13,80 €		235,44 €	

6 a) Löse die Formel $v = \frac{s}{t}$ nach s auf.
Schreibe die neue Formel in Worten.
b) Berechne mit den passenden Formeln die in den Tabellen fehlenden Werte.

v in $\frac{km}{h}$	100	22	140	12			800	130
t in h	$1\frac{1}{2}$	3			$4\frac{1}{2}$	$1\frac{1}{2}$		6
s in km			630	90	198	300	5800	

v	320 $\frac{m}{min}$	1000 $\frac{m}{min}$	8 $\frac{m}{s}$	4 $\frac{km}{h}$		
t	2 min 30 s	4 min			45 min	$1\frac{1}{2}$ h
s			100 m	25 km	1,8 km	8 m

7 In Aufgabe 6 b) hast du viel gerechnet.
Zur ersten Teilaufgabe passt die Mini-Geschichte:
„Frau Maier fährt mit dem Auto von Würzburg nach Stuttgart.
Das sind etwa 150 km.
Wegen des dichten Verkehrs fährt sie durchschnittlich nur mit 100 $\frac{km}{h}$ und braucht $1\frac{1}{2}$ Stunden."
Erzähle oder schreibe auch zu anderen Teilaufgaben eine solche Mini-Geschichte.

8 Kerstin braucht mit dem Rad für ihren 5 km langen Schulweg 20 Minuten.
a) Am letzten Schultag fährt Kerstin vier Minuten zu spät ab. Wie schnell muss sie fahren, um noch rechtzeitig anzukommen?
b) Will Kerstin x Minuten Verspätung aufholen, muss sie mit der Geschwindigkeit v fahren. Eine kluge Mathematiklehrerin hat dazu eine Formel aufgestellt:
$v \cdot \left(\frac{20}{60} - \frac{x}{60}\right) = 5$ $\left(x \text{ in min; } v \text{ in } \frac{km}{h}\right)$
Löse die Formel nach v auf.
c) Berechne v für einige x-Werte. Wie viel Verspätung kann Kerstin noch aufholen?

9 Der Fahrenheit-Wert y der Temperatur lässt sich aus dem Celsius-Wert x durch eine Formel berechnen: $y = \frac{9}{5} \cdot x + 32$
a) Stelle eine Wertetabelle auf.

B10	▼ f_x	=9/5*A10+32	
	A	**B**	**C**
1	Temperatur in °Celsius	Temperatur in °Fahrenheit	
2	– 2		
3	– 1	30,2	
4	0	32,0	
5	1	33,8	
6	2	35,6	
7	3	37,4	
8	4	39,2	
9	5	41,0	
10	6	42,8	
11	7		
12	8		
13	9		
14	10		
15			

b) Löse die Formel nach x auf.
Ordne in einer Wertetabelle einigen Fahrenheit-Werten y die Celsius-Werte x zu.
c) Welche x-Werte ergeben sich für die y-Werte 0 °F; 100 °F; – 100 °F?

Zusammenfassung

Lösen von Gleichungen mit Klammern

Kommen in einer Gleichung **Klammern** vor, werden diese zuerst aufgelöst.
Mithilfe von Umformungen kommt man zur Lösung. Man gibt sie nach Beachten der Grundmenge als **Lösungsmenge** an. Zur Kontrolle ist es vorteilhaft, die **Probe** durchzuführen. Dabei wird die Lösung in die Ausgangsgleichung eingesetzt.

$$(x - 3)^2 - x^2 = 3 - 3(x + 2)$$
$$x^2 - 6x + 9 - x^2 = 3 - 3x - 6$$
$$-6x + 9 = -3x - 3 \qquad |+3x|-9$$
$$-3x = -12 \qquad |:(-3)$$
$$x = 4$$
$$\mathbb{G} = \mathbb{N} \qquad \mathbb{L} = \{4\}$$

Probe:

	linker Term	rechter Term
	$(4 - 3)^2 - 16$	$3 - 3 \cdot 6$
	$1 - 16$	$3 - 18$
	-15	-15

Ungleichungen

Ungleichungen werden wie Gleichungen mit Äquivalenzumformungen gelöst. Dabei darf man auf beiden Seiten
– **dieselbe** Zahl **addieren/subtrahieren**
– mit derselben **positiven** Zahl (außer Null) **multiplizieren/dividieren**.
Multipliziert oder dividiert man mit einer **negativen** Zahl, so muss das **Relationszeichen umgekehrt** werden.
Die Probe kann nur an Beispielen erfolgen.
Die Lösungsmengen von Ungleichungen können an der Zahlengeraden grafisch dargestellt werden.

$$\frac{1}{3}(2x - 7) < \frac{4}{3}x - 5 \qquad |\text{T}$$
$$\frac{2}{3}x - \frac{7}{3} < \frac{4}{3}x - 5 \qquad |\cdot 3$$
$$2x - 7 < 4x - 15 \qquad |-4x$$
$$-2x - 7 < -15 \qquad |+7$$
$$-2x < -8 \qquad |:(-2)$$
$$x > 4$$
$$\mathbb{G} = \mathbb{Z}; \quad \mathbb{L} = \{5; 6; 7; 8; 9; \ldots\}$$

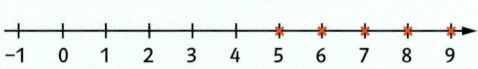

Formeln

Eine **Formel** beschreibt einen Zusammenhang zwischen Variablen, Größen und Zahlen. Um Werte einer Variablen in der Formel zu berechnen, löst man die Formel nach der **Lösungsvariablen** auf. Die Kenngrößen einer Formel heißen **Parameter**.

Auflösen nach a:
$$A = \frac{a + c}{2} \cdot h \qquad |\cdot 2$$
$$2A = (a + c) \cdot h \qquad |:h$$
$$\frac{2A}{h} = a + c \qquad |-c$$
$$a = \frac{2 \cdot A}{h} - c$$

Textaufgaben lesen und lösen

In sechs Schritten zur Lösung
1. Notiere, was gegeben und gesucht ist.
2. Stelle aus dem Text Terme auf.
3. Erstelle Gleichungen oder Ungleichungen.
4. Löse. Beachte die Grundmenge.
5. Interpretiere die Lösung. Probe!
6. Notiere die Antwort.

Üben • Anwenden • Nachdenken

1 Löse die Gleichung.
a) $11 = (24 - x) - (19 - 2x)$
b) $19 - (7 - 4x) = 8x + (30 - 3x)$
c) $3y - 30 - (y + 28) = 3y - (2y + 4)$
d) $7,5y - (25 - 5y) = 8y - 34$

2 Die Lösungen findest du auf dem Rand.
a) $2(3x - 4) = 5x$
b) $-3(x - 5) = 15$
c) $6x = (5 - 2x) \cdot (-4)$
d) $6(4 - n) + 3n = 4n - 4$
e) $12(n - 1) = 52 - 14(n - 1)$
f) $n - 2(n - 1) = 3n - (8 - n)$

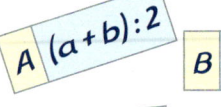

0	4
2	8
3	10

3 Die Gleichung $2(4x - \square) = 2x + 2$ ist unvollständig.
a) Welche Zahl musst du für die Leerstelle einsetzen, damit die Gleichung die Lösung 2 hat?
b) Ersetze die Leerstelle so, dass die Lösung der Gleichung 3; 4 oder 5 ist. Findest du einen einfachen Lösungsweg?

4 Löse die Gleichungen. Beachte jeweils die Grundmenge.
a) $7 - 3x = 10$ $\mathbb{G} = \mathbb{N}$
b) $2x + 2 = 0$ $\mathbb{G} = \mathbb{Z}$
c) $2 + x = 1$ $\mathbb{G} = \mathbb{Z}$
d) $3(2x + 1) = 6x + 2$ $\mathbb{G} = \mathbb{Q}$
e) $6(2x - 3) = 3(4x - 6)$ $\mathbb{G} = \mathbb{Q}$
f) $3 \cdot x + 0 = 0$ $\mathbb{G} = \mathbb{N}$

5 Löse die Gleichung. Es gilt immer $\mathbb{G} = \mathbb{Q}$.
a) $x - (3 + 5x) = 5$
b) $4 = 3x - (7 + 4x)$
c) $12 = (25 - x) - (19 - 2x)$
d) $3x + 1 + 5(x - 1) = 0$
e) $5 - 5x - (10 - 6x) = 5$
f) $3x + 12 - (12x + 18) = -2x + 36$

6 Welche der Terme sind gleichwertig?

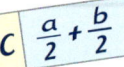
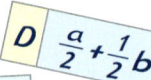

A $(a + b) : 2$ B $\frac{1}{2}a + \frac{1}{2}b$ C $\frac{a}{2} + \frac{b}{2}$ D $\frac{a}{2} + \frac{1}{2}b$

E $(a + b) \cdot \frac{1}{2}$ F $\frac{1}{2}a + b : 2$ G $\frac{1}{2}(a + b)$ H $\frac{a + b}{2}$

7 Die Lösung einer Gleichung kann auch eine Variable enthalten.

Beispiel:
$$2(x + e) = 6e + 2$$
$$2x + 2e = 6e + 2 \quad | -2e$$
$$2x = 4e + 2 \quad | :2$$
$$x = 2e + 1$$
$$\mathbb{L} = \{2e + 1\}$$

a) $4(5e - x) = 4(4e - 1)$
b) $3(e - x) = 2(3x + 6e)$
c) $4(e - x) = -3(e + x)$
d) $20x + 3(11e - 2) = 7(2 - e)$

8 Beim Umformen sind Fehler passiert.
a) $3x = 24$
    $x = 21$
b) $\frac{x}{2} = 8$
    $x = 4$
c) $x : 9 = 9$
    $x = 1$
d) $11 = -x$
    $-x - 11 = 0$
e) $10x + 11 = 7x + 22$
    $10x = 7x + 33$
f) $\frac{x}{2} = \frac{x + 3}{4}$
    $2x = 2x + 6$

9 a) Drücke den Umfang und den Flächeninhalt der Rechtecke mit den angegebenen Termen aus und vereinfache diese.
b) Was muss für e eingesetzt werden, damit das Seitenverhältnis der Rechtecke 3:4 beträgt?

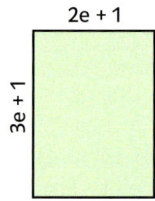
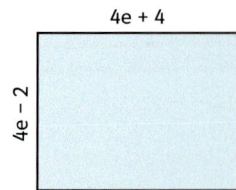

10 Gib die Lösungsmenge an. $\mathbb{G} = \mathbb{Q}$
a) $(x + 6)(x - 1) = x^2 + 4x + 4$
b) $(x + 7)(x + 9) = x^2 + 15x + 42$
c) $x^2 - 12x + 13 = (x - 4)(x + 11)$
d) $(x - 3,5)(x - 8) = x^2 - 7x - 12,5$
e) $(x + 2)(x - 4,2) = -1,7x - 6,9 + x^2$

11 Löse die Gleichung. $\mathbb{G} = \mathbb{Q}$
a) $(x - 1)^2 + (x + 2)^2 = 2x^2$
b) $(y + 9)^2 - (y - 5)^2 = 28$
c) $(m + 5)^2 - (m - 3)^2 = 12m + 48$
d) $(u + 4)^2 - (u - 3)(u + 3) = 3(u - 10)$
e) $(s + 6)^2 - (s - 9)^2 = 135$

12 a) $7y - (12 + 4y) = 6y - 15$ $\quad$ $\mathbb{G} = \mathbb{N}$
b) $11 = (24 - y) - (19 - 2y)$ $\quad\quad$ $\mathbb{G} = \mathbb{N}$
c) $19 - (7 - 4y) = 8y + (30 - 3y)$ $\quad$ $\mathbb{G} = \mathbb{Z}$
d) $3y - 30 - (y + 28) = 3y - (2y + 4)$ $\quad$ $\mathbb{G} = \mathbb{Q}$

13 Vergleiche die Lösungswege.

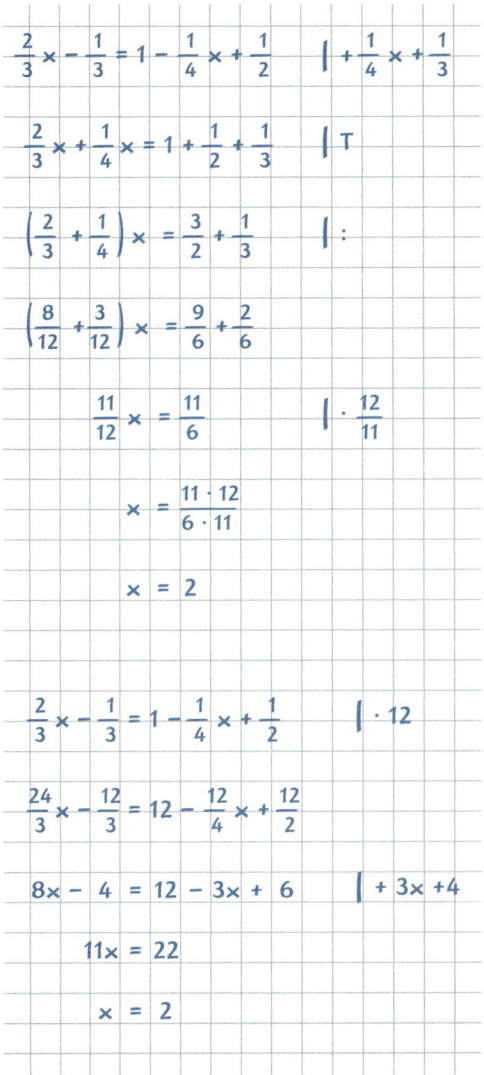

$$\frac{2}{3}x - \frac{1}{3} = 1 - \frac{1}{4}x + \frac{1}{2} \qquad \Big| + \frac{1}{4}x + \frac{1}{3}$$

$$\frac{2}{3}x + \frac{1}{4}x = 1 + \frac{1}{2} + \frac{1}{3} \qquad \Big| \, T$$

$$\left(\frac{2}{3} + \frac{1}{4}\right)x = \frac{3}{2} + \frac{1}{3} \qquad \Big| :$$

$$\left(\frac{8}{12} + \frac{3}{12}\right)x = \frac{9}{6} + \frac{2}{6}$$

$$\frac{11}{12}x = \frac{11}{6} \qquad \Big| \cdot \frac{12}{11}$$

$$x = \frac{11 \cdot 12}{6 \cdot 11}$$

$$x = 2$$

$$\frac{2}{3}x - \frac{1}{3} = 1 - \frac{1}{4}x + \frac{1}{2} \qquad \Big| \cdot 12$$

$$\frac{24}{3}x - \frac{12}{3} = 12 - \frac{12}{4}x + \frac{12}{2}$$

$$8x - 4 = 12 - 3x + 6 \qquad \Big| + 3x + 4$$

$$11x = 22$$

$$x = 2$$

14 a) $\frac{3}{5} + \frac{1}{2}y = \frac{9}{10}$ $\qquad$ b) $\frac{5}{6} - \frac{4}{3}y = \frac{2}{3}$
c) $\frac{3}{4} = \frac{3}{2} - \frac{3}{8}y$ $\qquad$ d) $\frac{4}{5} - \frac{3}{20}y = \frac{3}{4}$
e) $-\frac{2}{15}y + \frac{4}{9} = 1\frac{1}{3}$ $\qquad$ f) $-1\frac{1}{6} = -\frac{9}{10} - \frac{2}{3}y$

15 Subtrahiert man von der Summe aus dem 5-Fachen einer Zahl und 15 die Summe aus dem 8-Fachen der Zahl und 40, so erhält man die Differenz aus der Zahl und 65.

16 Wenn man von 51 das 12-Fache einer Zahl subtrahiert, so erhält man dasselbe wie bei der Division dieser Zahl durch 3.

17 Wird eine Zahl um die Summe aus ihrem vierten und fünften Teil vermindert, so ist das Ergebnis 22.

18 a) Das 4-Fache einer um 3 vermehrten Zahl ist kleiner als die mit 5 multiplizierte Summe aus der Zahl und 2.
b) Wird eine um 3 verminderte Zahl verdoppelt, erhält man höchstens das 4-Fache der Zahl, vermindert um 9.

19 Zwei Zahlen unterscheiden sich um 12, ihre Quadrate um 840. Bestimme die Zahlen.

20 a) Multipliziert man die um $\frac{1}{2}$ verminderte Zahl mit der um $\frac{3}{4}$ vermehrten Zahl, erhält man das Quadrat der Zahl.
Wie heißt die gesuchte Zahl?
b) Das Produkt von zwei aufeinander folgenden Zahlen ist genauso groß wie das Quadrat der ersten Zahl vermindert um 10. Wie heißen die beiden Zahlen?

21 Ein Füllfederhalter und ein Bleistift kosten zusammen 18 €. Der Füllfederhalter ist 15 € teurer als der Bleistift.
Wie viel kostet jeder Artikel alleine?

22 Unter vier Geschwistern sollen 25 000 € so aufgeteilt werden, dass jedes folgende Kind 600 € mehr erhält als das ältere. Wie viel bekommt jedes Kind?

23 Thomas und seine Mutter sind heute zusammen 65 Jahre alt. Vor 10 Jahren war die Mutter genau viermal so alt wie ihr Sohn. Wie alt sind beide?

24 An ihrem 50. Geburtstag stellt Frau Klein fest, dass ihre drei Kinder zusammen ebenso alt sind wie sie selbst. Die Tochter ist um 6 Jahre älter als der jüngste Sohn, der gerade halb so alt ist wie sein älterer Bruder. Wie alt ist die Tochter von Frau Klein? Wie alt sind die beiden Söhne?

25 Ein Rechteck ist um 8 cm länger als breit. Verlängert man die kürzere Seite um 4 cm und verkürzt gleichzeitig die längere um 3 cm, dann nimmt der Flächeninhalt um 26 cm² zu. Wie lang sind die Seiten des ursprünglichen Rechtecks?

26 Die Kantenlängen eines Würfels werden um 3 cm verlängert. Damit nimmt die Oberfläche um 342 cm² zu. Berechne die Kantenlänge des ursprünglichen Würfels.

27 Eine Pumpe kann einen Wasserbehälter in 30 Minuten füllen. Eine zweite, leistungsfähigere Pumpe würde dazu nur 20 Minuten brauchen. Wie lange dauert das Füllen, wenn beide Pumpen gleichzeitig arbeiten?

28 Gib für die Darstellungen eine Ungleichung mit der zugehörigen Grundmenge an.

a)
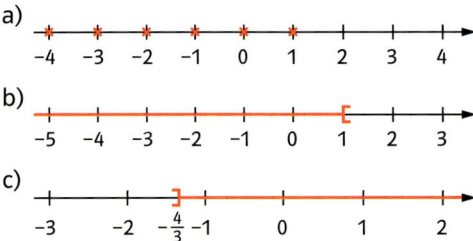

b)

c)

29 a) Ein Rennpferd schafft 1 km in 1 min, ein Fußgänger braucht dafür 12 min.
In welchem Verhältnis stehen die Zeiten, in welchem die Geschwindigkeiten?
b) Ein Pkw erreicht im Durchschnitt die Geschwindigkeit $v_1 = 125$ km/h, ein Reisebus $v_2 = 75$ km/h. In welchem Verhältnis stehen v_1 und v_2?
In welchem Verhältnis stehen die Zeiten t_1 und t_2, die der Pkw und der Reisebus für 250 km brauchen?
c) Berechne $t_1 : t_2$ aus b) auch für andere Streckenlängen. Was stellst du fest?

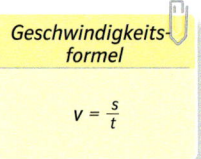

Geschwindigkeits-
formel

$v = \frac{s}{t}$

30 Bestimme die Lösungsmenge. $\mathbb{G} = \mathbb{Q}$
a) $2x - 12 < 11x + 15$
b) $2x - 1 \geqq 1 - 2x$
c) $x - (3 - x) > 5 - (5 - x)$
d) $3 - (x + 5) \leqq 4x - (x - 2)$

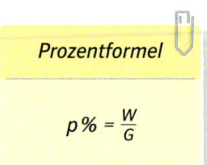

Prozentformel

$p\% = \frac{W}{G}$

31 Bestimme die Lösungsmenge mithilfe von Äquivalenzumformungen. Die Grundmenge ist jeweils $\mathbb{Q}$.
a) $(x + 1)(x - 14) - (x + 1)(x - 15) > 17$
b) $(x - 16)(3x + 1) - (3x - 1)(x - 15) \leqq -35$
c) $(x - 3)^2 - x^2 < 3 - 3(x + 2)$
d) $(x + 2)^2 - (x - 4)^2 \geqq 2(x - 4) + 9x$
e) $(x - 9)^2 - (x + 6)^2 < (x + 5)^2 - (x + 8)^2 + 84$

32 Ein Brezelverkäufer rechnet mit 15 € festen Unkosten pro Tag. Am Verkauf einer Brezel verdient er 0,13 €.
Wie viele Brezeln muss er täglich verkaufen, damit er mindestens 100 € Gewinn erzielt?

33 Die Dichte eines Stoffs ist der Quotient aus der Masse m und dem Volumen V.
Sie wird in $\frac{g}{cm^3}$ gemessen und mit ϱ (sprich: ro) bezeichnet.
Es gilt also $\varrho = \frac{m}{V}$.
a) Ein Vollziegel mit a = 24,0 cm; b = 11,5 cm und c = 5,2 cm wiegt 2300 g. Wie groß ist seine Dichte?
b) Stelle die Dichte-Formel nach m und nach V um.
c) Eisen hat die Dichte $\varrho = 7,87 \frac{g}{cm^3}$. Wie schwer ist ein Eisenwürfel mit der Kantenlänge a = 5 cm?
d) Styropor hat je nach Sorte eine Dichte zwischen $0,02 \frac{g}{cm^3}$ und $0,1 \frac{g}{cm^3}$.
In welchen Grenzen liegt das Volumen einer 300 g schweren Verpackung?
e) Stellt euch gegenseitig solche Aufgaben.

Stoff	Aluminium	Blei	Gold	Platin
ϱ in $\frac{g}{cm^3}$	2,7	11,3	19,3	21,5

34 Die Geschwindigkeitsformel und die Prozentformel verbinden je drei Größen. Wie ändert sich die dritte Größe, wenn zwei Größen verändert werden?
Antworte, ohne zu rechnen.
• s und t werden verdoppelt.
• s wird verdoppelt, t wird halbiert.
• G wird verdoppelt, W wird halbiert.
• v und t werden verdoppelt.
• p % und W werden verdoppelt.
• G wird vervierfacht, W wird verdoppelt.

Rückspiegel

1 Löse die Gleichung.
a) $2(x + 3) + 4x = 24$
b) $7(3x - 2) + 10x - 35 = 13$
c) $2(-x - 3) \cdot 7 - 3x = -8$

2 Was muss in die Gleichung
$3(2x + 1) + 6(x - 3) = \square$ für $\square$ eingesetzt
werden, damit $\mathbb{L}$ die Lösungsmenge ist?
a) $\mathbb{L} = \{2\}$ b) $\mathbb{L} = \{3\}$ c) $\mathbb{L} = \{10\}$
d) $\mathbb{L} = \{0\}$ e) $\mathbb{L} = \{-4\}$

3 Achte auf die binomischen Formeln.
a) $(x - 1)^2 + (x + 2)^2 = 2x^2$
b) $(y + 9)^2 - (y - 5)^2 = 28$
c) $(z + 4)^2 - (z - 3)(z + 3) = 3(z - 10)$

4 Gib die Lösungsmenge an. Beachte
dabei die Grundmenge.
a) $6(9u + 1) = 4(12u - 3)$ $\mathbb{G} = \mathbb{N}$
b) $25y - 3(4 - 5y) = 0$ $\mathbb{G} = \mathbb{Q}$
c) $(4x - 9)(3x - 6) = 12x^2 + 3$ $\mathbb{G} = \mathbb{Z}$

5 Löse die Ungleichung, zeichne die
Lösungsmenge auf der Zahlengeraden ein.
a) $3x + 2 < 2x - 3$ $\mathbb{G} = \mathbb{Z}$
b) $2(x - 4) < 4x - 7$ $\mathbb{G} = \mathbb{Q}$
c) $1,5x + 9 \geqq 2x + 3,5$ $\mathbb{G} = \mathbb{N}$
d) $(4x - 2) \leqq 2(x - 2) + 2x - 4$ $\mathbb{G} = \mathbb{Q}$

6 a) Löse die Formel $A = a \cdot b$ nach b auf.
b) Berechne b für
$A = 56\,cm^2$ $A = 108\,cm^2$ $A = 36,4\,cm^2$
$a = 14\,cm$ $a = 24\,cm$ $a = 5,6\,cm$

7 Eine Tippgemeinschaft besteht aus
drei Personen. Wie muss ein Gewinn von
$78\,204,60\,€$ aufgeteilt werden, wenn die
Einsätze $2\,€$, $4\,€$ und $6\,€$ betrugen?

8 Die Flächeninhalte des gelben und des
roten Rechtecks sind gleich. Berechne x.

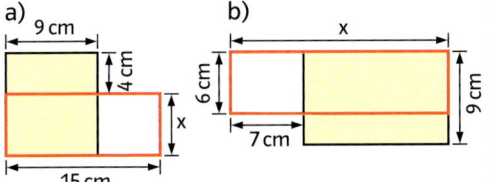

a) 9 cm, 4 cm, 15 cm   b) x, 6 cm, 7 cm, 9 cm, x

1 Löse die Gleichung.
a) $5(4x - 5) + 4(3x - 4) = 23$
b) $-6(5x - 12) = 57 - 5(4x + 13)$
c) $8(6x - 2) - 9(4x + 12) = 5(x - 5) - 15$

2 Was muss in die Gleichung
$3(e - x) = 2(3x + 6e)$ für e eingesetzt
werden, damit $\mathbb{L}$ die Lösungsmenge ist?
a) $\mathbb{L} = \{2\}$ b) $\mathbb{L} = \{0\}$ c) $\mathbb{L} = \{6\}$
d) $\mathbb{L} = \{-2\}$ e) $\mathbb{L} = \{-0,5\}$

3 Achte auf die binomischen Formeln.
a) $(x + 2)^2 - (x - 4)^2 = 2(x - 4) + 9x$
b) $(y - 5)^2 + (y + 6)^2 = (y - 9)^2 + (y + 8)^2$
c) $(3z - 2)^2 - 3(z - 1)^2 = -(3z + 2)(3 - 2z)$

4 Gib die Lösungsmenge an. Beachte
die Grundmenge.
a) $0,8(2u - 3) = (2u + 4) \cdot 0,6$ $\mathbb{G} = \mathbb{N}$
b) $(12 - 3x) \cdot 2 = 9(7x + 18)$ $\mathbb{G} = \mathbb{Z}$
c) $2a^2 - (a + 12)(2a + 3) = 18$ $\mathbb{G} = \mathbb{Q}$

5 Löse die Ungleichung, zeichne die
Lösungsmenge auf der Zahlengeraden ein.
a) $9(4y + 6) < 18y$ $\mathbb{G} = \mathbb{Z}$
b) $3(4a + 1) \leqq 11a - 3$ $\mathbb{G} = \mathbb{Z}$
c) $y - (3 - y) > 5 - (5 - y)$ $\mathbb{G} = \mathbb{N}$
d) $2a + 3 - (5 + 3a) < 3 - (2a - 1)$ $\mathbb{G} = \mathbb{Q}$

6 a) Löse die Formel $p\% = \frac{W}{G}$ nach G auf.
b) Berechne G mit der neuen Formel.
$W = 29,40\,€$ $W = 17,5\,m$ $W = 120\,kg$
$p\% = 7\%$ $p\% = 0,5\%$ $p\% = 12,5\%$

7 Ein Schwimmbecken kann durch zwei
Zuflussröhren gefüllt werden. Die zweite
Röhre würde zur Füllung doppelt so lang
wie die erste benötigen. Zusammen brauchen sie zwei Stunden.
In wie vielen Stunden würde jede Röhre
alleine das Becken füllen?

8 Die Kanten eines Quaders, der doppelt
so lang wie breit und $2\frac{1}{2}$-mal so hoch wie
lang ist, werden jeweils um $1\,cm$ verlängert. Die Oberfläche des neuen Quaders ist
um $70\,cm^2$ größer geworden.
Berechne die alten Kantenlängen.

Figuren und Flächen

Figuren legen

Das Tangram ist ein altes chinesisches Legespiel. Es besteht aus sieben Teilfiguren und lässt sich schnell aus Karton herstellen. Welche geometrischen Formen erkennst du? Beschreibe ihre Eigenschaften.

Unter Verwendung aller Teilfiguren wurde ein Rechteck gelegt. Aus dieser Anordnung lassen sich sehr einfach ein Parallelogramm, ein Dreieck oder ein Trapez herstellen.

Viele andere Figuren sind möglich.
Du kannst auch selbst weitere erfinden
und sie als Umriss einem Partner zum
Auslegen geben.

Wir nähern uns dem Kreis

Ermittelt Durchmesser und Umfang
von kreisrunden Gegenständen.
Beschreibt, wie ihr vorgegangen seid.

Das Pulvermaar in der Eifel ist ein fast
kreisförmiger See vulkanischen Ursprungs.
Sein Durchmesser beträgt ungefähr 700 m.
Bestimme die Gesamtfläche des Maars so
genau wie möglich.

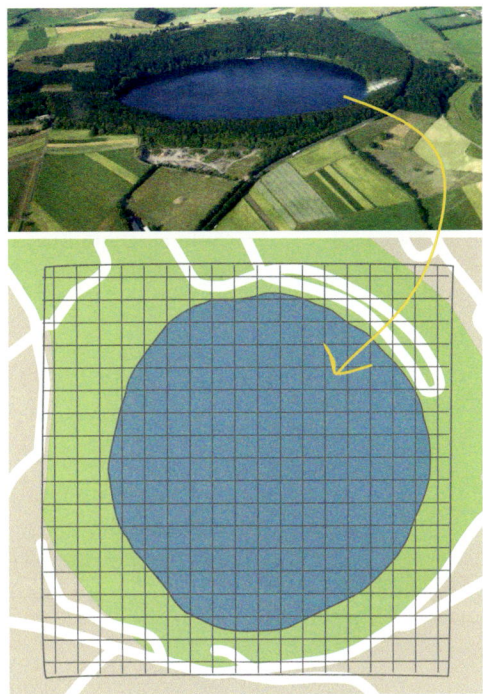

Wie oft könnt ihr den Durchmesser auf
dem Umfang eines Kreises abtragen?

In diesem Kapitel lernst du,

- wie Umfänge von Figuren
  berechnet werden,
- wie man den Flächeninhalt geo-
  metrischer Figuren berechnet,
- wie man aus Formeln für ein-
  fache Figuren Formeln für
  andere Figuren gewinnen kann,
- dass es vielfältige praktische
  Probleme gibt, in denen Vielecke vorkommen.

1 Quadrat und Rechteck

Tobias will den Flächeninhalt des rechteckigen Parkplatzes bestimmen.
„Kein Problem", sagt er, „ich zähle einfach die Pflastersteine."
→ Seine große Schwester behauptet, dass man mit einer einfachen Rechnung schneller zum Ziel kommt.

Um den **Flächeninhalt** eines Rechtecks zu bestimmen, legt man es mit Zentimeterquadraten aus und bildet aus ihnen Streifen.

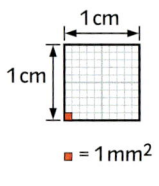

$\blacksquare$ = 1 mm^2

$1\,cm^2 = 10 \cdot 10\,mm^2$
$= 100\,mm^2$

Es passen drei Streifen zu je fünf Quadratzentimetern bzw. fünf Streifen zu je drei Quadratzentimetern in das Rechteck.
Sein Flächeninhalt beträgt somit 15 cm^2.
Rechnung: $A = a \cdot b = 5 \cdot 3\,cm^2 = 15\,cm^2$

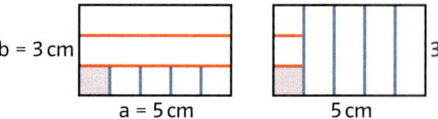

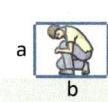   

Der **Umfang** einer geometrischen Figur ist die Summe ihrer Seitenlängen, also die Länge ihres Randes.
Für das Rechteck ergibt sich:
$$u = a + b + a + b = 2 \cdot a + 2 \cdot b$$
$$= 2 \cdot (a + b)$$
$$= 2 \cdot (5 + 3)\,cm = 2 \cdot 8\,cm = 16\,cm$$
Ein Quadrat ist ein besonderes Rechteck. Länge und Breite sind gleich groß.

Fläche des Rechtecks
gleich
Länge mal Breite

Der Flächeninhalt eines **Rechtecks** kann aus dem Produkt seiner Seitenlängen berechnet werden.
A = a · b
Für den Umfang gilt: **u = 2 · (a + b)**

Der Flächeninhalt eines **Quadrats** kann durch das Quadrieren seiner Seitenlänge berechnet werden.
A = a · a = a^2
Für den Umfang gilt: **u = 4 · a**

Einheiten umrechnen

100 mm^2 = 1 cm^2
100 cm^2 = 1 dm^2
100 dm^2 = 1 m^2
100 m^2 = 1 a (Ar)
100 a = 1 ha (Hektar)
100 ha = 1 km^2

Beispiele

a) Aus dem Flächeninhalt A und einer Seite a eines Rechtecks wird die Länge der zweiten Seite berechnet.
$A = 45\,cm^2$ und $a = 9\,cm$
$A = a \cdot b$ $|:a$
$b = \frac{A}{a}$

$b = \frac{45}{9}\,cm$

$b = 5\,cm$

b) Aus dem Umfang u und einer Seite b eines Rechtecks wird die Länge der zweiten Seite berechnet.
$u = 17{,}8\,m$ und $b = 3{,}6\,m$
$u = 2 \cdot (a + b)$ $|:2$
$\frac{u}{2} = a + b$ $|-b$

$a = \frac{u}{2} - b = \frac{17{,}8}{2}\,m - 3{,}6\,m$

$a = 5{,}3\,m$

Aufgaben

1 Ein Fußballfeld darf 90 bis 120 m lang und 45 bis 90 m breit sein.
Wie groß sind Flächeninhalt und Umfang mindestens bzw. höchstens?

2 Berechne die Seitenlänge des Quadrates aus seinem Umfang bzw. seinem Flächeninhalt.
a) u = 6,4 cm b) u = 95,6 m c) u = 7,35 dm
d) A = 36 cm² e) A = 81 dm² f) A = 169 m²

3 Berechne die fehlenden Größen des Rechtecks.

a	5 cm		12,8 m	
b		8,5 cm		41,3 cm
u			38,6 m	6,84 m
A	40,0 cm²	2,55 dm²		

4 a) Gib die Flächeninhalte der einzelnen Räume von Familie Christ in m² an.
b) Für das Wohn- und die Kinderzimmer werden Fußbodenleisten benötigt. Die Türen mit Rahmen sind 90 cm breit.
c) Die Miete für die Wohnung beträgt monatlich 651 €. Berechne den Preis je m² Wohnfläche (die quadratische Terrasse wird bei der Berechnung der Wohnfläche zur Hälfte mitberücksichtigt).

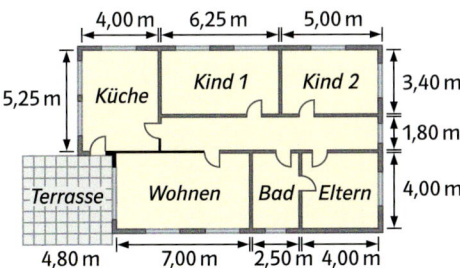

d) Die Küche muss neu tapeziert werden. Eine Tapetenrolle (53 cm breit, 10 m lang) kostet 5,50 €. Die Zimmer sind 2,50 m hoch. Zur Vereinfachung berücksichtigt Herr Christ Türen und Fenster nicht. Er kalkuliert auch keinen Verschnitt ein.
e) Der Vermieter beteiligt sich mit 75 % an den anstehenden Renovierungskosten.

5 Berechne Flächeninhalt und Umfang der Figuren.

a)

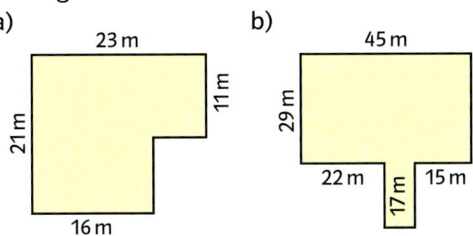

b)

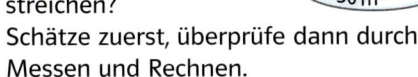

6 Reicht die Farbe im Eimer, um die Decke eures Klassenzimmers zu streichen?
Schätze zuerst, überprüfe dann durch Messen und Rechnen.

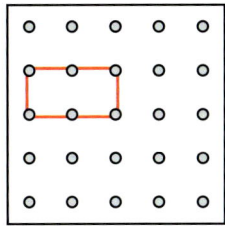

7 Wie verändert sich der Flächeninhalt, wie der Umfang eines Rechtecks, wenn man
a) die Länge einer Seite verdoppelt?
b) die Länge und die Breite verdoppelt?
c) die Länge verdoppelt und die Breite halbiert?

Einer spannt ein Rechteck, der Partner bestimmt den Flächeninhalt (in Nagelquadraten).

Rechteck und DGS (dynamische Geometriesoftware)

Mit einer DGS lassen sich Umfang und Flächeninhalt von Figuren berechnen. Dazu werden die Formeln eingegeben. Verändert man die Figur, berechnet das System die Werte automatisch neu.

■ Ermittelt das Rechteck, das bei einem Umfang von 12 cm den größten Flächeninhalt hat.
■ Welches Rechteck mit 8 cm² Flächeninhalt hat den kleinsten Umfang?

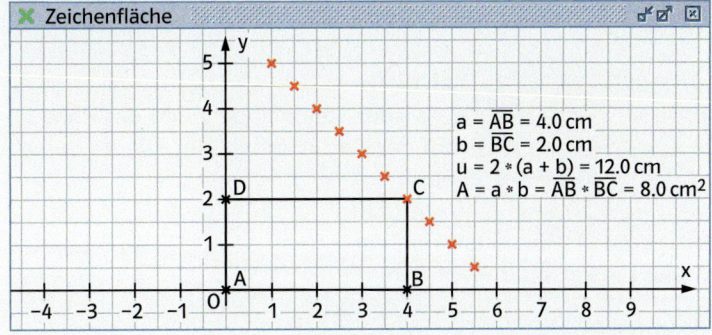

2 Parallelogramm und Raute

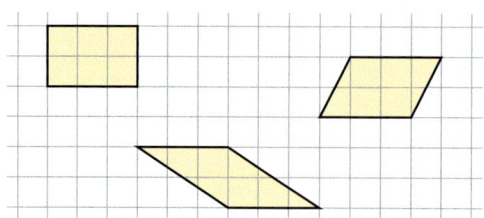

→ Bestimme die Flächeninhalte der Vierecke mithilfe von Einheitsquadraten.
→ Was stellst du fest, wenn du jeweils die Grundseiten und die Höhen vergleichst?

! *Man muss nicht schneiden. Auch durch Falten kann man ein Parallelogramm in ein Rechteck umwandeln.*

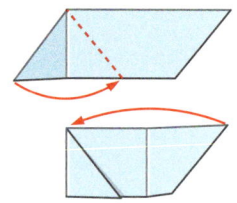

Um den Flächeninhalte eines Parallelogramms zu berechnen kann man es in ein Rechteck umwandeln. Dazu schneidet man ein rechtwinkliges Teildreieck auf der einen Seite ab und setzt es auf der anderen Seite wieder an.

Da die Länge des entstehenden Rechtecks gleich der **Grundseite a** des Parallelogramms und die Breite gleich der zugehörigen **Höhe h_a** ist, ergibt sich: $A = a \cdot h_a$.

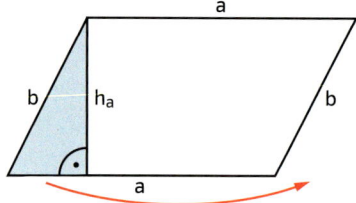 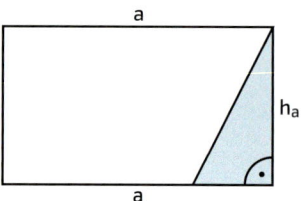

Die Raute ist ein besonderes Parallelogramm. Ihre Seiten sind alle gleich lang.

! *Die Höhe eines Parallelogramms ist der Abstand zwischen zwei parallelen Seiten. Die Höhen müssen nicht in einem Eckpunkt enden.*

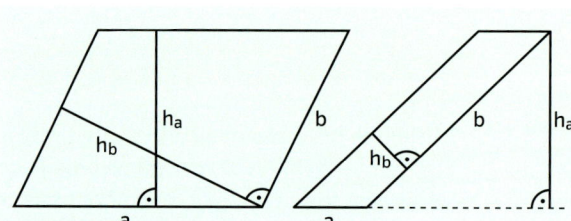 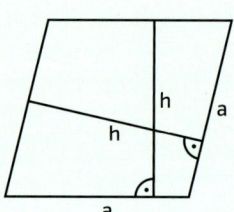

Der **Flächeninhalt eines Parallelogramms** kann aus dem Produkt einer Seitenlänge und der zugehörigen Höhe berechnet werden.

$A = a \cdot h_a$ $\qquad\qquad$ $A = b \cdot h_b$

Für den **Umfang** gilt: $u = 2 \cdot (a + b)$

Der **Flächeninhalt einer Raute** kann aus dem Produkt von Seitenlänge und Höhe berechnet werden.

$A = a \cdot h$

Für den **Umfang** gilt: $u = 4 \cdot a$

Beispiele

a) Aus der Seitenlänge a und der Höhe h_a wird der Flächeninhalt einer Raute berechnet.

$a = 12{,}0\,\text{cm}$
$h_a = 7{,}5\,\text{cm}$
$A = a \cdot h_a$
$A = 12{,}0 \cdot 7{,}5\,\text{cm}^2$
$A = 90{,}0\,\text{cm}^2$

b) Aus dem Flächeninhalt A und einer Seitenlänge b wird die zugehörige Höhe h_b eines Parallelogramms berechnet.

$A = 126{,}0\,\text{cm}^2$
$b = 15{,}0\,\text{cm}$
$A = b \cdot h_b \qquad\qquad | : b$
$h_b = \dfrac{A}{b} = \dfrac{126{,}0}{15{,}0}\,\text{cm} = 8{,}4\,\text{cm}$

1 Zeichne verschiedene Parallelogramme. Bestimme beide Seitenlängen und Höhen durch Messung.
Berechne den Flächeninhalt mit beiden Formeln und vergleiche die Ergebnisse.

2 Berechne Flächeninhalt und Umfang des Parallelogramms.
a) $a = 6\,cm$ b) $a = 11,5\,m$ c) $a = 3\,dm$
   $b = 8\,cm$ $b = 18,6\,m$ $b = 71\,cm$
   $h_a = 4\,cm$ $h_b = 4,5\,m$ $h_a = 0,9\,m$

3 Ein Schüler spannt auf dem Nagelbrett ein Parallelogramm, der Partner bestimmt den Flächeninhalt (in Nagelquadraten).

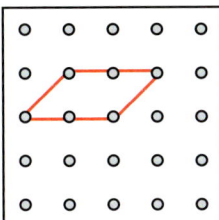

4 Berechne Umfang und Flächeninhalt.
a)

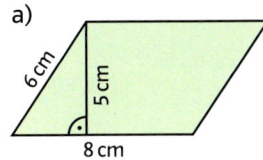

b)

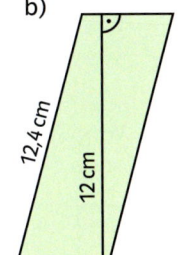

c)

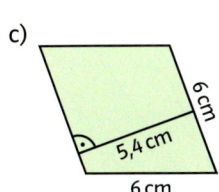

5 Bestimme den Flächeninhalt des Parallelogramms. Zeichne dazu die Punkte in ein Koordinatensystem (Längeneinheit 1 cm) ein und entnimm der Zeichnung die notwendigen Maße.
a) $A(1\,|\,1)$; $B(4\,|\,1)$; $C(7\,|\,6)$; $D(4\,|\,6)$
b) $A(1\,|\,2)$; $B(7\,|\,1)$; $C(6\,|\,5)$; $D(0\,|\,6)$
c) $A(-5\,|\,-3)$; $B(2\,|\,-1,5)$; $C(3\,|\,4,5)$; $D(-4\,|\,3)$
d) $A(-4\,|\,-5)$; $B(1\,|\,-3)$; $C(1,5\,|\,0,5)$; $D(-3,5\,|\,-1,5)$

6 Berechne die fehlenden Größen des Parallelogramms.

a	9,0 cm	35 cm	40 m		
b		18 cm		7,5 m	
h_a	6,0 cm		12 m		6 m
h_b	4,5 cm				9 m
u			140 m	45,0 m	
A		315 cm²		75,0 m²	72 m²

7 Konstruiere das Parallelogramm und berechne den Flächeninhalt.
a) $a = 6,8\,cm$ b) $\alpha = 45°$
   $b = 4,5\,cm$ $h_a = 3,5\,cm$
   $\alpha = 40°$ $h_b = 5,0\,cm$

8 Bestimme die Höhen des Parallelogramms auf dem Rand.

9 Ein Parallelogramm hat eine 3 cm lange Seite und einen Flächeninhalt von $12\,cm^2$.
a) Zeichne drei verschiedene Parallelogramme mit diesen Maßen.
b) Gibt es eine Raute, die diese Bedingung erfüllt?

Parallelogramm und DGS

Wie verändert sich der Flächeninhalt der Bahnschranke mit ihrem Schutzgitter beim Heben und Senken?

Zeichenfläche

$a = \overline{AB} = 6.0\,cm$
$h_a = 2.78\,cm$
$A = a * h_a = 16.66\,cm^2$

$b = \overline{BC} = 3.0\,cm$
$h_b = 5.55\,cm$
$A = b * h_b = 16.66\,cm^2$

Gangway

IHRE WERBUNG

Unsere
als Ihre
Werbefläche
für nur 150 € je m²

10 Welchen Fehler hat der Praktikant der Werbefirma gemacht?

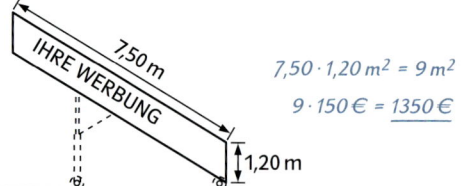

IHRE WERBUNG 7,50 m 1,20 m

$7{,}50 \cdot 1{,}20 \, m^2 = 9 \, m^2$

$9 \cdot 150 \, € = \underline{1350 \, €}$

11 Bauer Grün muss für den Bau einer Straße über sein 75 m langes und 30 m breites Grundstück entschädigt werden.

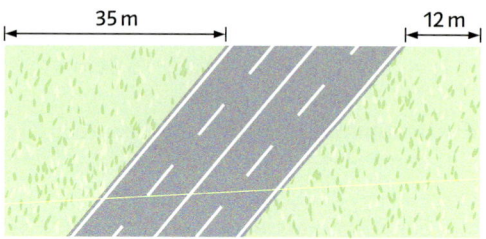

35 m   12 m

12 Die Wand des Treppenaufgangs soll mit Holz verkleidet werden. Für 1 m² Holzverkleidung sind 45,30 € zu bezahlen. Berechne die Kosten.

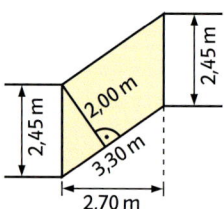

2,45 m   2,00 m   2,45 m   3,30 m   2,70 m

13 Der gefärbte Teil der Dachfläche eines Ferienhauses muss neu gedeckt werden. Für 1 m² benötigt man 35 Dachziegel.

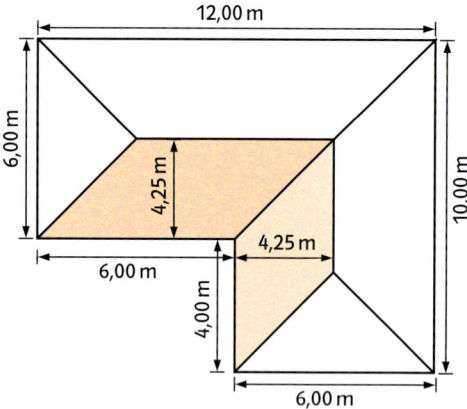

12,00 m   6,00 m   4,25 m   4,25 m   6,00 m   4,00 m   6,00 m   10,00 m

14 Zwei Straßen sind 5,50 m und 7,50 m breit. Sie kreuzen sich unter einem Winkel von 60°. Wie groß ist der Flächeninhalt der Kreuzung? Fertige zunächst eine maßstabsgerechte Zeichnung an.

15 Übertrage die Figuren ins Heft. Entnimm der Zeichnung die notwendigen Maße und berechne Umfang und Flächeninhalt.
Erkläre einer Partnerin oder einem Partner, wie du vorgegangen bist.
Du kannst deine Ergebnisse durch Auszählen überprüfen.

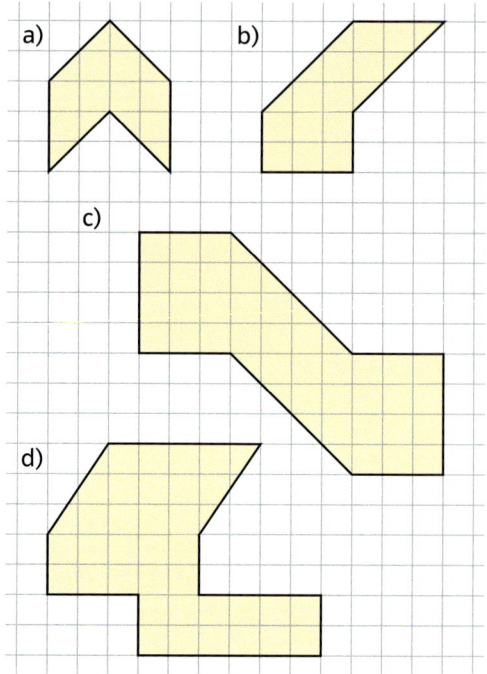

a)   b)

c)

d)

16 Vergleiche die Flächeninhalte und Umfänge der Vierecke.

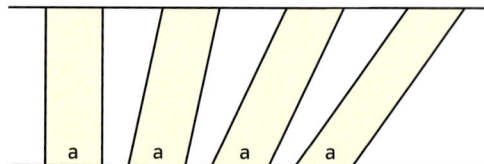

a   a   a   a

17 Begründe, dass die Parallelogramme gleichen Flächeninhalt haben.

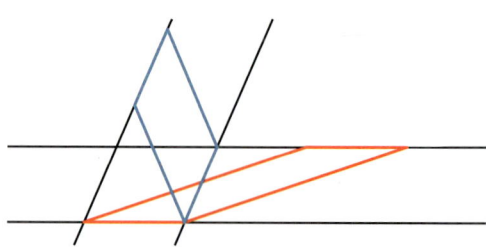

3 Dreieck

Schneide zwei deckungsgleiche Dreiecke aus und lege sie zu einem Parallelogramm zusammen.
→ Was kannst du über den Flächeninhalt eines Dreiecks im Vergleich zum entstandenen Parallelogramm aussagen?

Bei der Berechnung des Flächeninhaltes von Dreiecken kann man bereits bekannte Figuren nutzen.

! Auch durch Falten kann man ein Dreieck in ein Rechteck umwandeln.

Ein rechtwinkliges Dreieck hat den halben Flächeninhalt eines Rechtecks.

$A = \frac{1}{2} a \cdot b$

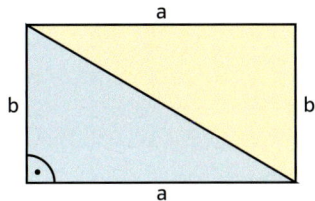

Ein allgemeines Dreieck kann man als halbes Parallelogramm betrachten.

$A = \frac{1}{2} a \cdot h_a$

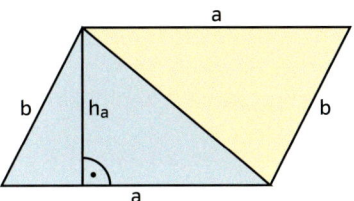

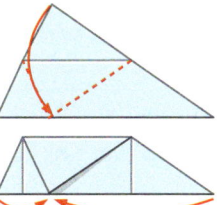

Der **Flächeninhalt eines Dreiecks** kann aus dem Produkt einer halben Seitenlänge und der zugehörigen Höhe berechnet werden.

$$A = \frac{1}{2} a \cdot h_a \qquad A = \frac{1}{2} b \cdot h_b \qquad A = \frac{1}{2} c \cdot h_c$$

Beim **rechtwinkligen Dreieck** kann der Flächeninhalt aus dem halben Produkt der beiden am rechten Winkel anliegenden Seiten berechnet werden.

$$A = \frac{1}{2} a \cdot b \quad (\gamma = 90°)$$

Für den **Umfang** eines Dreiecks gilt: $u = a + b + c$

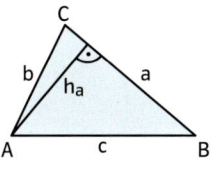

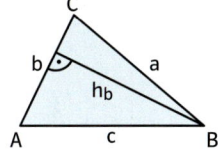

Bemerkungen

- Im rechtwinkligen Dreieck gehört zur Seite a die Höhe $b = h_a$ und zur Seite b die Höhe $a = h_b$.
- Bei stumpfwinkligen Dreiecken liegen zwei Höhen außerhalb des Dreiecks. Der Flächeninhalt ergibt sich aus der Differenz der Flächeninhalte zweier rechtwinkliger Dreiecke.

$$A = \frac{1}{2} \cdot (c + x) \cdot h_c - \frac{1}{2} \cdot x \cdot h_c$$
$$A = \frac{1}{2} \cdot c \cdot h_c + \frac{1}{2} \cdot x \cdot h_c - \frac{1}{2} \cdot x \cdot h_c$$
$$A = \frac{1}{2} \cdot c \cdot h_c$$

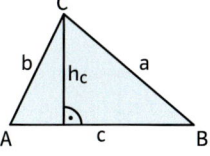

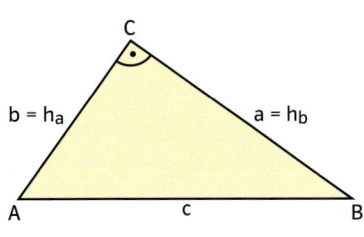

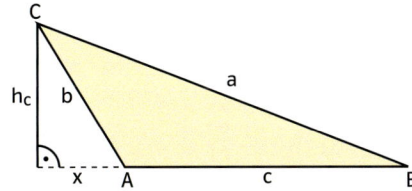

Beispiele

a) Aus der Seitenlänge c und der zugehörigen Höhe h_c wird der Flächeninhalt berechnet.

$c = 4,8\,\text{cm}; \quad h_c = 2,8\,\text{cm}$

$A = \frac{1}{2} c \cdot h_c$

$A = \frac{1}{2} \cdot 4,8 \cdot 2,8\,\text{cm}^2$

$A = 6,72\,\text{cm}^2$

b) Aus dem Flächeninhalt A und der Höhe h_a wird die Länge der zugehörigen Seite berechnet.

$A = 19,25\,\text{cm}^2; \quad h_a = 7,0\,\text{cm}$

$A = \frac{1}{2} a \cdot h_a \qquad | \cdot 2$

$2 \cdot A = a \cdot h_a \qquad | : h_a$

$a = \frac{2 \cdot A}{h_a}$

$a = \frac{2 \cdot 19,25}{7,0}\,\text{cm} = 5,5\,\text{cm}$

? *Einer spannt ein Dreieck, der Partner bestimmt den Flächeninhalt (in Nagelquadraten).*

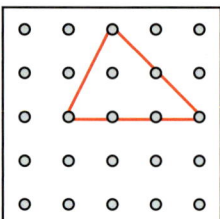

Aufgaben

1 Zeichne ein beliebiges Dreieck. Bestimme alle Seitenlängen und Höhen durch Messung.
Berechne den Flächeninhalt mit den drei Formeln und vergleiche die Ergebnisse.

2 Berechne den Flächeninhalt des Dreiecks.

a) $c = 7\,\text{cm}$ b) $a = 5,5\,\text{cm}$ c) $b = 12,2\,\text{cm}$
   $h_c = 5\,\text{cm}$ $h_a = 6,0\,\text{cm}$ $h_b = 8,5\,\text{cm}$

d) $a = 4\,\text{dm}$ e) $b = 7,6\,\text{cm}$ f) $c = 2,5\,\text{m}$
   $h_a = 58\,\text{cm}$ $h_b = 53\,\text{mm}$ $h_c = 136\,\text{cm}$

3 Berechne den Flächeninhalt.

a)   b)

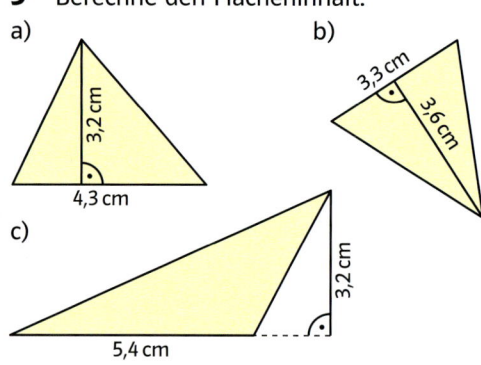

c)

4 Bestimme den Flächeninhalt und den Umfang des Dreiecks. Zeichne dazu die Punkte in ein geeignetes Koordinatensystem (Längeneinheit 1 cm) ein und entnimm der Zeichnung die notwendigen Maße.

a) $A(1|1)$; $B(8|1)$; $C(5|7)$
b) $A(2|1)$; $B(10|2)$; $C(4|9)$
c) $A(-1|-5)$; $B(4|-2)$; $C(4|3)$
d) $A(-6|-3)$; $B(2|2)$; $C(-1|5)$

? *Welches der Dreiecke hat den größeren Flächeninhalt? Schätze zuerst und überprüfe dann durch Messen und Rechnen.*

5 Berechne den Flächeninhalt auf zwei Arten. Übertrage ins Heft und entnimm der Zeichnung die notwendigen Maße.

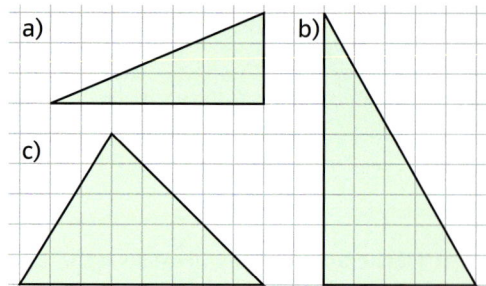

a)   b)

c)

6 Konstruiere das Dreieck mit den angegebenen Maßen. Bestimme mit den Angaben aus der Zeichnung den Umfang und den Flächeninhalt.

a) $a = 5\,\text{cm}$; $b = 6\,\text{cm}$; $c = 7\,\text{cm}$
b) $c = 8\,\text{cm}$; $\alpha = 72°$; $\beta = 62°$
c) $a = 7,5\,\text{cm}$; $b = 6,5\,\text{cm}$; $\gamma = 50°$
d) $c = 5,5\,\text{cm}$; $h_c = 4,5\,\text{cm}$; $\alpha = 50°$

7 Berechne die fehlenden Größen des Dreiecks.

a	6 cm	7,5 m		70 dm
b	8 cm		0,4 m	
h_a		80 dm	0,9 m	
h_b		50 dm	13,5 dm	35 dm
A	42 cm²			6,3 m²

8 Zeichne vier verschiedene Dreiecke mit dem Flächeninhalt 8 cm².
Bestimme jeweils den Umfang.

9 Von einem rechtwinkligen Dreieck mit $\gamma = 90°$ sind $c = 10\,cm$; $b = 6\,cm$ und der Flächeninhalt $A = 24\,cm^2$ bekannt. Berechne a, h_c und den Umfang u.

10 Wie groß ist der Flächeninhalt des Parallelogramms?

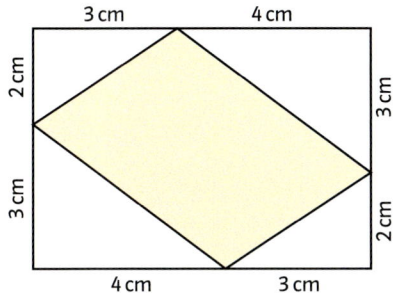

11 Stelle für den Flächeninhalt des Dreiecks eine Formel mit der Variablen e auf.

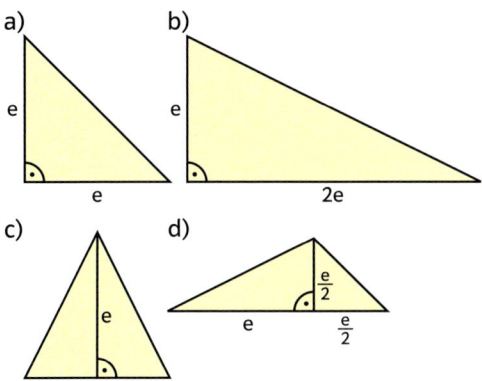

12 Die Giebelwand des Nur-Dach-Hauses wird teilweise mit Holz verkleidet bzw. verglast (alle Maße in m).
$1\,m^2$ Holzverkleidung kostet $22,50\,€$ und $1\,m^2$ Fensterglas $65,00\,€$.
Berechne die Kosten.

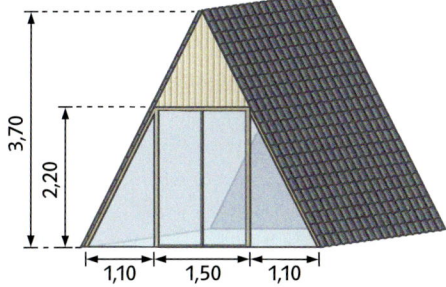

13 Ein Kirchturmdach wird neu gedeckt. Für Material und Arbeitsleistung werden $29,50\,€$ pro m^2 kalkuliert.

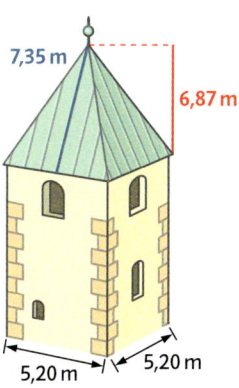

14 Wie groß ist der Flächeninhalt des Schulhofes?

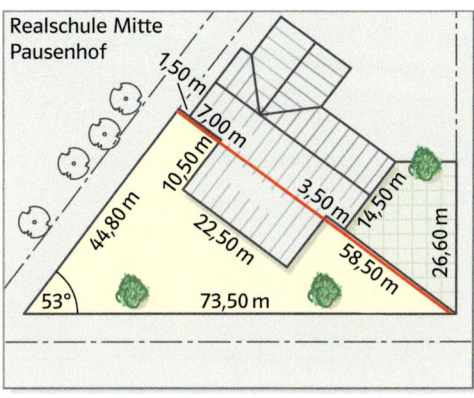

15 Schätze den Flächeninhalt des Verkehrszeichens „Vorfahrt gewähren". Ist die rote oder die weiße Teilfläche größer? Zeichne maßstabsgerecht und rechne.

Dreieck und DGS

Wie verändert sich der Flächeninhalt des Dreiecks?
■ Die Grundseite wird verdoppelt, verdreifacht, ...
■ Grundseite und Höhe werden verdoppelt, verdreifacht, ...
■ Die Grundseite wird verdoppelt und die Höhe halbiert.
■ Der Punkt C wird auf der Parallelen zu $\overline{AB}$ verschoben.

Was geschieht mit dem Umfang?

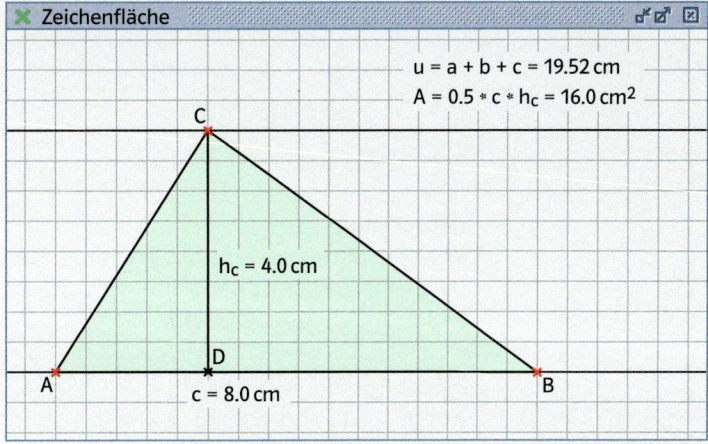

4 Trapez

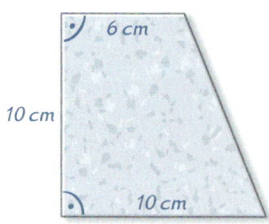

Welchen Flächeninhalt muss ein rechteckiges Blatt Papier mindestens haben, um zwei Exemplare des abgebildeten Trapezes ausschneiden zu können?

→ Versuche es auch mit anderen Trapezen.

Auch durch Falten kann man ein Trapez in ein Rechteck umwandeln.

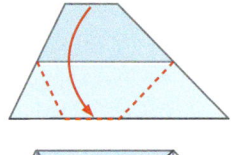

Zwei deckungsgleiche Trapeze kann man zu einem Parallelogramm zusammenlegen.

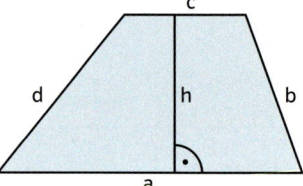 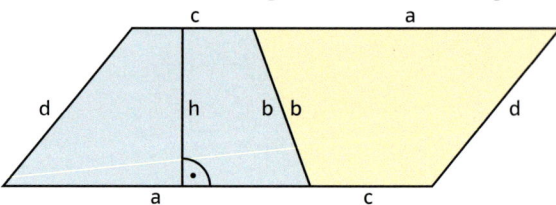

Die Grundseite des Parallelogramms hat dann die Länge a + c. Seine Höhe bleibt h.
Damit erhält man für den Flächeninhalt des Parallelogramms: $A = (a + c) \cdot h$.
Der Flächeninhalt des Parallelogramms ist doppelt so groß wie der des Trapezes.
Für den Flächeninhalt des Trapezes ergibt sich somit: $A = \frac{1}{2} \cdot (a + c) \cdot h$.

> Der **Flächeninhalt des Trapezes** kann aus den Längen der parallelen Seiten und der Höhe berechnet werden.
>
> $A = \frac{1}{2} \cdot (a + c) \cdot h$
>
> Für den **Umfang** gilt: $u = a + b + c + d$

Beispiele

a) Aus den Seitenlängen a und c und der Höhe h wird der Flächeninhalt berechnet.

$a = 8\,cm$
$c = 6\,cm$
$h = 5\,cm$
$A = \frac{1}{2} \cdot (a + c) \cdot h$
$A = \frac{1}{2} \cdot (8 + 6) \cdot 5\,cm^2$
$A = 35\,cm^2$

b) Aus dem Flächeninhalt A, der Höhe h und der Länge der Seite c wird die Länge der zweiten parallelen Seite berechnet.

$A = 20\,cm^2$; $h = 4\,cm$; $c = 7\,cm$

$A = \frac{1}{2} \cdot (a + c) \cdot h \qquad | \cdot 2 | : h$

$\frac{2 \cdot A}{h} = a + c \qquad | - c$

$a = \frac{2 \cdot A}{h} - c$

$a = \frac{2 \cdot 20}{4}\,cm - 7\,cm = 3\,cm$

Bemerkung

m ist die **Mittelparallele** des Trapezes. Sie geht durch die Mittelpunkte von b und d.
Die Länge von m ist der Mittelwert der Streckenlängen der parallelen Trapezseiten a und c.

$2 \cdot m = a + c \qquad m = \frac{1}{2} \cdot (a + c)$

Aus $A = \frac{1}{2} \cdot (a + c) \cdot h$ wird $A = m \cdot h$.

Aufgaben

1 Wie groß ist der Flächeninhalt des Trapezes?
a) a = 14 cm; c = 5 cm; h = 9 cm
b) m = 9 cm; h = 7 cm
c) a = 42,6 cm; c = 19,2 cm; h = 26,3 cm
d) m = 6 dm; h = 34 cm

2 Berechne den Flächeninhalt des Trapezes.

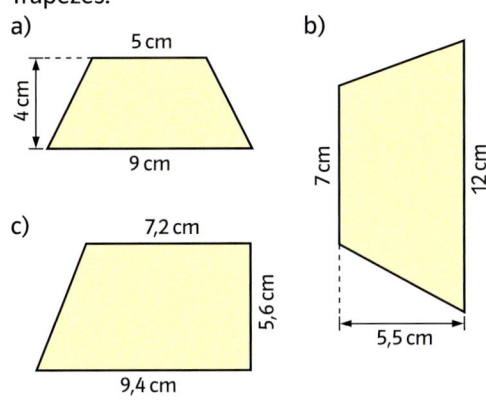

a) 5 cm, 4 cm, 9 cm
b) 7 cm, 12 cm, 5,5 cm

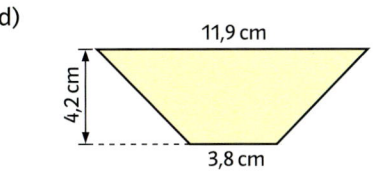

c) 7,2 cm, 5,6 cm, 9,4 cm

d) 11,9 cm, 4,2 cm, 3,8 cm

3 Einer spannt ein Trapez, der Partner oder die Partnerin bestimmt den Flächeninhalt (in Nagelquadraten).

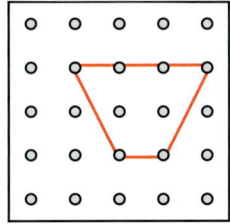

4 Berechne die fehlenden Größen des Trapezes ABCD (a ∥ c).

a	11,8 cm	6 cm	12 cm	
c	6,2 cm	4 cm		4,5 m
h	8,4 cm		8 cm	3,2 m
A		70 cm²	84 cm²	11,2 m²

5 Übertrage das Trapez in doppelter Größe ins Heft. Entnimm die notwendigen Maße der Zeichnung und bestimme Umfang und Flächeninhalt.

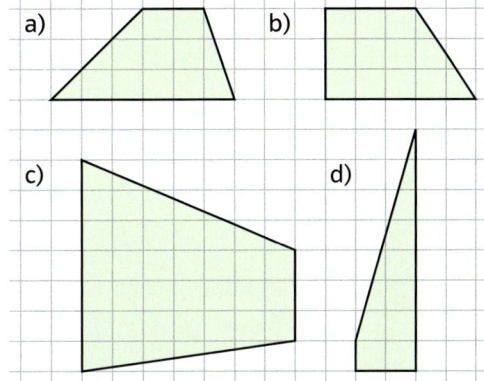

a) b) c) d)

6 Konstruiere das Trapez und bestimme Umfang und Flächeninhalt.
a) a = 8 cm; b = 5 cm; α = 65°; β = 50°
b) a = 9 cm; b = 6 cm; c = 5 cm; β = 68°
c) a = 8,5 cm; α = β = 70°; c = 4,5 cm
d) a = 3,5 cm; b = d = 4,5 cm; c = 8,0 cm

7 An einem Giebelfenster musste die Scheibe aus Isolierglas ersetzt werden. 1 m² kostete 75 €.

90 cm, 120 cm, 80 cm

8 Berechne die Größe der Grundfläche. Entnimm die notwendigen Maße der Zeichnung.

Ko.
Essen
Wohnen
Balkon

Maßstab 1:250

9 Ein Damm ist 5,2 m hoch, hat eine 18,5 m breite Sohle und eine 9,3 m breite Krone. Wie groß ist die Querschnittsfläche?

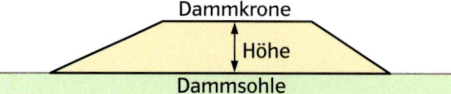

Dammkrone

Höhe

Dammsohle

10 Der Nord-Ostsee-Kanal ist im Wasserspiegel 162 m und an der Sohle 90 m breit. Die Wassertiefe beträgt 11 m.

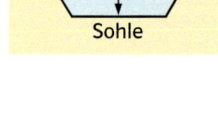

Wasserspiegel

Tiefe

Sohle

11 a) Wie hoch ist das Trapez?

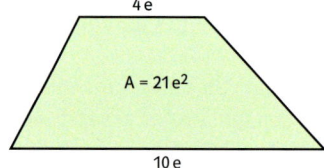

4 e

A = 21 e²

10 e

b) Wie lang ist die obere Seite des Trapezes?

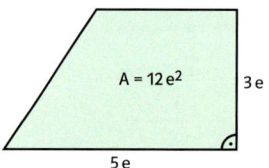

A = 12 e²

3 e

5 e

12 Im Schulwald wollen Schüler selbst hergestellte Nistkästen anbringen. Zeichne die einzelnen Flächen in einem geeigneten Maßstab und berechne den Materialbedarf.
Beachte auch die Stärke der Bretter.

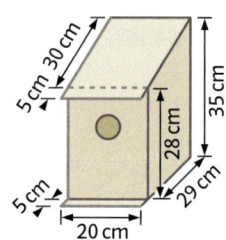

30 cm
5 cm
35 cm
28 cm
5 cm
29 cm
20 cm

13 An der sechseckigen Sitzgruppe um den Baum müssen die Holzflächen erneuert werden. Der Quadratmeterpreis beträgt 32,50 €.

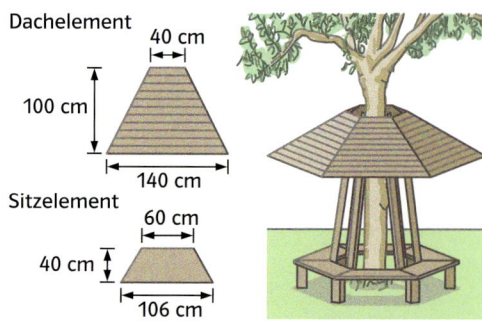

Dachelement

40 cm

100 cm

140 cm

Sitzelement

60 cm

40 cm

106 cm

Auch andere Formen sind möglich.

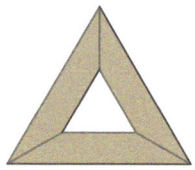

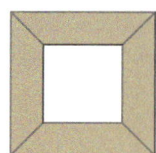

Trapez und DGS

■ Beobachte, welchen Einfluss die Seitenlängen und die Höhe des Trapezes auf seinen Flächeninhalt bzw. Umfang haben.

■ Welches Trapez hat bei gegebenem Flächeninhalt den kleinsten Umfang?

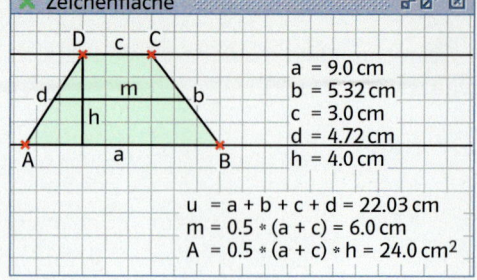

Zeichenfläche

D   c   C

d   m   b

h

A   a   B

a = 9.0 cm
b = 5.32 cm
c = 3.0 cm
d = 4.72 cm
h = 4.0 cm

u = a + b + c + d = 22.03 cm
m = 0.5 * (a + c) = 6.0 cm
A = 0.5 * (a + c) * h = 24.0 cm²

5 Vielecke

Das abgebildete Wohngebäude besitzt ein regelmäßiges Sechseck als Grundfläche. Die Etagen können ganz verschiedene Zimmereinteilungen besitzen.

→ Welche Wohnfläche steht einer Familie im „Sechseckhaus" insgesamt zur Verfügung?

→ Rechts und auf dem Rand sind einige Möglichkeiten gezeigt. Wie würdest du vorgehen um die Fläche zu berechnen?

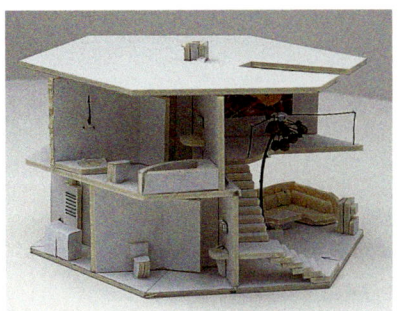

Obergeschoss

Erdgeschoss

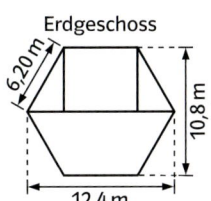

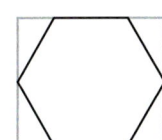

Zur Berechnung des Flächeninhaltes kann man Vielecke in Teilfiguren zerlegen.

Bei diesem allgemeinen Vieleck wurden senkrechte Strecken von den Eckpunkten auf die Standlinie $\overline{AD}$ (längste Diagonale) gefällt. Es entstehen rechtwinklige Dreiecke und Trapeze.

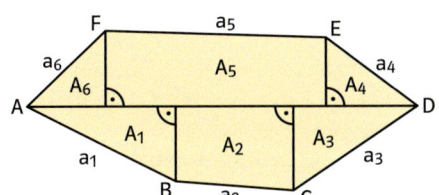

Bei regelmäßigen Vielecken ist die Aufteilung in deckungsgleiche, gleichschenklige Dreiecke günstig.
Die Anzahl der Dreiecke entspricht dabei der Anzahl der Seiten des Vielecks.

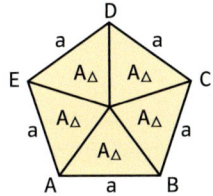

Der **Flächeninhalt eines allgemeinen Vielecks** kann aus der Summe der Flächeninhalte seiner verschiedenen Teilflächen berechnet werden.

$A = A_1 + A_2 + A_3 + A_4 + \ldots + A_n$

Für den **Umfang** gilt:

$u = a_1 + a_2 + a_3 + a_4 + \ldots + a_n$

Der **Flächeninhalt eines regelmäßigen Vielecks** mit n Ecken, also auch mit n Seiten, kann aus dem Vielfachen des Flächeninhaltes seiner gleichschenkligen Teildreiecke berechnet werden.

$A = n \cdot A_\Delta$

Für den **Umfang** gilt: $u = n \cdot a$

Beispiel

Der Flächeninhalt des fünfeckigen Grundstückes ABCDE wird berechnet.

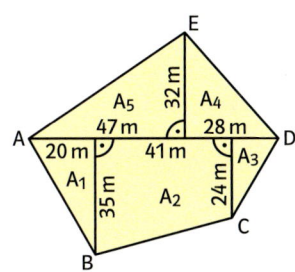

Die Fläche besteht aus fünf Teilflächen.

$A_1 = \frac{1}{2} \cdot 20 \cdot 35\,m^2 = 350\,m^2$

$A_2 = \frac{1}{2} \cdot (35 + 24) \cdot 41\,m^2 = 1209{,}5\,m^2$

$A_3 = \frac{1}{2} \cdot 24 \cdot 14\,m^2 = 168\,m^2$

$A_4 = \frac{1}{2} \cdot 28 \cdot 32\,m^2 = 448\,m^2$

$A_5 = \frac{1}{2} \cdot 47 \cdot 32\,m^2 = 752\,m^2$

$A = 350\,m^2 + 1209{,}5\,m^2 + 168\,m^2$
$\quad + 448\,m^2 + 752\,m^2$

$A = 2927{,}5\,m^2$

Aufgaben

1 Berechne den Flächeninhalt der Figuren. Alle Maße sind in cm angegeben.

a)

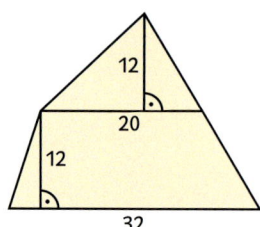

b)

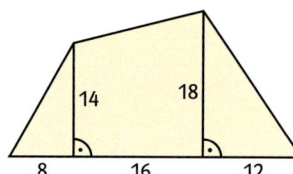

c)

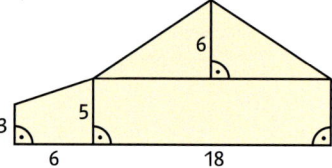

2 Übertrage das Siebeneck ins Heft. Zerlege in Teilfiguren. Entnimm die notwendigen Maße der Zeichnung und berechne Flächeninhalt und Umfang.

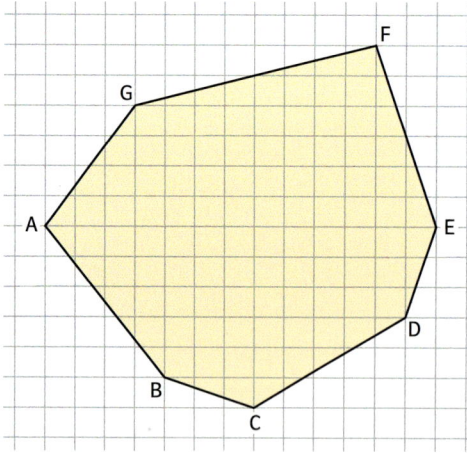

3 Konstruiere ein regelmäßiges Sechseck mit einer Seitenlänge von 4 cm. Berechne Umfang und Flächeninhalt. Entnimm die notwendigen Maße deiner Zeichnung.

4 Ein Geländestück (in der Fachsprache Flurstück genannt) wurde vermessen. Berechne den Flächeninhalt des sechseckigen Flurstücks ABCDEF.

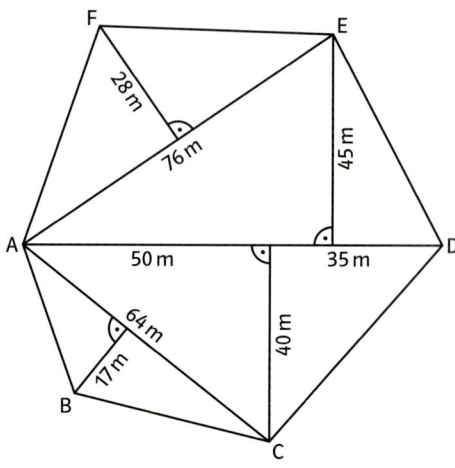

5 In manchen Fällen ist es einfacher, eine Figur zur Berechnung ihres Flächeninhaltes zu einer größeren, regelmäßigen Figur zu ergänzen und vom Flächeninhalt der größeren Figur auf den Flächeninhalt der kleineren zu schließen.
Alle Maße sind in cm angegeben.

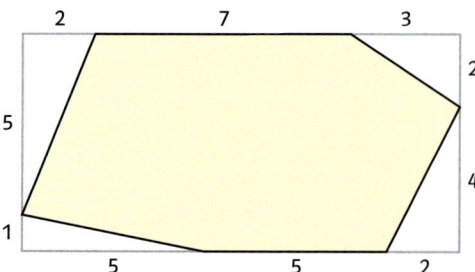

6 Zeichne das Vieleck in ein Koordinatensystem mit der Längeneinheit 1 cm. Zerlege es und berechne Umfang und Flächeninhalt.
Entnimm die notwendigen Maße deiner Zeichnung.
a) A (1|5); B (2|1);
   C (6|1); D (10|5);
   E (8|8); F (4|9)
b) A (1,5|2,5); B (4|0,5);
   C (9|2); D (10|4);
   E (9|7); F (7|9);
   G (3,5|8,5); H (2|6,5)

6 Kreisumfang

→ Miss den Durchmesser d und den Umfang u von verschiedenen kreisförmigen Gegenständen.

→ Trage die Werte in eine Tabelle ein und bilde das Verhältnis $\frac{u}{d}$.

Gegenstand	Umfang u	Durchmesser d	$\frac{u}{d}$
Dose	24 cm	7,7 cm	☐
CD	☐	☐	☐
	☐	☐	☐

→ Was fällt dir auf?

Zum Kreis mit dem doppelten (dreifachen, …) Durchmesser gehört der doppelte (dreifache, …) Umfang. Der Umfang u eines Kreises ist also proportional zu seinem Durchmesser d.

Dividiert man den Umfang eines Kreises durch seinen Durchmesser, so ist das Ergebnis für alle Kreise gleich.
Dieses Verhältnis wird **Kreiszahl** genannt und mit dem griechischen Buchstaben π bezeichnet.

In einfachen Experimenten kann man für π gute Näherungswerte wie 3,1 oder 3,14 finden.
Der Taschenrechner gibt für π einen sehr genauen Wert an: **3,141592654**

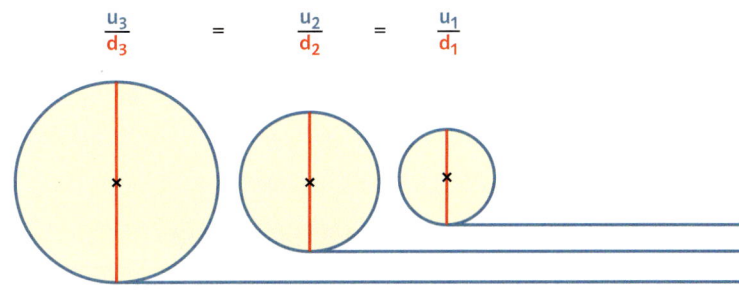

$$\frac{u_3}{d_3} = \frac{u_2}{d_2} = \frac{u_1}{d_1}$$

$$\frac{u}{d} = \pi$$

Für den **Umfang u** eines Kreises mit dem Durchmesser d bzw. dem Radius r gilt:
$$u = \pi d \qquad \text{bzw. mit } d = 2r \qquad u = 2\pi r$$

Bemerkung
In der Praxis genügt in vielen Fällen die Zahl 3,14 oder der Bruch $\frac{22}{7}$ als Näherung für π.

$\frac{22}{7} = 3,\overline{142857}$

Beispiele
a) Aus dem Durchmesser d = 2,0 cm eines Kreises wird der Umfang berechnet.
$u = \pi d$
$u = \pi \cdot 2,0\,cm$
$u \approx 6,3\,cm$
Man orientiert sich an der Genauigkeit der gegebenen Größen.
Obwohl gerundet wird, verwenden wir das Gleichheitszeichen.

b) Aus dem Umfang u = 8,50 m eines Kreises wird der Radius berechnet.
$u = 2\pi r \qquad |:(2\pi)$
$r = \frac{u}{2\pi}$
$r = \frac{8,50}{2\pi}\,m$
$r \approx 1,35\,m$

```
2 × π
6.283185307
```

! Es ist nicht sinnvoll, die gesamte Anzeige des Taschenrechners abzuschreiben.

Aufgaben

1 Berechne den Umfang des Kreises.
a) d = 5,3 cm   b) d = 7,7 cm
c) d = 17,2 cm   d) r = 31,8 cm
e) r = 0,98 m   f) r = 12,4 dm

2 Wie groß ist der Radius?
a) u = 133 cm   b) u = 8,5 m
c) u = 0,41 m   d) u = 12,9 mm
e) u = 0,05 km   f) u = 7500 dm

3 Berechne die fehlenden Größen.

	a)	b)	c)	d)	e)
r	24,4 cm				
d		0,5 m		31,84 m	
u			1,1 m		2,56 dm

4 Berechne den Umfang der Figur.

a)
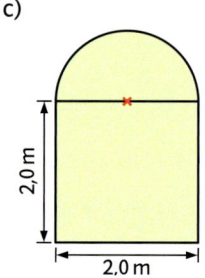

b)
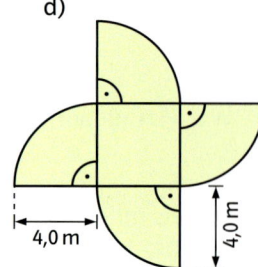

c)

d)

Rund ums Fahrrad

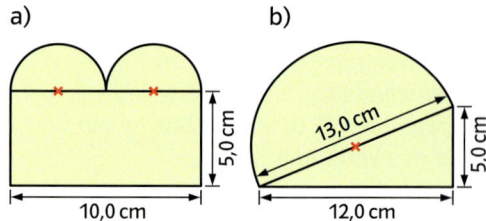

Fahrradtyp	Durchmesser		des Laufrades	Laufrad- umfang
	der Felge	des Laufrades		
	in Zoll	in Meter	in Meter	in Meter
Kinderrad	20	☐	☐	☐
Jugendrad	24	☐	☐	☐
Tourenrad	26	☐	☐	☐
	28	☐	☐	☐
Klapprad	20	☐	☐	☐

Gangschaltungen erlauben an Fahrrädern unterschiedliche Übersetzungen zwischen dem Kettenblatt und dem Ritzel.

drei Ritzel: 16, 18 und 24 Zähne

Kettenblatt: 36 Zähne

Kette

Elektronische Fahrradcomputer sind Messgeräte, die z. B. über die Geschwindigkeit und die zurückgelegte Wegstrecke informieren. Sie bestehen aus einem Anzeigegerät, einem Sensor und einem Speichenmagnet. Bei jeder Radumdrehung gibt der Speichenmagnet dem Sensor einen Zählimpuls. Fahrradcomputer müssen für jedes Fahrrad exakt eingestellt (programmiert) werden.

■ Welchen Wert benötigt der Fahrradcomputer für seine Arbeit? Beschreibe wie du vorgehst, um diesen Wert zu ermitteln.

■ Fahrräder können ganz unterschiedliche Laufradgrößen besitzen. Vervollständige die Tabelle.
(1 Zoll = 2,54 cm, Dicke der Bereifung ca. 4,0 cm)

■ Welche Strecke kannst du bei der abgebildeten Schaltung mit einem Klapprad bzw. einem 28er-Tourenrad mit einer Umdrehung des Kettenblattes maximal zurücklegen?

■ Wie viele Umdrehungen des Kettenblattes sind für eine Strecke von 100 km mindestens notwendig?

5 Die Naturschutzbehörde einer Stadt schreibt vor, dass das Fällen von Bäumen mit einem Durchmesser von über 20 cm in 1 m Höhe genehmigungspflichtig ist. Prüft, welche Bäume auf eurem Schulgelände nicht ohne Genehmigung gefällt werden dürften. Gibt es auch in eurem Wohnort eine Baumschutzsatzung?

6 Ein Metallband von 1 m Länge wird zu einem Ring gebogen. Wie groß ist der Durchmesser?
Rechne ebenso für 2 m und 5 m Länge.

7 Familie Gerhard hat einen kreisförmigen Gartenteich mit einem Durchmesser von 4 m. Er soll mit Natursteinen umrandet werden. Wie viel laufende Meter müssen mindestens bestellt werden?

8 Handwerker benutzen zur Umfangsberechnung die Faustformel:

> Umfang gleich Durchmesser mal 3 plus 5 Prozent

a) Rechne mit der Faustformel und dem exakten Wert für π. Vergleiche die Ergebnisse.
1) d = 20 cm
2) d = 80 mm
3) d = 1,50 m
4) r = 65 cm
5) r = 3 dm
6) r = 5 mm
b) Welcher Näherungswert für π wird bei dieser Formel verwendet?

9 a) Das Rad eines schweren Muldenkippers in einem Tagebau ist 1,95 m hoch und dreht sich pro Tag etwa 6000-mal.
b) Das Rad eines anderen Kippers hat ein Rad mit 3 cm kleinerem Radius.

10 Das Messrad dient zur Bestimmung von Entfernungen z. B. bei Verkehrsunfällen. Nach zwei Umdrehungen wird eine Strecke von 1 m angezeigt.

11 Ein Fahrrad fährt mit einer Geschwindigkeit von 25 km/h. Wie oft ungefähr dreht sich das Rädchen des Dynamos (d = 2 cm) in einer Sekunde?

12 Eine Wellblechplatte ist 2,50 m lang und 1,00 m breit. Welche Abmessungen hatte die Platte aus glattem Blech, aus der sie hergestellt wurde?

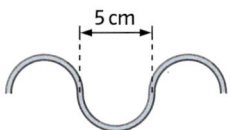

13 a) Die Uhr an einem Kirchturm hat einen 125 cm langen Minutenzeiger. Welchen Weg legt seine Spitze in 4 Stunden zurück?
b) Wie lang müsste der Sekundenzeiger sein, damit seine Spitze Fußgängergeschwindigkeit (etwa 6 km/h) erreicht?
c) Welche Geschwindigkeit hat die Spitze des 120 cm langen Sekundenzeigers?

14 a) Denke dir ein um den Äquator gelegtes Seil. Es wird exakt einen Meter verlängert und steht überall gleich weit vom Äquator ab. Kann eine Katze unter dem Seil durchschlüpfen?
b) Führe das Experiment mit runden Gegenständen aus deiner Umgebung durch. Was fällt dir auf? Begründe rechnerisch.

15 a) Mit welcher Geschwindigkeit bewegt sich ein Körper am Äquator durch die Drehung der Erde um ihre Achse?
b) Ludwigshafen liegt auf dem 49. nördlichen Breitenkreis. Dieser besitzt einen Radius von 4184 km.

7 Kreisfläche

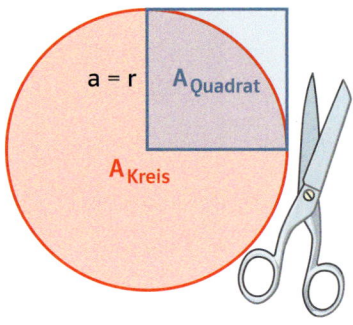

r = a	10 cm	15 cm	20 cm
$m_{Quadrat}$	5 g	☐	☐
$m_{Viertelkreis}$	4 g	☐	☐
m_{Kreis}	16 g	☐	☐
$\frac{m_{Kreis}}{m_{Quadrat}}$	3,2	☐	☐

· 4

→ Schneidet aus gleich dickem Karton Quadrate und Viertelkreise mit a = r wie rechts gezeigt aus.

→ Bestimmt mit einer Waage das Gewicht der ausgeschnittenen Teile und bildet jeweils das Verhältnis von Kreis und Quadratgewicht. Füllt die Tabelle aus.

→ Was stellt ihr fest? Der Karton aller ausgeschnittenen Teile war gleich dick. Was heißt das für die Flächeninhalte?

Betrachtet man Kreise mit dem Radius r und Quadrate mit der Seitenlänge a = r, so ist das Verhältnis ihrer Flächeninhalte stets gleich groß. Es ist zu vermuten, dass der konstante Wert des Verhältnisses gleich der Kreiszahl π ist.

$$\frac{A_{Kreis\,1}}{A_{Quadrat\,1}} = \frac{A_{Kreis\,2}}{A_{Quadrat\,2}} = \frac{A_{Kreis\,3}}{A_{Quadrat\,3}}$$

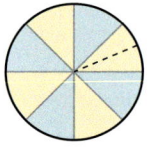 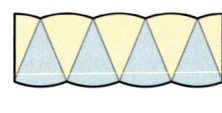

Wenn ein Kreis in gleiche Ausschnitte geteilt und einer von ihnen zusätzlich halbiert wird, lassen sich diese Ausschnitte näherungsweise wie eine Rechteckfläche anordnen. Je mehr Kreisteile gebildet werden, desto weniger weicht die Fläche von einem Rechteck ab.

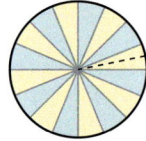 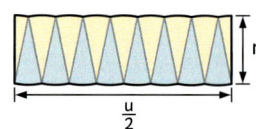

Für den Flächeninhalt des Kreises ergibt sich also: $A = \frac{u}{2} \cdot r$.

Mit $u = 2 \cdot \pi \cdot r$ erhält man: $A = \frac{2 \cdot \pi \cdot r}{2} \cdot r = \pi \cdot r^2$. Es gilt: $\frac{A_{Kreis}}{A_{Quadrat}} = \frac{\pi \cdot r^2}{r^2} = \pi$.

> Für den **Flächeninhalt A** eines Kreises mit dem Radius r gilt: $A = \pi r^2$
>
> Wegen $r = \frac{d}{2}$ gilt auch: $\qquad\qquad\qquad\qquad\qquad A = \frac{\pi d^2}{4}$

Beispiele

a) Aus dem Durchmesser d = 5,0 m eines Kreises wird der Flächeninhalt berechnet.

$A = \frac{\pi d^2}{4}$

$A = \frac{\pi \cdot 5,0^2}{4} m^2$

$A \approx 19,6 \, m^2$

b) Aus dem Umfang u = 35,0 cm eines Kreises wird der Flächeninhalt berechnet.

$u = 2 \pi r$

$r = \frac{u}{2\pi}$ $\qquad r = \frac{35}{2 \cdot \pi} cm \approx 5,6 \, cm$

$A = \pi r^2$ $\qquad A = \pi \cdot (5,6)^2 \, cm^2 \approx 98,52 \, cm^2$

Aufgaben

1 Berechne den Flächeninhalt A.
a) r = 96 cm b) r = 238 mm
c) d = 12,3 cm d) d = 2,79 km

2 Berechne den Flächeninhalt des Kreises.
a) u = 375,3 cm b) u = 0,09 km

3 Berechne die fehlenden Angaben.

	r	d	A	u
a)	☐	8,6 cm	☐	☐
b)	2,9 cm	☐	☐	☐
c)	☐	☐	☐	149 cm
d)	☐	0,5 m	☐	☐

4 Ergänze die Tabelle und setze fort.

r in cm	1	2	3	☐
u in cm	☐	☐	☐	☐
A in cm²	☐	☐	☐	☐

Stelle die Zusammenhänge zwischen Radius und Umfang bzw. zwischen Radius und Flächeninhalt in jeweils einem Diagramm dar. Vergleiche die Schaubilder.
Ergänze: „Wenn man den Radius eines Kreises verdoppelt, verdreifacht, … , dann … sich der Umfang bzw. dann … sich der Flächeninhalt."

5 Berechne Umfang und Flächeninhalt der Figur (Maße in cm).

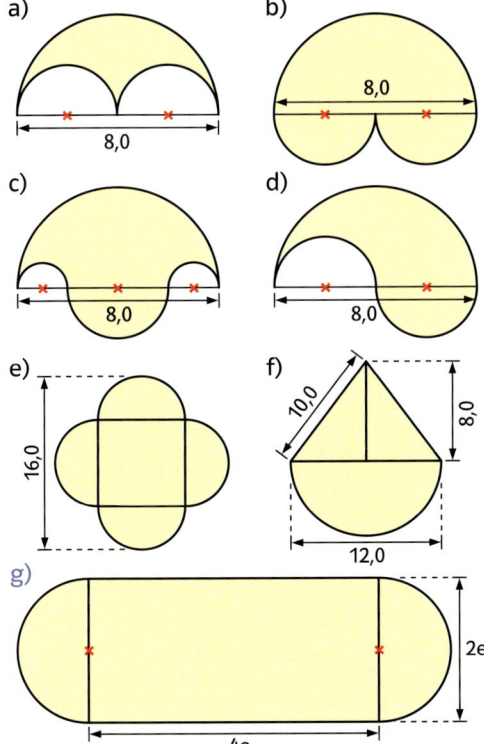

Wurzel ziehen *i*

Ein quadratisches Grundstück hat einen Flächeninhalt von 45 m².
Will man die Seitenlänge des Quadrates ermitteln, rechnet man wie folgt:

$$A = a^2$$
$$45\,m^2 = a^2$$

Es wird also die Zahl gesucht, die mit sich selbst multipliziert 45 ergibt. Um diese Zahl herauszufinden, verwendet man die Gegenoperation zum Quadrieren, das **Radizieren** oder **Wurzel ziehen**, und benutzt dazu das Wurzelzeichen:

$$45\,m^2 = a^2 \quad |\sqrt{\ }$$
$$6,7\,m \approx a$$

Das quadratische Grundstück hat also eine Seitenlänge von 6,7 m.

Aus dem Flächeninhalt $A = 7,0\,dm^2$ eines Kreises wird der Radius berechnet.

$$A = \pi r^2 \quad |:\pi$$
$$r^2 = \sqrt{\frac{A}{\pi}}$$
$$r = \sqrt{\frac{7,0}{\pi}}\,dm$$
$$r \approx 1,5\,dm$$

■ Berechne Radius r und Durchmesser d.

A = 50 cm²	A = 320 m²
A = 63,5 dm²	A = 1795 mm²

■ Berechne den Umfang u des Kreises.

A = 75 m²	A = 364 cm²
A = 63,7 mm²	A = 12795 mm²

■ Ein Kreis hat denselben Flächeninhalt wie ein Quadrat mit der Seitenlänge a = 4 cm. Welche Figur hat den größeren Umfang?

6 Ein Sendeverstärker für Ultrakurzwelle strahlt 55 km weit. Welche Größe besitzt das vom Sender versorgte Gebiet?

7 Für die Strombelastbarkeit von Leitungen braucht man Kupferdrähte mit bestimmten Querschnitten.
Welchen Durchmesser haben die einzelnen Drähte?

Stromstärke in Ampère	16,0	20,0	25,0
Querschnitt in mm²	1,5	2,5	4,0

8 a) Ein Rotor der Windkraftanlage in Hamburg hat einen Durchmesser von 70 m und besitzt eine so genannte Windernteﬂäche von 3848,5 m². Wie wird die Windernteﬂäche berechnet?
b) Eine Windkraftanlage in Breitnau besitzt einen Rotor mit 16,5 m Flügellänge.
Wie groß ist deren Windernteﬂäche?

9 In vielen trockenen Regionen der Erde findet man kreisförmige Felder.
Kannst du die Kreisform erklären?
Die Seitenlänge der Feldquadrate beträgt 200 m.

10 Welche Pizza würdest du kaufen?

La Cantina 3 Größen zur Auswahl:	Mini Ø 20 cm	Maxi Ø 30 cm	Super Maxi Ø 40 cm
1. Salami Tomaten, Käse, Salami	3,50	6,50	14,50
2. Roma Tomaten, Käse, Schinken, Pilze	4,10	8,10	15,50
3. Diavolo (scharf) Tomaten, Käse, Salami, Peperoni	5,50	9,80	16,50

11 Welchen Flächeninhalt hat die Iris auf dem Plakat ungefähr?
Wie groß müsste das Plakat mindestens sein, damit die ganze Person abgebildet werden könnte?

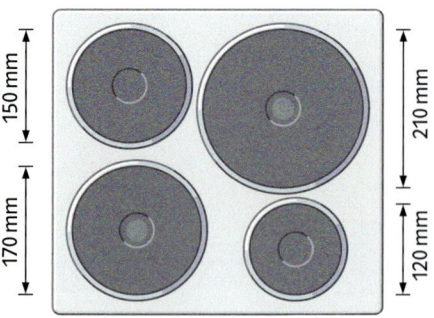

12 a) Bestimme den Flächeninhalt der Kochflächen eines Elektroherdes.

b) Beim Kochen lässt sich viel Energie sparen, wenn Platten- und Topfgröße zusammenpassen.
Klaus behauptet: „Ein Topf mit 15 cm Durchmesser auf einer Kochplatte mit 18 cm Durchmesser vergeudet etwa 30 % kostbare Energie."

Werden zwei Kreise mit verschiedenen Radien und gemeinsamem Mittelpunkt gezeichnet, so entsteht ein **Kreisring**.

Zur Berechnung des Flächeninhaltes eines Kreisrings bildet man die Differenz der Flächeninhalte der beiden Kreise.

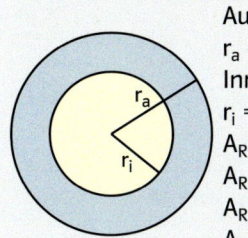

Außenradius:
$r_a = 6{,}7\,\text{cm}$
Innenradius:
$r_i = 4{,}1\,\text{cm}$
$A_R = A_1 - A_2$
$A_R = \pi\, r_a^2 - \pi\, r_i^2$
$A_R = \pi\, (r_a^2 - r_i^2)$
$A_R = \pi\, (6{,}7^2 - 4{,}1^2)\,\text{cm}^2$
$A_R = 88{,}2\,\text{cm}^2$

■ Berechne den Flächeninhalt der gefärbten Flächen. (Maße in cm)

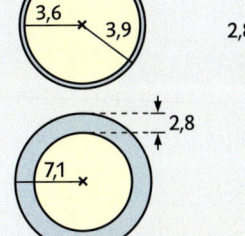
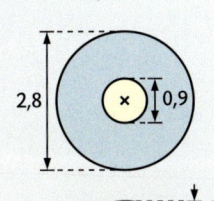
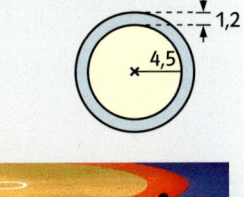

Der Durchmesser der zentralen Ringkampffläche beträgt 7 m. Um die Kampffläche herum liegt die 1 m breite Passivitätszone.

■ Wie viel Prozent der gesamten Fläche macht die Passivitätszone aus?

13 Berechne den Verschnitt, der beim Ausstanzen der Kreise aus einem Quadrat mit a = 80 cm jeweils übrig bleibt.

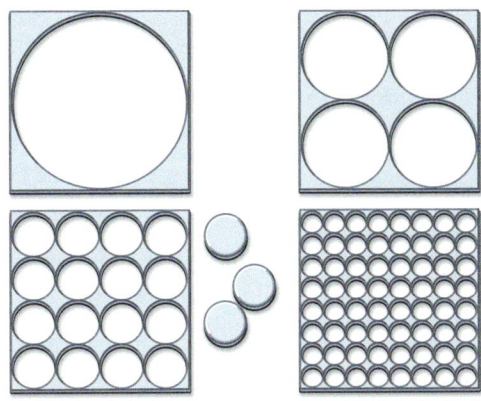

14 Ein Kreis hat denselben Umfang wie ein Quadrat mit der Seitenlänge a = 4,0 cm. Welche Figur hat den größeren Flächeninhalt?

15 a) Eine mittlere Pizza hat einen Durchmesser von 26 cm, eine große von 36 cm. Um wie viel Prozent ist die Fläche der zweiten Pizza größer?
b) Eine Familienpizza hat einen Durchmesser von 48 cm.

16 Zum Abspeichern von Daten werden häufig CD oder DVD, früher auch Disketten, verwendet.
1 MB bedeutet dabei 1 Megabyte.
$1\,\text{MB} = 2^{20}\,\text{B} = 1\,048\,576\,\text{B} \approx 1\,000\,000\,\text{B}$

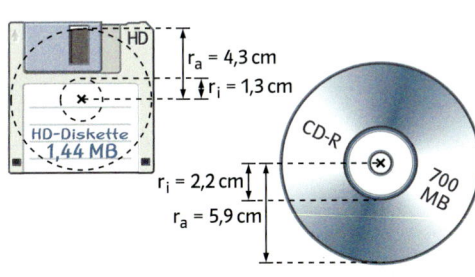

a) Berechne die auf diesen Medien vorhandene Speicherfläche.
b) Bestimme, welche Datenmengen gemessen in B auf einem Quadratzentimeter der Diskette bzw. der CD Platz findet.
c) Auf einer DVD sind 4,7 GB Daten abgespeichert.

8 Bit = 1 Byte (B)
$2^{10}\,\text{B} = 1024\,\text{B}$
= 1 Kilobyte (kB)
$2^{20}\,\text{B}$ = 1 Megabyte (MB)
$2^{30}\,\text{B}$ = 1 Gigabyte (GB)

Zusammenfassung

Rechteck und Quadrat

Der **Flächeninhalt eines Rechtecks** kann aus dem Produkt seiner Seitenlängen berechnet werden.

$A = a \cdot b$

Für den **Umfang** gilt: $u = 2 \cdot (a + b)$
Beim **Quadrat** sind Länge und Breite gleich groß.

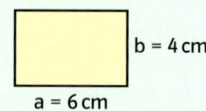

$A = a \cdot b$ $u = 2 \cdot (a + b)$
$A = 6 \cdot 4\,cm^2$ $u = 2 \cdot (6 + 4)\,cm$
$A = 24\,cm^2$ $u = 20\,cm$

Parallelogramm und Raute

Der **Flächeninhalt eines Parallelogramms** kann aus dem Produkt einer Seitenlänge und der zugehörigen Höhe berechnet werden.

$A = a \cdot h_a$ $A = b \cdot h_b$

Für den **Umfang** gilt: $u = 2 \cdot (a + b)$
Bei der **Raute** sind alle Seiten gleich lang.

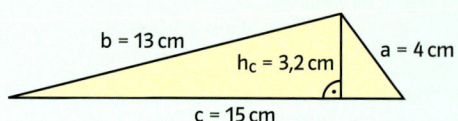

$A = a \cdot h_a$ $u = 2 \cdot (a + b)$
$A = 8 \cdot 4\,cm^2$ $u = 2 \cdot (8 + 5)\,cm$
$A = 32\,cm^2$ $u = 26\,cm$

Dreieck

Der **Flächeninhalt eines Dreiecks** kann aus dem halben Produkt einer Seitenlänge und der zugehörigen Höhe berechnet werden.

$A = \frac{1}{2} a \cdot h_a$ $A = \frac{1}{2} b \cdot h_b$ $A = \frac{1}{2} c \cdot h_c$

Für das **rechtwinklige Dreieck** ergibt sich:

$A = \frac{1}{2} a \cdot b$ $(\gamma = 90°)$

Für den **Umfang** von Dreiecken gilt:
$u = a + b + c$

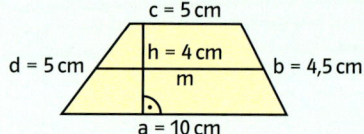

$A = \frac{1}{2} c \cdot h_c$ $u = a + b + c$
$A = \frac{1}{2} \cdot 15 \cdot 3{,}2\,cm^2$ $u = (4 + 13 + 15)\,cm$
$A = 24\,cm^2$ $u = 32\,cm$

Trapez

Der **Flächeninhalt des Trapezes** kann aus den Längen seiner beiden parallelen Seiten und der Höhe berechnet werden.

$A = \frac{1}{2} \cdot (a + c) \cdot h$ oder $A = m \cdot h$

Für den **Umfang** gilt: $u = a + b + c + d$

$A = \frac{1}{2} \cdot (a + c) \cdot h$ $u = a + b + c + d$
$A = \frac{1}{2} \cdot (10 + 5) \cdot 4\,cm^2$ $u = (10 + 4{,}5 + 5 + 5)\,cm$
$A = 30\,cm^2$ $u = 24{,}5\,cm$

Kreiszahl π

Das Verhältnis von Kreisumfang zu Kreisdurchmesser wird **Kreiszahl π** genannt.

$\frac{u}{d} = \pi \approx 3{,}14$

Kreisumfang

Für den **Umfang u eines Kreises** mit dem Durchmesser d bzw. dem Radius r gilt:
$u = \pi d$ bzw. $u = 2\pi r$

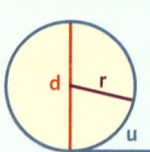

$d = 2{,}0\,cm$
$r = 1{,}0\,cm$
$u = \pi d$
$u = \pi \cdot 2{,}0\,cm$
$u \approx 6{,}3\,cm$

Kreisfläche

Für den **Flächeninhalt A eines Kreises** mit dem Radius r gilt: $A = \pi r^2$
Wegen $r = \frac{d}{2}$ gilt auch: $A = \frac{\pi d^2}{4}$

$A = \pi r^2$ $A = \frac{\pi d^2}{4}$
$A = \pi \cdot 1{,}0^2\,cm^2$ $A = \frac{\pi \cdot 2{,}0^2}{4}\,cm^2$
$A \approx 3{,}1\,cm^2$ $A \approx 3{,}1\,cm^2$

Üben • Anwenden • Nachdenken

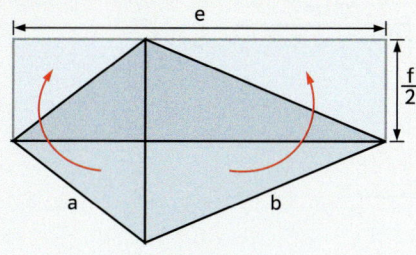
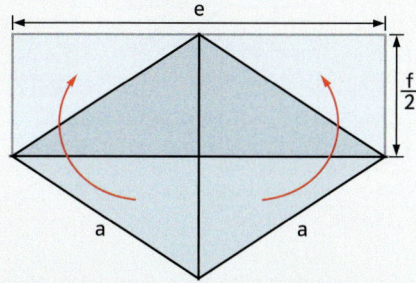
1 Runde 1000 Jahre hat der Baum auf dem Buckel, den 10 Personen mit einer Spannweite von durchschnittlich 1,50 m gerade so umfassen können.

2 Berechne die fehlenden Größen.

a) Rechteck

a	12 cm		4,8 cm	
b		3,5 m		252 dm
u	38 cm	19,4 m		
A			16,8 cm²	340,2 m²

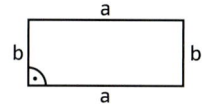

b) Parallelogramm

a	8 cm	18 cm	3,2 m	
b		15 cm		279 mm
h_a			5,2 m	25,2 cm
h_b	7 cm	12 cm		
u	28 cm		19,2 m	
A				181,44 cm²

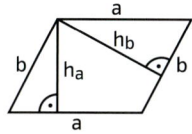

c) Dreieck

c	32 cm		47 m	
h_c		6,8 cm		156 cm
A	720 cm²	18,7 cm²	13,63 a	5,46 m²

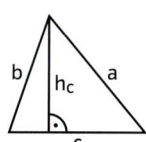

d) Trapez

a	38 cm	2,5 m		1,8 m
c	14 cm		5,4 cm	140 cm
h		2,8 m	3,5 cm	
A	650 cm²	4,76 m²	22,05 cm²	496 dm²

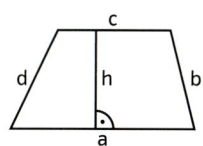

e) Kreis

r	5 cm		
d		54 km	
u		7,5 m	0,1 dm
A			

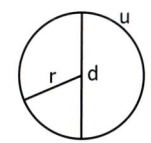

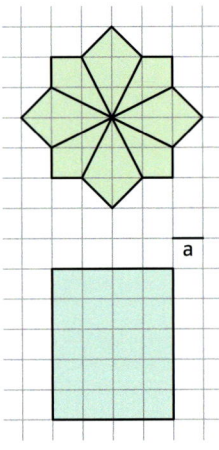

a

3 a) Im Quadratgitter (Längeneinheit 1 cm) sind die Koordinaten der Eckpunkte eines Drachens gegeben.
A(−1|1); B(1|−2); C(5|1); D(1|4)
Berechne Umfang und Flächeninhalt. Entnimm die notwendigen Maße deiner Zeichnung.
b) Die Koordinaten von zwei Eckpunkten eines Drachens sind gegeben.
A(−3|−4); C(1|−4)
Der Flächeninhalt ist 15 cm².
Wo können B und D liegen? Es gibt viele Möglichkeiten.

4 Ein Schüler verlegt ein oder mehrere Eckpunkte so, dass ein anderes Viereck entsteht. Der Partner nennt seine Eigenschaften und bestimmt den Flächeninhalt. Wechselt euch ab.

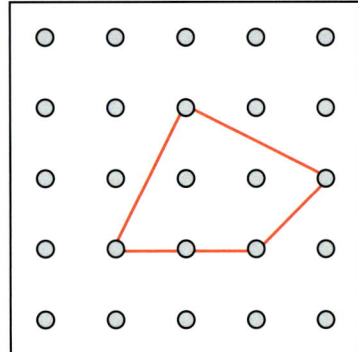

5 Berechne den Flächeninhalt der gefärbten Fläche. Die Seitenlänge der kleinen Quadrate beträgt a = 3,0 cm.

a)   a

a

b)   a

a

c)   a

a

d)   a

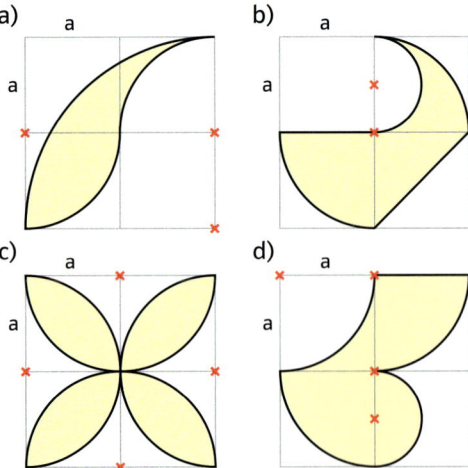

6 Haben die beiden Figuren auf der Randspalte gleiche Flächeninhalte?

7 Berechne die Flächeninhalte.

a)

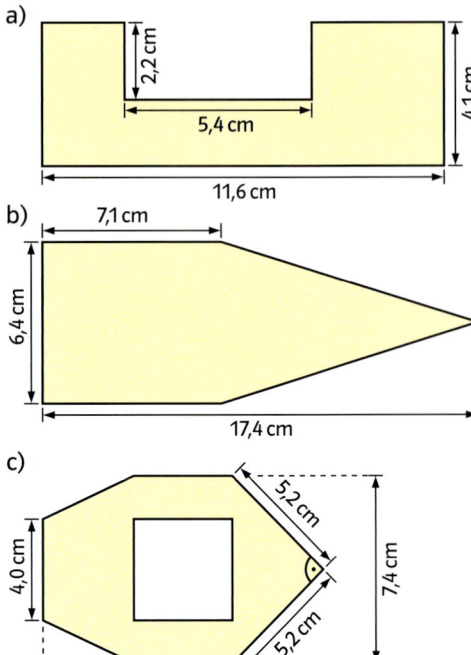

2,2 cm

4,1 cm

5,4 cm

11,6 cm

b)   7,1 cm

6,4 cm

17,4 cm

c)

4,0 cm

5,2 cm

7,4 cm

5,2 cm

3,6 cm   3,9 cm

8 Ein Wohnungsbauunternehmen plant den Erwerb der dargestellten Baugrundstücke.

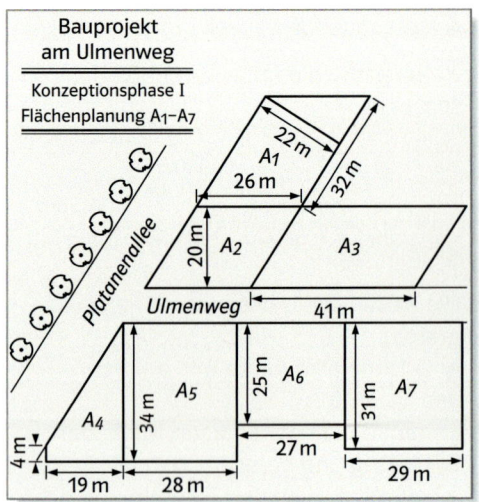

Bauprojekt am Ulmenweg

Konzeptionsphase I
Flächenplanung A₁–A₇

22 m

A₁

26 m

32 m

20 m   A₂

A₃

Ulmenweg   41 m

34 m   A₅

25 m   A₆

31 m   A₇

A₄

27 m

29 m

4 m

19 m   28 m

Platanenallee

Welches Kapital muss dafür bei einem Quadratmeterpreis von 262,50 € aufgebracht werden?

9 Drücke Flächeninhalt und Umfang in Abhängigkeit von e aus.

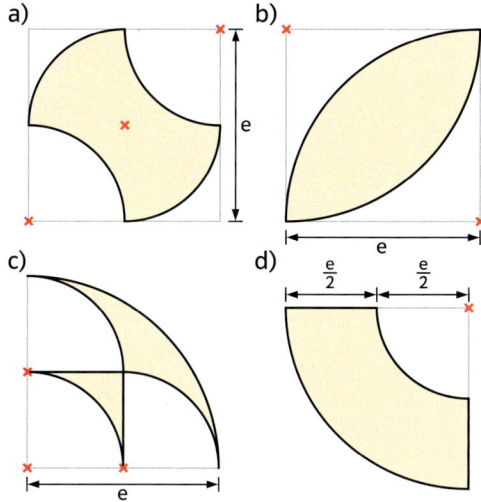

a)   b)

c)   d)

10 Vergleiche die Umfänge der roten und der lila Kreise mit dem des blauen Kreises.

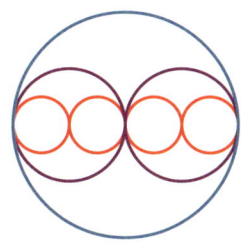

11 Die Wasserfläche eines kreisrunden Teiches soll berechnet werden. Christian geht 1 Meter vom Rand entfernt mit 365 Schritten um ihn herum. Seine durchschnittliche Schrittlänge beträgt 75 cm.

12 Berechne die Größe der gesamten Sitzfläche der Bank an der Haltestelle (Maße in cm).

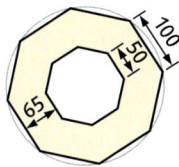

13 Wie lang ist die zu a = 3,5 cm parallele Trapezseite c, wenn die Höhe h = 8,0 cm und der Flächeninhalt A = 36,0 cm² betragen?

14 Die folgende Garageneinfahrt soll befestigt werden.

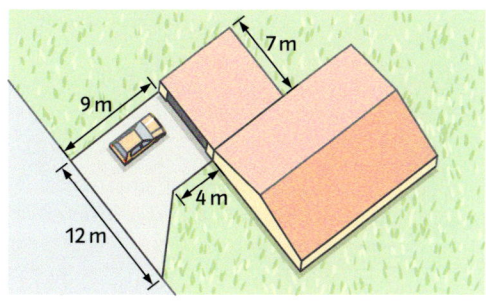

Zur Befestigung von Parkplätzen oder Einfahrten werden häufig Verbundpflastersteine verwendet. Die Abbildung zeigt den Grundriss eines solchen 8 cm hohen symmetrischen Pflastersteins.

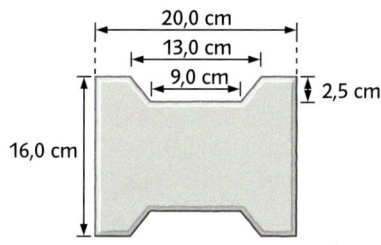

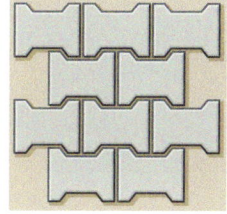

a) Wie viele Pflastersteine werden benötigt?
b) Da man diese Steine nicht geradlinig verlegen kann, müssen für den Verschnitt noch 15 % einkalkuliert werden.
c) Welcher Rechnungsbetrag (brutto) ist zu erwarten, wenn man von einem Netto-Stückpreis von 85 ct je Stein ausgeht?
d) Das Baugeschäft bietet ein Skonto von 2 % bei Barzahlung und einen Selbstabholerrabatt von 5 % an. Ein entsprechender Anhänger kann zu 75 € je Tag ausgeliehen werden.
e) Erkundige dich in Baumärkten über alternative Steinformen. Berechne auch dafür die Kosten.

15 Ein Quadrat hat eine Seitenlänge von 8 cm.
a) Wie lang ist die zweite Seite eines flächengleichen Rechtecks mit a = 12 cm?
b) Wie hoch ist ein flächengleiches Dreieck mit einer Grundseite von 12 cm?
c) Welche Länge hat der Durchmesser eines flächengleichen Kreises?

*Die **Mehrwertsteuer** (MwSt.) liegt seit 01.01.2007 bei 19 %.*

Nettopreis + MwSt. = Bruttopreis

***Rabatt:** Preisnachlass*
***Skonto:** prozentualer Abzug vom Rechnungsbetrag, der bei sofortiger oder kurzfristiger Zahlung gewährt wird.*

16 Wie viel Prozent der gesamten Grundstücksfläche sind nicht bebaut?

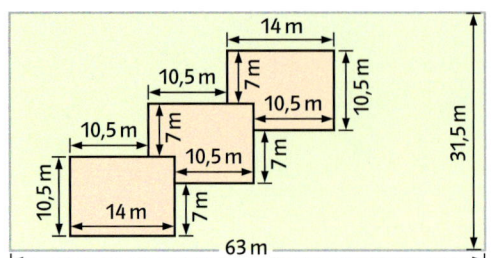

17 Ein Dach, dessen Seitenflächen aus Trapezen und Dreiecken bestehen, nennt man Walmdach.
Die beiden Dächer müssen neu eingedeckt werden. Der Quadratmeter Dachdeckung kostet 52,50 € (Maße in m).

a)

b)

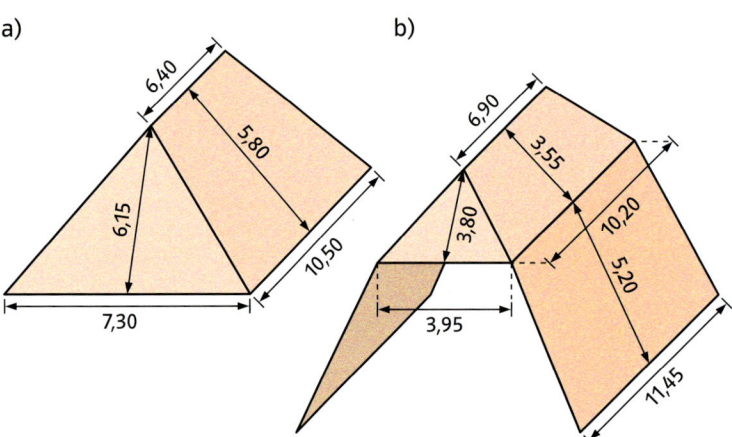

18 a) Berechne die Größe der Dachfläche der Kirchturmspitze und des Sockels.
b) Kannst du eine Formel für den Flächeninhalt der Dachspitze und des gesamten Daches angeben?

Maße:
a = 14,20 m
b = 3,80 m
h_1 = 7,95 m
h_2 = 15,90 m
h_3 = 9,30 m

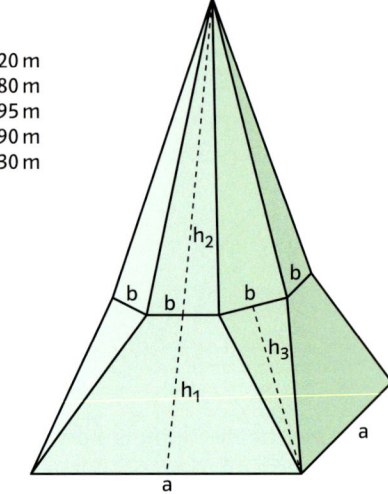

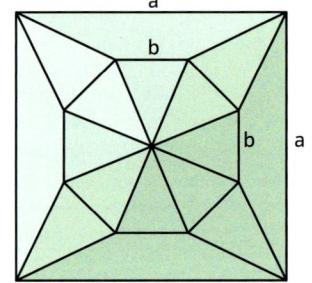

Büromöbel

Manche Büro- oder Schulmöbel gibt es in Trapezform. Schnell lassen sich Gruppenarbeitsplätze für unterschiedliche Personenzahlen zusammenstellen.
Zusammen mit quadratischen oder rechteckigen Tischen ergeben sich viele Möglichkeiten.

■ Überlege dir weitere Anordnungen und zeichne sie auf.
■ Welche Bedingungen müssen die Seitenlängen der Tische erfüllen?
■ Wie viele Stühle passen an deine Tischgruppe?

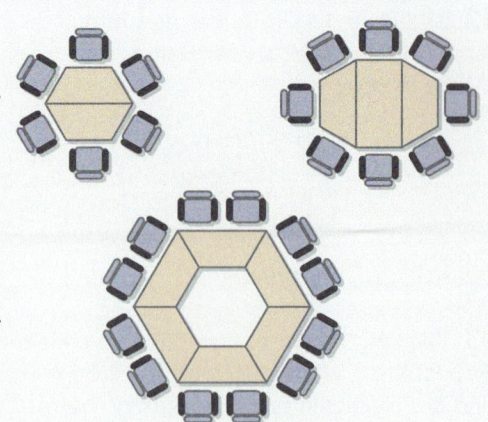

1 Ein Rechteck ist 16,0 cm lang und 9,0 cm breit. Welche Seitenlänge besitzt ein Quadrat mit gleichem Flächeninhalt? Welche Figur hat den größeren Umfang?

2 Zeichne die Figur. Entnimm die notwendigen Maße der Zeichnung und berechne Flächeninhalt und Umfang.
a) allgemeines Dreieck aus
   a = 5,8 cm; b = 6,4 cm; c = 7,5 cm
b) Raute aus
   a = 5,5 cm und α = 70°

3 Die Giebelwand des Hauses soll gestrichen werden. Wie groß ist der Flächeninhalt?

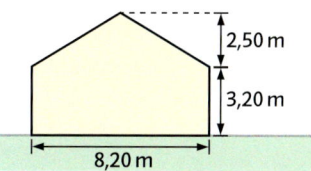

2,50 m
3,20 m
8,20 m

4 Berechne den Flächeninhalt der Grundstücke 1 und 2.

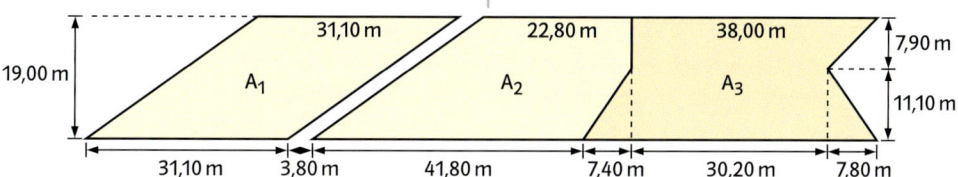

19,00 m
31,10 m
A₁
22,80 m
A₂
38,00 m
A₃
7,90 m
11,10 m
31,10 m   3,80 m   41,80 m   7,40 m   30,20 m   7,80 m

5 Eine der größten öffentlichen Uhren ist die Turmuhr in Berlin-Siemensstadt. Ihr Stundenzeiger ist 2,20 m, der Minutenzeiger 3,40 m lang.
a) Welche Wegstrecke legt die Spitze des Stundenzeigers an einem Tag zurück?
b) Wie viel Kilometer legt die Spitze des Minutenzeigers in einer Woche zurück?

6 Berechne Umfang und Flächeninhalt der gefärbten Fläche.
a)
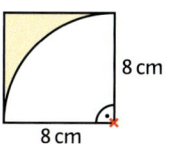
8 cm
8 cm
b)
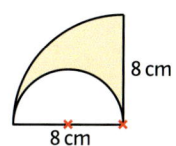
8 cm
8 cm

Rückspiegel

1 Ein Rechteck ist 12,5 cm lang und 8,0 cm breit. Eine Seitenlänge eines dazu flächengleichen Dreiecks beträgt 10,0 cm. Wie lang ist die zugehörige Dreieckshöhe?

2 Zeichne die Figur. Entnimm die notwendigen Maße der Zeichnung und berechne Flächeninhalt und Umfang.
a) Parallelogramm aus
   a = 6,5 cm; b = 3,5 cm; α = 60°
b) gleichschenkliges Trapez aus
   a = 9,2 cm; b = d = 5,2 cm; α = β = 50°

3 Die Giebelwand des Hauses soll gestrichen werden. Wie groß ist der Flächeninhalt?

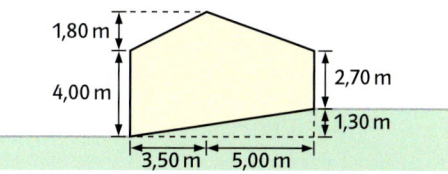

1,80 m
4,00 m
2,70 m
1,30 m
3,50 m   5,00 m

4 Berechne den Flächeninhalt der Grundstücke 1, 2 und 3.

5 Ein riesiger Flugzeugpropeller hat einen Durchmesser von 6,9 m. Welche Wegstrecke legt die Propellerspitze bei 545 Umdrehungen pro Minute in einer Minute zurück? Welcher Geschwindigkeit in km/h ist die Propellerspitze ausgesetzt?

6 Berechne den Flächeninhalt der gefärbten Fläche.
a)
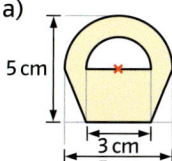
5 cm
3 cm
5 cm
b)
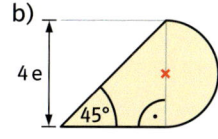
4 e
45°

Prozente, Prozente ...

Alles Sonderangebote

Vergleiche die Angebote in den beiden Sportgeschäften. Wo kaufst du ein?

SPORT & FIT

SONDERVERKAUF
Auf alle Preise sensationelle

40 %

SWEATSHIRT	39,90
HOSE	98,–
SCHUHE	156,50
HOMETRAINER	299,–

FUNSPORT

SPAREN OHNE ENDE
Alles muss raus !!!

SWEATSHIRT	HOMETRAINER
45,50	285,90
29,90	**169,90**

SCHUHE	HOSE
160,–	89,–
99,–	**49,90**

Interessantes aus der Zeitung

Was meinst du zu diesen Zeitungs-
meldungen? Findet ihr in eurer Tageszei-
tung noch weitere Artikel mit Prozenten?

ZÜRICHER ZEITUNG

Schnellfahrer
Fuhr vor einigen Jahren noch
jeder zehnte Autofahrer zu
schnell, so ist es heute nur
noch jeder fünfte. Doch auch
5 % sind zu viele, und so wird
weiter kontrolliert und die
Schnellfahrer müssen zahlen.

Sport
Der Mittelstürmer von 07 Flott-
beck sollte in der neuen Saison
12 % der Zuschauereinnahmen
bekommen. Er wollte den neu-
en Vertrag nur unterschreiben,
wenn er das Eintrittsgeld von
jedem 15. Zuschauer bekommt.

ExtraBlatt

Moskau. Zur Weltmeisterschaft wurden die Zimmerpreise um mehr als
200 % erhöht. Ein halbes Jahr später
sanken die Preise aufgrund der gerin-
gen Nachfrage um bis zu 100 %.

Der Morgen

Allensbach. Eine Umfrage unter den
18- bis 30-Jährigen ergab folgendes
Ergebnis: Jeder 9. (90,1 %) war mit dem
erreichten Lebensstandard zufrieden.
Dies war das beste Ergebnis in den vergangenen 10 Jahren.

tagesstern

**Die Republik
steht Kopf:**
Preiserhöhungen
um 50 %

Um die hohen Betriebskosten auffangen zu können, haben die
städtischen Verkehrsbetriebe den Preis der Monatskarten für
den inneren Ring von 28,– auf 56,– Euro erhöht.

In diesem Kapitel lernst du,

- wie man prozentuale Veränderungen berechnet,
- was man unter Kapital und
  Zinsen versteht,
- wie man Zinsen für Tage und
  Monate berechnet,
- wie wichtig die Zinsrechnung
  im täglichen Leben ist.

1 Grundwert. Prozentwert. Prozentsatz

Flughafen Frankfurt meldet Rekordwerte
Es wurden 51,1 Millionen Passagiere gezählt. Im Jahr zuvor waren es nur 48,3 Millionen Fluggäste. Die Zahl der Starts und Landungen betrug im vergangenen Jahr 458 600. Sie stieg dieses Jahr um 4,1 %. Die Luftfracht legte vergangenes Jahr noch stärker als die Passagierzahl zu und erreichte ebenfalls Rekordwerte. 1,75 Millionen Tonnen wurden umgeschlagen, das bedeutet ein Plus von 13,1 %.

→ Recherchiere die entsprechenden Werte von Stuttgart und vergleiche.

Beim Prozentrechnen werden Größen oder Zahlen miteinander verglichen. Wenn man sagt: „24 € sind 12 % **von** 200 €", ist 200 € der **Grundwert G**, er entspricht 100 %.
Die 24 € bezeichnet man als **Prozentwert**, abgekürzt **W**.
Der Quotient aus Prozentwert und Grundwert ist ein **Anteil**, der **Prozentsatz p %**.

$G \triangleq 100 \%$
$W \triangleq p \%$

Grundformel der Prozentrechnung:

Prozentwert gleich Grundwert mal Prozentsatz

kurz: $W = G \cdot p \%$ dies bedeutet: $W = G \cdot \dfrac{p}{100}$ oder $\dfrac{p}{100} = \dfrac{W}{G}$

Beispiele
a) Berechnung des Prozentwerts W
Während einer Grippewelle fehlten an der Gottlieb-Daimler-Realschule 20 % der 640 Schülerinnen und Schüler.

Grundwert: $\qquad G = 640 \qquad\qquad W = G \cdot \dfrac{p}{100}$

Prozentsatz: $\qquad p \% = 20 \% = 0{,}20 \qquad W = 640 \cdot \dfrac{20}{100} = 640 \cdot 0{,}20$

$\qquad\qquad\qquad\qquad\qquad\qquad\qquad\qquad W = 128$

Es fehlten an der Gottlieb-Daimler-Realschule 128 Schülerinnen und Schüler.

b) Berechnung des Prozentsatzes p %
Von 168 Schülerinnen und Schülern der 9. und 10. Klassen der Jahn-Realschule nahmen 142 an der Fahrt zum Musical teil.

Grundwert: $\qquad G = 168 \qquad\qquad p \% = \dfrac{W}{G}$

Prozentwert: $\qquad W = 142 \qquad\qquad p \% = \dfrac{142}{168}$

$\qquad\qquad\qquad\qquad\qquad\qquad\qquad\qquad p \% = 0{,}845 = 84{,}5 \%$

Es waren 84,5 % der Schülerinnen und Schüler aus den Klassen 9 und 10.

c) Berechnung des Grundwerts
Für den Stadtlauf soll jede Schule 12 % ihrer Schülerinnen und Schüler melden.
Die Theodor-Heuss-Realschule meldet 78 Kinder.

Prozentwert: $\qquad W = 78 \qquad\qquad G = W : \dfrac{p}{100}$

Prozentsatz: $\qquad p \% = 12 \% = 0{,}12 \qquad G = 78 : \dfrac{12}{100} = 78 : 0{,}12$

$\qquad\qquad\qquad\qquad\qquad\qquad\qquad\qquad G = 650$

Die Schule hat insgesamt 650 Schülerinnen und Schüler.

Aufgaben

1 Berechne den Prozentwert.
a) Grundwert 420 €; Prozentsatz 56 %
b) Grundwert 785 kg; Prozentsatz 36 %
c) Grundwert 5,2 m; Prozentsatz 7,5 %

2 Berechne den Prozentsatz.
a) Grundwert 120 km; Prozentwert 42 km
b) Grundwert 850 l; Prozentwert 272 l
c) Grundwert 400 €; Prozentwert 126 €

3 Berechne den Grundwert.
a) Prozentwert 264 kg; Prozentsatz 55 %
b) Prozentwert 1680 g; Prozentsatz 24 %
c) Prozentwert 42 €; Prozentsatz 3,5 %

4 Der Prozentstreifen zeigt die prozentuale Verteilung der Verkehrsmittel, mit welchen Deutsche in den Urlaub fahren.

46%	28%	12%	14%
PKW	Flugzeug	Bahn	Sonstige

a) Stelle die Verteilung auch in einem Prozentkreis dar und vergleiche.
b) Es waren insgesamt 14 Millionen Reisende.
c) Vergleiche die Zahlen mit einer Umfrage in deiner Klasse.

5 Das Balkendiagramm zeigt die prozentuale Verteilung der Umsätze eines Supermarkts auf die einzelnen Wochentage.

Umsätze des Supermarktes

Montag	13,7%
Dienstag	13%
Mittwoch	13%
Donnerstag	14,8%
Freitag	19,2%
Samstag	26,3%

a) Erkläre die Unterschiede für die einzelnen Wochentage.
b) Der Gesamtumsatz von „Kaufgut" beträgt 92,5 Mio. Euro.
c) Stelle die Anteile in einem Prozentkreis dar.

6 Untersucht verschiedene Verteilungen in eurer Klasse wie z.B. Jungen und Mädchen, Konfessionen, Schuhgrößen. Ihr findet bestimmt selbst noch mehr Merkmale.
a) Erfasst die absoluten Zahlen.
b) Berechnet die Anteile in Prozent.
c) Zeichnet unterschiedliche Diagramme.
d) Vergleicht eure Erhebungen mit euren Parallelklassen.

7 Hitliste der Berufsberatung für die männlichen Bewerber.

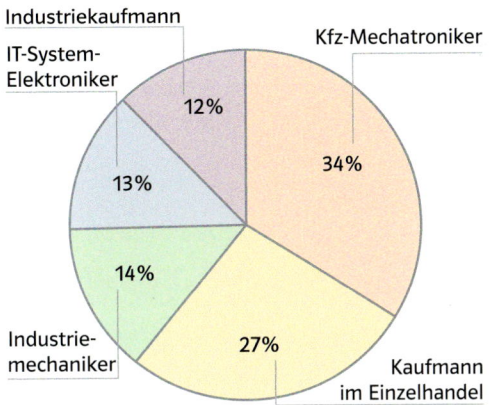

Der Prozentkreis zeigt die Verteilung der fünf beliebtesten Berufe der Hitliste.
a) Übertrage den Prozentkreis mit einem Radius von 5 cm in dein Heft.
b) In einem Jahr wurden insgesamt 320 000 Ausbildungsverträge in diesen Berufen abgeschlossen.
c) Dies ist die Aufstellung eines Berufsberaters für die ersten 5 Berufswünsche der weiblichen Bewerber in absoluten Zahlen:

Berufswunsch	Nennungen
Arzthelferin	208
Kauffrau im Einzelhandel	202
Bürokauffrau	189
Friseurin	148
Mediengestalterin	104

Insgesamt wurden 1200 Nennungen abgegeben. Vergleiche die Berufswünsche mit den Angaben der männlichen Bewerber. Stelle diese Angaben auch in einem Prozentkreis dar und vergleiche die beiden Diagramme.

! Ein Tabellenkalkulationsprogramm kann dir bei der Auswertung helfen.

Bei sehr kleinen Bruchteilen ist es sinnvoll, den Nenner 1000 zu wählen. Bruchteile mit dem Nenner 1000 heißen **Promille**.

1 Promille = 1 Tausendstel

$$1‰ = \frac{1}{1000}$$

Bei Verkehrsunfällen ist häufig Alkohol eine Ursache. Mit einer Blutprobe wird der Blutalkoholgehalt bestimmt. Er wird in Promille angegeben. 1‰ Blutalkohol bedeutet 1 ml Alkohol in 1 l Blut (1 l = 1000 ml).

Für die Berechnung der **Alkoholmenge A** in Gramm in einem Getränk gilt die Formel:

$$A = \frac{V \cdot A_P \cdot 0,8}{100}$$

(V = Volumen in cm³; A_P = Alkoholgehalt in %)

Alcopops enthalten etwa 5,5 % Alkohol. Eine Flasche enthält 275 cm³.
- Berechne die Alkoholmenge von drei Flaschen.

Für die Berechnung der **Blutalkoholkonzentration C** in Promille gilt:

$$C = \frac{A}{P \cdot R}$$

(P = Körpergewicht in kg; R = Verteilungsfaktor)

Der Verteilungsfaktor R beträgt für Männer 0,7, für Frauen 0,6. Er ist ein Maß für den Wassergehalt im Körper.
- Ein etwa 50 kg schweres Mädchen hat zwei Flaschen Alcopops getrunken. Berechne ihre Blutalkoholkonzentration in Promille.
- Wie verändert sich die Blutalkoholkonzentration bei anderen Mengen oder bei anderem Körpergewicht?
- Ein 80 kg schwerer Autofahrer hatte bei einer Kontrolle 1,9 ‰. Wie viel Gramm Alkohol befand sich in seinem Blut? Bier hat 4,8 % Alkohol. Wie viele Gläser (0,4 l) hat er getrunken?
- Stelle dir selbst Aufgaben. Informiere dich auch über den Alkoholgehalt anderer Getränke.

Der Konsum von Alcopops bei Jugendlichen zwischen 14 und 17 Jahren hat in den letzten Jahren bedenklich zugenommen.
Die Tabelle zeigt die Ergebnisse einer Untersuchung bei 12- bis 25-Jährigen.

Es trinken Alkohol ...	Bier	Wein	alkoholische Mixgetränke aller Art	Spirituosen
täglich	—	—	—	—
mehrmals in der Woche	8	2	5	1
einmal in der Woche	14	5	11	4
mehrmals im Monat	12	13	21	7
einmal im Monat	9	16	17	11
seltener	17	35	23	22
nie	40	29	23	55

Quelle: Bundeszentrale für gesundheitliche Aufklärung, Februar 2004

- Veranschaulicht die Angaben in Säulendiagrammen.
- Sammelt selbst mit einem Fragebogen Datenmaterial zum Thema Alkoholkonsum. Achtet darauf, dass alle Antworten anonym bleiben.

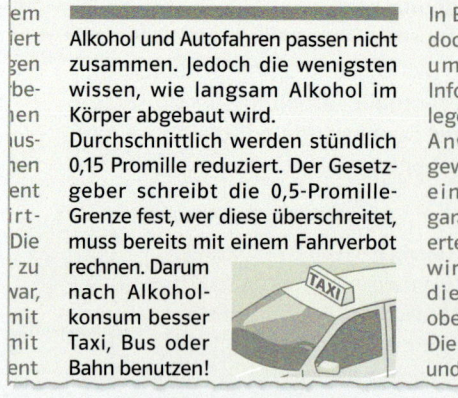

Alkohol und Autofahren passen nicht zusammen. Jedoch die wenigsten wissen, wie langsam Alkohol im Körper abgebaut wird. Durchschnittlich werden stündlich 0,15 Promille reduziert. Der Gesetzgeber schreibt die 0,5-Promille-Grenze fest, wer diese überschreitet, muss bereits mit einem Fahrverbot rechnen. Darum nach Alkoholkonsum besser Taxi, Bus oder Bahn benutzen!

- Um wie viel Uhr ist eine Person, die um Mitternacht 1,2 Promille Blutalkohol hat, wieder fahrtüchtig? Wann ist die Person wieder „nüchtern"?
- Der Abbauwert kann zwischen 0,1 Promille und 0,3 Promille variieren.

Anteil im Blut in ‰	Wirkung auf den Organismus
0,3	Redseligkeit, Selbstzufriedenheit
0,4	Messbare Störungen der Gehirnströme
0,5	Fahruntüchtigkeit bei manchen Personen
0,8	Versagen bei Koordinationstests
1,0	Rausch, Enthemmung, deutliche motorische Störungen
1,5	Verlust der Selbstkontrolle
2,0	Trunkenheit, Orientierungsschwierigkeiten, Angstzustände
3,0	Erinnerungslücken, Störung der Atem- und Herztätigkeit
4,0–5,0	Narkose, Atemstillstand

2 Vermehrter und verminderter Grundwert

Sabrina und Florian gehen in ein Café.
Eine große Tasse Schokolade kostet
einschließlich 10 % Bedienung 3,30 €.
→ Sabrina rechnet aus, dass das
Bedienungsgeld 33 Cent beträgt.
Florian behauptet dagegen, es seien
nur 30 Cent.
In einem anderen Café kostet die
Schokolade nur 3 Euro.
→ Wie viel Bedienungsgeld ist dann
enthalten?

Im Alltag kommt es oft vor, dass der Grundwert um einen prozentualen Anteil vermehrt oder vermindert wird. Dieser vermehrte oder verminderte Grundwert kann als Prozentwert aufgefasst werden, der zu einem gegenüber 100 % vermehrten oder verminderten Prozentsatz gehört. Bei einem Prozentsatz über 100 % ist demnach der Prozentwert größer als der Grundwert.

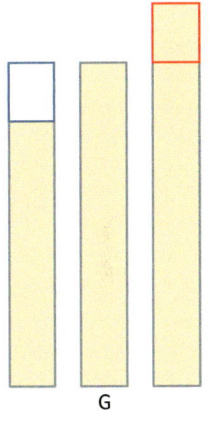

Zu einer Rechnung werden
19 % Mehrwertsteuer addiert.
Bei Barzahlung erhält man häufig
ein **Skonto** in Höhe von 2 %.

$$W = G + G \cdot 0{,}19 = G \cdot (1 + 0{,}19)$$
$$W = G \cdot 1{,}19$$
$$W = G - G \cdot 0{,}02 = G \cdot (1 - 0{,}02)$$
$$W = G \cdot 0{,}98$$

Allgemein: $W = G \cdot \left(1 + \frac{p}{100}\right)$ oder $W = G \cdot \left(1 - \frac{p}{100}\right)$

Man bezeichnet die **veränderten Prozentsätze** $\left(1 + \frac{p}{100}\right)$ und $\left(1 - \frac{p}{100}\right)$ mit **q**.

Bei vermindertem oder vermehrtem Grundwert gilt: **W = G · q**

G

100 % − p%   100 %   100 % + p%

> Vermehrte und verminderte Grundwerte entstehen durch prozentuale Änderungen gegenüber dem ehemaligen Bezugswert (G). Bei Berechnungen kann man sie als Prozentwerte auffassen.
> Mit $q = \left(1 \pm \frac{p}{100}\right)$ gilt dann: **W = G · q**

Bemerkung
Bei großen Mengen oder Sonderaktionen wird häufig ein Nachlass auf den Preis gewährt. Diesen Nachlass nennt man **Rabatt**, den Nachlass bei Barzahlung **Skonto**.

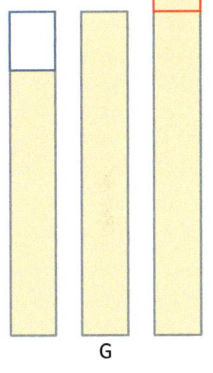

24,50

:to-Summe € 304,50
19% MwSt. € 57,86

Gesamt € 362,36

Bei Bezahlung bis
einschließlich 18.7.
abzüglich 2% Skonto

Beispiele
a) Ein Snowboard für 480 € wird in einer Verkaufsaktion um 35 % billiger angeboten.
Bestimme den neuen Verkaufspreis.
Grundwert G = 488 €
Prozentsatz $\frac{p}{100}$ = 35 %
Mit q = 1 − 0,35 = 0,65 und W = G · q
kann man nun den neuen Verkaufspreis berechnen:
W = 480 € · 0,65 = 312 €
Das Snowboard kostet nur noch 312 €.

b) Ein Citybike kostet einschließlich 19% Mehrwertsteuer 598 €. Wie hoch ist der Nettopreis?

$q = 1 + \frac{19}{100} = 1{,}19$

$W = 599 €$

Es gilt: $W = G \cdot q$ oder $G = \frac{W}{q}$.

Damit kann man nun den Nettopreis (G) berechnen:

$G = \frac{599 €}{1{,}19}$

$G = 503{,}36 €$

Das Citybike kostet ohne Mehrwertsteuer 503,36 €.

c) Ein PC kostet komplett 450 €. Nach Weihnachten wird der Preis für den PC auf 360 € heruntergesetzt. Wie hoch ist der Rabatt in Prozent?

$G = 450 €$

$W = 360 €$

Man berechnet nun die Größe q:

Es gilt: $W = G \cdot q$ oder $q = \frac{W}{G}$

$q = \frac{360 €}{450 €}$

$q = 0{,}80 = 80\%$. Der Rabatt beträgt somit $100\% - 80\% = 20\%$.

Aufgaben

1 Berechne den veränderten Prozentsatz q. Gib q in der Prozent- und in der Dezimalbruchschreibweise an.
a) Vermehrung um 30%
b) 2% Skonto
c) mit Mehrwertsteuer 19%
d) Preisnachlass um 35%
e) Preiserhöhung um 22%
f) Preisreduzierung um 5%
g) Wertsteigerung um 4,5%
h) 8% Rabatt
i) Nachlass um ein Viertel des ursprünglichen Preises.
j) Erhöhung um ein Drittel des Preises.
k) Zunahme um $\frac{1}{4}$

2 Berechne die herabgesetzten Preise im Kopf. Benutze q.

3 Berechne den vermehrten bzw. den verminderten Grundwert.
a) 380 € vermehrt um 5%
b) 256 hl vermindert um 25%
c) 70 kg vermehrt um 21%
d) 125,80 € vermindert um 12,5%
e) 42 800 km vermehrt um 31,7%
f) 134 kg vermindert um 4,8%

4 Wie viel Prozent Rabatt wurde bei den einzelnen Artikeln jeweils gegeben? Schätze zuerst, wo du prozentual am meisten sparst.

5 Ein Großmarkt für Elektrogeräte wirbt mit dem Werbespruch:

Sie sparen 19%
Keiner bezahlt Mehrwertsteuer!

Was sagst du zu diesem Angebot? Prüfe es mit einem Beispiel.

6 a) Nach einem Rabatt von 25 %
bezahlte Andreas für einen MP3-Player
noch 150 €. Wie hoch war der Preis ohne
Rabatt?
b) Durch 3 % Skonto sparte Sarah beim
Kauf einer Jacke 2,94 €.
Wie teuer war die Jacke vorher und was
musste Sarah bezahlen?
c) Nach einer Preiserhöhung kostet ein
Drucker, der 59 € gekostet hatte, 69 €.
Um wie viel Prozent ist er teurer geworden? Rechne auf ganze Prozent genau.

7 Frau Benedetto kauft sich einen Motor-
roller für 1499 €. Bei Barzahlung erhält
sie 3 % Skonto, bei Bezahlung innerhalb
14 Tagen 2 % Rabatt.
Wie viel könnte sie bei Barzahlung sparen?

8 Mit 19 % Mehrwertsteuer und 10 %
Rabatt kostet ein Flachbildschirm 878,22 €.
a) Wie hoch ist der Preis ohne Mehrwertsteuer und Rabatt?
b) Wie ändert sich der Preis, wenn nur
3 % Skonto und kein Rabatt abgezogen
werden?

9 Sinje will sich eine Musikanlage
kaufen. Sie vergleicht zwei Angebote:
In der Musikhalle muss sie 749 € einschließlich 19 % Mehrwertsteuer bezahlen.
Sie kann 3 % Skonto abziehen. Bei Happy
music spart sie durch 3 % Skonto 23,49 €
auf den Preis mit Mehrwertsteuer.
a) Was kosten die beiden Anlagen bei
Barzahlung?
b) Um wie viel Prozent unterscheiden
sich die beiden Angebote?
c) Wie hoch ist die Mehrwertsteuer in
Euro bei beiden Angeboten?

10 Bei beiden Angeboten spart man
100 €. Gibt es dennoch einen Unterschied?

Alles immer billiger! Fast geschenkt!

Wenn mehrmals hintereinander Prozent-
werte berechnet werden, muss man sich
vor zu schnellen Schlüssen hüten.

■ Ein Snowboard wird am Ende des
Winters zweimal hintereinander um 50 %
reduziert.
Florian sagt: „Dann bekommt man das
Snowboard ja jetzt geschenkt!"
Stimmt das oder hat Florian bei seiner
Rechnung etwas übersehen?

■ Nach einer Preiserhöhung um 10 % hat
ein Computerladen in einer Sonderaktion
auf alle Waren 10 % Preisnachlass gewährt.
Sabine sagt. „Da hätten sie die alten Preise
auch gleich lassen können."
Was meinst du dazu?
Erkläre an einem Beispiel.

■ Wie ändert sich der Preis, wenn
er zuerst um x % teurer und dann um
denselben Prozentsatz billiger wird?
Versuche es mit 10 %, 20 %, 30 %, …

■ Das Sportgeschäft verspricht dem
Käufer eine sensationelle Ersparnis.
Prüfe durch Rechnung und erkläre, was
mit den 100 % gemeint ist.

■ Meine Großmutter sagt: „Heute kostet
alles 5-mal so viel wie in meiner Jugend-
zeit!" Darauf sagt der Großvater:
„Das ist ja eine Preissteigerung um 500 %!"
Stimmt das?

3 Zinsrechnung

Zur Konfirmation hat Bianca insgesamt 950 € geschenkt bekommen. Sie will das Geld noch ein Jahr lang sparen, weil sie sich dann einen Roller kaufen möchte.

→ Hast du eine Idee, was sie mit ihrem Geld machen könnte?

→ Weißt du, was man bekommt, wenn man sein Geld zu einer Bank bringt?

→ Kennst du unterschiedliche Möglichkeiten Geld anzulegen?

Bei Banken und Sparkassen kann man Geld sparen und leihen.

Geld sparen bei der Bank heißt, dass wir für einen bestimmten Zeitraum der Bank unser Geld zur Verfügung stellen. Dafür zahlt die Bank **Zinsen**.

Den Geldbetrag, den man der Bank überlässt, nennt man **Kapital**.

Wenn man sich Geld von der Bank leiht, muss man für dieses Kapital Zinsen bezahlen.

Die Bank legt fest, wie viel Prozent des Kapitals als Zinsen bezahlt werden müssen. Diese Prozentangabe nennt man **Zinssatz**.

Der Zinssatz bezieht sich auf einen Zeitraum von einem Jahr.

Man nennt diese Zinsen deshalb auch **Jahreszinsen**.

Die Zinsrechnung ist eine Anwendung der Prozentrechnung.

Prozentrechnung			**Zinsrechnung**	
Grundwert	G		Kapital	K
Prozentwert	W		Zinsen	Z
Prozentsatz	p % oder $\frac{p}{100}$		Zinssatz	p % oder $\frac{p}{100}$

Beispiele

a) Berechnung der Zinsen

Sarina hat bei der Bank ein Sparbuch. Zu Beginn des Jahres hat sie ein Guthaben von 800 €. Der Zinssatz für das Sparkonto beträgt 1,5 %. Am Ende des Jahres werden die Zinsen berechnet:

Kapital $\quad\quad\quad\quad$ K $\quad$ = 800 €

Zinssatz $\quad\quad\quad\quad$ p % = 1,5 %

1. Lösung:

Die Prozentwertformel kann für die Berechnung der Zinsen verwendet werden.

$Z = K \cdot \frac{p}{100}$

$Z = 800 € \cdot \frac{1,5}{100}$

$Z = 800 € \cdot 0,015$

$Z = 12 €$

2. Lösung:

Anwendung des Dreisatzverfahrens

$\quad\quad\quad$ 100 % entsprechen 800 €

: 100 $\quad$ 1 % $\quad$ entspricht $\quad \frac{800 €}{100}$ $\quad$: 100

· 1,5 $\quad$ 1,5 % entsprechen $\frac{800 €}{100} \cdot 1,5$ $\quad$ · 1,5

$\quad\quad\quad$ 1,5 % entsprechen 12 €

Sarina erhält für ein Kapital von 800 € nach einem Jahr 12 € Zinsen.

b) Berechnung des Kapitals

Herr Maurer hat sich von der Bank Geld geliehen. Für ein Jahr muss er 170 € Zinsen bezahlen. Der Zinssatz beträgt 8,5 %. Das Geld, das er sich geliehen hat, ist das Kapital. Die Berechnung entspricht der Berechnung des Grundwerts.

Zinsen $\quad\quad\quad$ Z = 170 € $\quad\quad\quad$ Zinssatz $\quad\quad\quad$ p % = 8,5 % = 0,085

1. Lösung:

$Z = K \cdot \dfrac{p}{100}$ $\quad\quad\quad$ $| : \dfrac{p}{100}$

$K = Z : \dfrac{p}{100}$

$K = 170 € : 0,085$

$K = 2000 €$

2. Lösung:

$$8,5 \% \quad \text{entsprechen} \quad 170 €$$
$:8,5 \quad\quad\quad\quad\quad\quad\quad\quad\quad\quad :8,5$
$$1 \% \quad \text{entspricht} \quad 20 €$$
$\cdot 100 \quad\quad\quad\quad\quad\quad\quad\quad\quad\quad \cdot 100$
$$100 \% \quad \text{entsprechen} \quad 2000 €$$

Herr Maurer hat sich für ein Jahr 2000 € geliehen.

c) Berechnung des Zinssatzes

Eleni hat nach einem Jahr für 600 € Guthaben Zinsen in Höhe von 12 € bekommen. Aus diesen beiden Angaben kann man den Zinssatz berechnen.

Kapital $\quad\quad\quad$ K = 600 € $\quad\quad\quad$ Zinsen $\quad\quad\quad$ Z = 12 €

1. Lösung:

$Z = K \cdot \dfrac{p}{100}$ $\quad\quad\quad$ $| : K$

$\dfrac{p}{100} = \dfrac{Z}{K}$

$\dfrac{p}{100} = \dfrac{12\,€}{600\,€}$

$\dfrac{p}{100} = 0,02 = 2,0 \%$

2. Lösung:

$$600 € \quad \text{entsprechen} \quad 100 \%$$
$:100 \quad\quad\quad\quad\quad\quad\quad\quad\quad\quad :100$
$$6 € \quad \text{entsprechen} \quad 1 \%$$
$\cdot 2 \quad\quad\quad\quad\quad\quad\quad\quad\quad\quad \cdot 2$
$$12 € \quad \text{entsprechen} \quad 2 \%$$

Der Zinssatz auf diesem Konto beträgt 2,0 %.

Aufgaben

1 a) Wie viel Zinsen erhält man nach einem Jahr bei einem Zinssatz von 2,5 % für 400 €; 650 €; 275 €?
Berechne auch den neuen Kontostand mit den gutgeschriebenen Zinsen.
b) Wie viel Zinsen muss man in einem Jahr bei einem Zinssatz von 10,5 % für 756 €; 1345 €; 992,40 € bezahlen? Welcher Betrag ist insgesamt zurückzuzahlen?

2 a) Vergleiche die Zinsen, die man nach einem Jahr für 500 € erhält bei 1,5 %; 1,75 %; 2 %; $2\frac{1}{4}$ %; 2,5 %.
b) Berechne die Differenz der Zinsen, die man für 5000 € in einem Jahr zahlen muss, für die Zinssätze 8,5 % und $10\frac{3}{4}$ %.

3 Klaus, Miriam, Heike und Thomas vergleichen am Ende des Jahres ihre Zinseinnahmen. Alle hatten denselben Zinssatz von 2,5 %. Dennoch hat Klaus 5 €, Miriam 4,50 €, Heike 7,50 € und Thomas 11,38 € Zinsen bekommen.

4 Herr Paulsen hat bei drei verschiedenen Banken jeweils 5000 € angelegt. Am Ende des Jahres erhält er 212,50 €; 235 € bzw. 250 € Zinsen.

5 Am Ende des Jahres möchte Frau Nagel 2000 € zur Verfügung haben. Die Bank bietet einen Zinssatz von 2,75 % an. Welchen Betrag muss sie am Anfang des Jahres anlegen?

6 Frau Berger muss sich Geld leihen. Sie möchte aber nicht mehr als 100 € Zinsen im Jahr bezahlen. Die eine Bank hat einen Zinssatz von 8 %, die andere sogar 8,75 %.

7 Herr Beck bekommt in einem Jahr für 2500 € bei seiner Bank 50 € Zinsen. Seine Frau hat auf ihrer Bank doppelt so viel Geld angelegt, bekommt aber dreimal so viel Zinsen wie ihr Mann. Kannst du das erklären? Wie viel Zinsen würde Herr Beck bei der Bank seiner Frau bekommen?

Es gibt bei der Bank verschiedene Arten von Konten.
Jugendliche unter 18 Jahren können ein eigenes Jugendkonto einrichten.

Hallo! Dein *SuperGiro*-Konto wartet auf dich!

- € eigene Geldkarte für den Geldautomat
- € Kontoauszüge drucken
- € Guthabenzinsen
- € Überweisungen tätigen
- € Online-Banking
- € kostenlos bis zum 23. Lebensjahr und Mitgliedschaft im *SuperGiro*-Club!

€ *SuperGiro* Jugendkonto

Das Konto für Schüler, Studenten, Auszubildende, Wehr- und Zivildienstleistende
– kostenlos leistungsstark
– 2% Guthabenverzinsung

Grundpreis	✗ kostenlos
Buchungen	✗ kostenlos
Chipkarte mit Geldkartenfunktion und Geheimzahl	✗ kostenlos
ec-Karte (ab 18 Jahren) mit Geldkartenfunktion und Geheimzahl	✗ kostenlos
Daueraufträge einrichten, ändern, löschen	✗ kostenlos
Kontoauszug per Drucker per Post	✗ kostenlos Porto
EUROCARD	Preis auf Anfrage

Unser Team ist von Montag bis Freitag zwischen 8 und 22 Uhr am Telefon für Sie da.

Bei einem **Girokonto** wird häufig Geld eingezahlt oder abgehoben. Das Jugendgirokonto ist ein „Guthabenkonto" und kann deshalb nicht überzogen werden, das heißt, man kann nicht mehr abheben als das Guthaben.
Wenn eure Eltern zugestimmt haben, könnt ihr über das Geld frei verfügen.

■ Erkundige dich bei den Banken über die aktuellen Bedingungen für ein Jugendgirokonto.

■ Welche Zinssätze gelten zurzeit für Sparbücher?

Erwachsene können sich bei der Bank für einen bestimmten Zeitraum Geld leihen. Man spricht dabei von einem **Kredit**.
Mit der Bank wird der Zinssatz und die Rückzahlung vereinbart.
Die Bank leiht also das Geld im Vertrauen darauf, dass sie es mit Zinsen zurückerhält.

! *Das Wort „Credo" ist lateinisch und heißt „ich vertraue".*

■ Warum kannst du dir bei der Bank noch kein Geld leihen?

■ Erkundige dich bei der Bank nach den Bedingungen, die erfüllt werden müssen, wenn man Geld leiht.

■ Warum sind die Zinssätze für Sparbücher niedriger als die Zinssätze für geliehenes Geld?

■ Warum bekommt man einen höheren Zinssatz, wenn man Geld längerfristig anlegt?

8 Zwei Banken werben in der Zeitung mit Anzeigen für einen Kleinkredit.

10 000 Euro zu einem Zinssatz von **nur 8,5%** Rückzahlung nach 1 Jahr (einmalige Bearbeitungsgebühr 400 €)	**Sie bekommen 10 000 Euro** **Zinssatz 9%** Bearbeitungsgebühr 2% bezogen auf den Kreditbetrag

a) Vergleiche die beiden Angebote und erkläre den Unterschied.
b) Für welches Angebot würdest du dich entscheiden? Begründe.

9 Frau Mahle möchte Geld leihen, um sich ein neues Auto zu kaufen.
Ihre Nachbarin hat bei der Eurobank für 15 000 € bei einer Dauer von 1 Jahr 1275 € Zinsen bezahlt.
Ihr Geschäftskollege hat sich ebenfalls für ein Jahr bei der Stadtbank 20 000 € geliehen und musste dafür 1800 € Zinsen bezahlen.
Bei ihrer Firma könnte sie 10 000 € ein Jahr lang für 875 € Zinsen leihen.
a) Vergleiche die drei Angebote.
b) Für welches Angebot soll sie sich entscheiden? Begründe deine Antwort.
c) Berechne beim günstigsten Angebot die Zinsen für 10 000 € in einem Jahr.

10 Familie Hartmann zahlt nach dem Umbau ihrer Wohnung für drei Kredite im 1. Jahr folgende Zinsen:

1000 € Zinsen für den 20 000-€-Kredit
550 € Zinsen für den 10 000-€-Kredit
900 € Zinsen für den 15 000-€-Kredit.

a) Vergleiche die Zinssätze.
b) Die Bank schlägt vor, den gesamten Kreditbetrag zu einem Zinssatz von 5,5% zu verzinsen.
c) Neben den Zinsen zahlt die Familie noch 2% der jeweiligen Kreditsumme zurück. Wie hoch ist die Gesamtbelastung im ersten Jahr?
d) Wie ändert sich die jährliche Belastung in den folgenden fünf Jahren, wenn die 2% Rückzahlung sich immer auf den ursprünglichen Kreditbetrag beziehen sollen?

4 Tageszinsen

Natalie hat 800 € auf ihrem Sparbuch.
Die Sparkasse verzinst das Geld mit 2%.
Nach einem halben Jahr möchte sie wissen, wie hoch ihr Kontostand ist.
Weil sie nur 8 € Zinsen bekommt, glaubt sie, dass der Zinssatz auf 1% geändert wurde.

→ Kannst du Natalie erklären, wie die Bank ihre Zinsen berechnet hat?

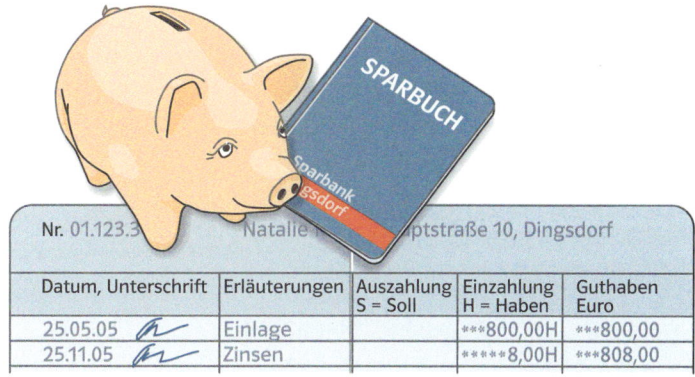

Nr. 01.123.3	Natalie ...ptstraße 10, Dingsdorf				
Datum, Unterschrift	Erläuterungen	Auszahlung S = Soll	Einzahlung H = Haben	Guthaben Euro
25.05.05 ✍	Einlage		***800,00H	***800,00
25.11.05 ✍	Zinsen		*****8,00H	***808,00

Die Höhe der Zinsen, die man erhält oder an die Bank zahlen muss, richtet sich nicht nur nach dem Zinssatz und dem Kapital, sondern auch nach der Zeitdauer. Im Allgemeinen wird der Zinssatz für die Zeitdauer von einem Jahr angegeben. Ist der zu verzinsende Zeitraum nur ein Teil des Jahres, so werden die Zinsen auch nur für diesen Bruchteil berechnet.
So werden z. B. für die Hälfte eines Jahres auch nur die Hälfte, für einen Monat nur ein Zwölftel der Jahreszinsen gezahlt.
Deshalb müssen die Jahreszinsen mit einem **Zeitfaktor** multipliziert werden.

Im Bankwesen werden die Zinsen taggenau berechnet (vgl. Randspalte). Der Einfachheit halber rechnet man mit folgenden Werten:
1 Jahr = 12 Monate = 360 Tage   1 Monat = 30 Tage
Der Zeitfaktor ist stets ein Vielfaches von $\frac{1}{360}$ bei der Berechnung der Tageszinsen.

> *Die komplizierte Berechnung*
> *In der Finanzwirtschaft werden die Zinsen taggenau berechnet. Im Schaltjahr wird der Februar mit 29 Tagen berechnet, das Schaltjahr mit 366 Tagen. (Amtsblatt der Europäischen Gemeinschaften vom 01.04.1998)*

Beim Zinsrechnen muss man auch die Zeit berücksichtigen. Die Jahreszinsen werden mit dem Zeitfaktor multipliziert.

$$\text{Zinsen} = \text{Jahreszinsen} \cdot \text{Zeitfaktor}$$

$$Z = K \cdot \frac{p}{100} \cdot \frac{t}{360}$$

t Anzahl der Tage

> **!** *Die Formeln gelten nicht für einen Zeitraum, der länger als ein Jahr dauert.*

Bemerkung
Bei Rechnungen mit Geldbeträgen wird in der Regel auf zwei Dezimalen gerundet.

Beispiele
a) Berechnung der Zinsen
Dora hat 135 Tage lang 1300 € auf ihrem Sparbuch. Der Zinssatz beträgt 1,5 %.

Kapital: K = 1300 € $Z = K \cdot \frac{p}{100} \cdot \frac{t}{360}$

Zinssatz: 1,5 % $\frac{p}{100} = \frac{1,5}{100} = 0,015$ $Z = 1300 \text{ €} \cdot 0,015 \cdot \frac{135}{360}$

Zeit: 135 Tage   t = 135   Z = 7,31 €

In 135 Tagen ergibt ein Kapital von 1300 € bei einem Zinssatz von 1,5 % einen Zinsbetrag von 7,31 €.

b) Berechnung des Kapitals

Für das Überziehen eines Kontos werden bei einem Zinssatz von 10,5% nach 5 Monaten 66,50 € berechnet.

Gegeben: $\frac{p}{100} = \frac{10,5}{100} = 0,105$

$t = 150$

$Z = 66,50\,€$

Gesucht: K

$$Z = K \cdot \frac{p}{100} \cdot \frac{t}{360} \qquad | \cdot (100 \cdot 360)$$
$$Z \cdot 100 \cdot 360 = K \cdot p \cdot t \qquad | : (p \cdot t)$$
$$Z \cdot 100 \cdot \frac{360}{(p \cdot t)} = K$$
$$K = 66,50\,€ \cdot 100 \cdot \frac{360}{(10,5 \cdot 150)}$$
$$K = 1520\,€$$

Bei dem Zinssatz von 10,5% werden für 1520 € in 5 Monaten 66,50 € Zinsen gezahlt.

c) Berechnung des Zinssatzes

Mit einem Kapital von 8200 € wurde in einem $\frac{3}{4}$ Jahr ein Zinsertrag von 276,75 € erzielt.

Gegeben: $K = 8200\,€$

$t = 270$

$Z = 276,75\,€$

Gesucht: $\frac{p}{100}$

$$Z = K \cdot \frac{p}{100} \cdot \frac{t}{360} \qquad | \cdot (100 \cdot 360)$$
$$Z \cdot 100 \cdot 360 = K \cdot p \cdot t \qquad | : (K \cdot t)$$
$$Z \cdot 100 \cdot \frac{360}{(K \cdot t)} = p$$
$$p = 276,75\,€ \cdot 100 \cdot \frac{360}{(8200\,€ \cdot 270)}$$
$$p = 4,5$$

Bei einem Zinssatz von 4,5% ergeben 8200 € in einem $\frac{3}{4}$ Jahr 276,75 € Zinsen.

d) Berechnung der Zeit

Bei einem Zinssatz von 3,5% und einem Kapital von 4000 € erhält man insgesamt 98 € Zinsen.

Gegeben: $K = 4000\,€$

$Z = 98\,€$

$\frac{p}{100} = 3,5\,\% = 0,035$

Gesucht: t

$$Z = K \cdot \frac{p}{100} \cdot \frac{t}{360} \qquad | \cdot (100 \cdot 360)$$
$$Z \cdot 100 \cdot 360 = K \cdot p \cdot t \qquad | : (K \cdot p)$$
$$Z \cdot 100 \cdot \frac{360}{(K \cdot p)} = t$$
$$t = 98\,€ \cdot 100 \cdot \frac{360}{(4000\,€ \cdot 3,5)}$$
$$t = 252$$

Bei einem Zinssatz von 3,5% liefern 4000 € in 252 Tagen 98 € Zinsen.

! Man berechnet vereinfacht 9 Monate mit 270 Tagen.

Aufgaben

1 Berechne die Zinsen von
a) 820 € zu 5% für 7 Monate.
b) 1325 € zu 3,5% für 295 Tage.
c) 2400 € zu 6,25% für ein halbes Jahr.

2 Welches Kapital bringt in
a) 8 Monaten 24 € Zinsen bei 6%?
b) 220 Tagen 15 € Zinsen bei 8%?

3 Bei welchem Zinssatz ergeben
a) 4300 € in 7 Monaten 150,50 € Zinsen?
b) 18660 € in $\frac{1}{2}$ Jahr 1010,75 € Zinsen?
c) 1975 € in 80 Tagen 19,75 € Zinsen?

4 In welchem Zeitraum ergibt das Kapital
a) 6000 € Zinsen von 112,50 € bei 2,5%?
b) 589,90 € Zinsen von 32,69 € bei 9,5%?
c) 1565 € Zinsen von 67 € bei 11,25%?

5 Mit den Formeln zur Berechnung der Zinsen kann man schnell rechnen, wenn man sie nach allen Größen auflöst.
Löse die verschiedenen Formeln nach K, $\frac{p}{100}$ und t auf.

6 Berechne die fehlenden Größen.

Kapital	1500 €	750 €		3780 €
Zinssatz	$2\frac{3}{4}\%$		10,5%	18%
Zinsen		10 €	9,33 €	43,47 €
Zeit	112 Tage	5 Monate	$\frac{1}{4}$ Jahr	

7 Die Eltern von Andreas und Marion haben bei ihrer Bank für jeden 1500 € zu gleichen Bedingungen angelegt. Andreas bekommt für 7 Monate 24,06 € Zinsen. Wie viel Zinsen bekommt Marion nach 310 Tagen?

Beim Zinsrechnen treten bestimmte Rechenvorgänge in immer gleicher Weise auf.

Mit einem Tabellenkalkulationsprogramm kannst du ein Rechenblatt anlegen, mit dem du die Tageszinsen für einen vorgegebenen Zeitraum berechnen kannst. Dabei musst du beachten, dass die Bank alle Monate mit 30 Tagen berechnet. Es ist sinnvoll, die Zinsen in drei Zeitabschnitten zu berechnen.

Im Beispiel muss für den April die Anzahl der Tage als Differenz zu 30 errechnet werden.

■ Erstelle selbst dieses Rechenblatt und berechne für unterschiedliche Zeiträume, Zinssätze und Geldbeträge die Zinsen. Vergleiche, indem du jeweils nur eine Eingabegröße veränderst.

F9	▼	fx	=C9*D9*E9/360				
	A	B	C	D	E	F	G	H
1	Berechnung von Tageszinsen							
2				Tag	Monat		Tag	Monat
3	für die Zeit vom			19	4	bis	5	7
4		Kapital	1.500 €					
5		Zinssatz	11,5 %					
6				Kapital	Zinssatz	Zinsen		
7	1. Monat	von Tag	19	1.500 €	11,5 %	5,27 €		
8	volle Monate	(Anzahl)	2	1.500 €	11,5 %	28,75 €		
9	letzter Monat	bis Tag	5	1.500 €	11,5 %	2,40 €		
10					Gesamtzinsen	36,42 €		
11								
12								

■ Erwachsene können von ihrem Girokonto mehr Geld abheben als Guthaben vorhanden ist. Für dieses Überziehen des Kontos müssen sie aber hohe Zinsen bezahlen. In der Regel wird vierteljährlich abgerechnet.
Berechne die Überziehungszinsen für das Konto mit den angegebenen Kontoständen und einem Zinssatz von 11,5 %. Ermittle auch die jeweiligen Kontobewegungen.

1.7.	1356,00	Haben
20.7.	256,50	Soll
3.8.	1100,25	Haben
26.8.	1367,20	Soll
5.9.	146,90	Soll
15.9.	678,45	Haben
30.9.	112,70	Haben

8 Wenn auf einem Konto im Laufe des Jahres immer wieder Geld ein- oder ausgezahlt wird, müssen die zu verzinsenden Tage für die Berechnung der Zinsen berechnet werden.

Beispiel: Zu verzinsende Tage für den Zeitraum vom 16.2. bis zum 8.6. des Jahres. Im Februar werden 14, im März, April und Mai jeweils 30 und im Juni 8 Tage gerechnet. Es ergeben sich also 112 Zinstage.

Berechne die Zahl der Zinstage
a) vom 4. März bis zum 27. Juni.
b) vom 17. Mai bis zum 8. Oktober.
c) vom 3. Januar bis zum 1. Dezember.

9 Am 12. Mai nimmt Herr Thelen einen Kredit über 14 300 € zu 9,5 % auf. Er kann ihn am 28. Oktober zurückzahlen. Wie viel Geld hätte Herr Thelen gespart, wenn er den Kredit schon am 1. Oktober zurückgezahlt hätte?

10 Eine Rechnung beläuft sich auf 12 850 €.
Wenn sie innerhalb von 10 Tagen bezahlt wird, können 2 % Skonto abgezogen werden. Spätestens nach Ablauf von zwei Monaten muss sie ohne Abzug bezahlt werden.
a) Was ist günstiger:
nach 10 Tagen abzüglich 2 % Skonto zu zahlen,
oder das Geld für weitere 50 Tage zu einem Zinssatz von 6 % auf der Bank zu belassen und dann ohne Abzug zu bezahlen?
b) Bei welchem Zinssatz wäre es günstiger, auf das Skonto von 2 % zu verzichten?

11 Am 11. Juni muss Herr Lux eine Rechnung über 2743 € bezahlen. Bei Barzahlung können 3 % Skonto abgezogen werden. Der Zinssatz für das Überziehen des Girokontos liegt bei 11 %.
Lohnt es sich, das Konto bis zum 1. Juli um 1245 € zu überziehen?

Zusammenfassung

Prozentformel	**Grundwert, Prozentwert, Prozentsatz** Bei jeweils zwei gegebenen Größen lässt sich die dritte Größe mit der Formel berechnen.	Prozentwert = Grundwert · Prozentsatz $W = G \cdot p\% = G \cdot \frac{p}{100}$
Promille	Sehr kleine Anteile können in **Promille** angegeben werden. Promille sind Tausendstel.	$1 \text{ Promille} = 1\text{‰} = \frac{1}{1000}$
vermehrter und verminderter Grundwert	Wenn der Grundwert um einen prozentualen Anteil vermehrt oder vermindert wird, kann man mit **verändertem Prozentsatz** den vermehrten oder verminderten Grundwert berechnen.	$q = 1 + \frac{p}{100}, \; q = 1 - \frac{p}{100}$ $W = G \cdot q$
Zinsrechnung	Die **Zinsrechnung** ist eine Anwendung der Prozentrechnung.	
• **Zinsen**	Für Geldbeträge, die man einer Bank für eine bestimmte Zeit überlässt oder die man sich leiht, bekommt man **Zinsen** oder muss welche bezahlen.	Jahreszinsen = Kapital · Zinssatz $Z = K \cdot p\% = K \cdot \frac{p}{100}$
• **Zinssatz**	Der **Zinssatz** gibt in Prozent an, wie viel Zinsen die Bank für ein bestimmtes Kapital gibt oder verlangt. Der **Zeitraum** bezieht sich in der Regel auf **ein Jahr**.	$p\% = \frac{p}{100} = \frac{Z}{K}$
• **Kapital**	Der Geldbetrag, den man einer Bank überlässt oder den man sich leiht, nennt man **Kapital**.	$K = \frac{Z}{p\%} = \frac{Z}{\frac{p}{100}} = \frac{Z \cdot 100}{p}$
• **Zinsformel für Teile eines Jahres**	Für Teile des Jahres müssen die Jahreszinsen mit einem Zeitfaktor multipliziert werden. Der Einfachheit halber rechnet man das Jahr mit 360 Tagen und den Monat mit 30 Tagen. Zur Berechnung der anderen Größen kann man die Formel umstellen.	Zinsen = Jahreszinsen · Zeitfaktor $Z = K \cdot \frac{p}{100} \cdot \frac{t}{360}$ **t** Anzahl der Tage

Üben • Anwenden • Nachdenken

Sport

Fußball immer attraktiver
Die Fußball-Bundesliga steuert auf einen Zuschauerrekord zu. In der Hinrunde dieser Saison kamen im Schnitt 34720 Fans zu den Spielen – zwei Prozent mehr als im vergangenen Rekordjahr.

1 a) Wie viele Zuschauer kamen im Schnitt im vergangenen Rekordjahr?
b) In der Rückrunde soll der Schnitt auf 36 000 Zuschauer gesteigert werden. Um wie viel Prozent muss die Zuschauerzahl steigen?
c) Einer der Aufsteiger hatte einen Zuwachs von durchschnittlich 14 % gegenüber der vorigen Saison. Das waren 3460 Zuschauer.
Wie viele Zuschauer pro Spiel hatten sie im vergangenen Jahr in der 2. Liga?

2 Nach einem Heimspiel des FSV Mainz 05 werden 200 Zuschauer befragt, wie sie mit dem Spiel der Mainzer Mannschaft zufrieden waren. 82 antworteten mit sehr zufrieden, 64 mit zufrieden, 45 mit nicht zufrieden und der Rest hatte keine Meinung. Es wurden 16 213 Zuschauer gezählt. Übertrage die Umfrageergebnisse auf die gesamten Zuschauer.
Wie viele werden vermutlich wieder kommen?

3 a) Wie ändert sich der Umfang bzw. der Flächeninhalt, wenn die Seiten eines Quadrats jeweils 10 % länger werden? Wie ist es bei 100 %?
b) Wie ändert sich die Oberfläche bzw. das Volumen, wenn die Kanten eines Würfels jeweils um 50 % verlängert werden? Wie ist es bei einer Verkürzung um 50 %?

4 a) Wenn X 50 % von Y ist, wie viel Prozent sind dann Y von X? Drücke den Sachverhalt auch mit Bruchteilen aus.
b) Wenn X 10 % von Y ist, ist dann Y 90 % von X? Kannst du den Zusammenhang erklären?

Prozentsatz und Prozentpunkte ℹ

Bei der Wahl hatte Partei A ihren Stimmenanteil im Vergleich zur letzten Wahl von 40 % auf 44 %, Partei B von 4 % auf 8 % gesteigert.

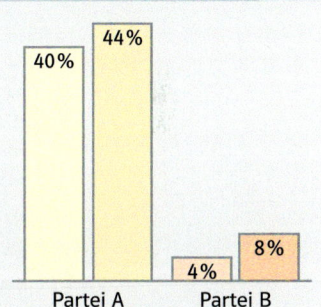

Beide Parteien stellen sich nach der Wahl als Wahlsieger dar und kommentieren den Wahlausgang mit dem Satz: „Wir haben uns um 4 % gesteigert!"

Man muss aber zwischen Prozentsätzen und **Prozentpunkten** unterscheiden.
Beide Parteien haben 4 Prozentpunkte mehr. Partei A hat einen Zuwachs von 10 % der Stimmen, Partei B dagegen hat ihren Stimmenanteil verdoppelt, also 100 % mehr.

Eine Partei hatte bei der letzten Wahl 12 %, jetzt nur noch 9 % der Stimmen erhalten.
■ Beurteile folgende Aussagen: Die Partei
… hat einen Verlust von 3 % zu verkraften.
… hat ein Viertel ihrer Wähler verloren.
… hat deutliche Verluste hinnehmen müssen.
… hat drei Prozentpunkte verloren.
… hat 25 % Stimmen weniger erhalten.
… hatte bei der letzten Wahl 25 % Stimmen mehr.

5 In einer Sonderaktion verkauft Foto-Plus eine Digitalkamera zu 298,50 € mit 25% Rabatt. Am Vormittag gibt es nochmals 10% Sonderrabatt auf den ermäßigten Preis.
a) Herr Bauer zieht einfach 35% ab.
b) Wie viel muss Herr Kuhnle bezahlen?
c) Wie viel müsste Herr Kuhnle bezahlen, wenn er zuerst den Sonderrabatt und dann den Aktionsrabatt abziehen würde?

6 Prüfe nach.

Teppiche – Total-Ausverkauf
Bis zu 80% Rabatt!!!

von 2900,– € auf **790,– €**
von 1250,– € auf **240,– €**
von 270,– € auf **49,– €**
von 4450,– € auf **890,– €**
von 75,– € auf **18,– €**

7 a) Wo wurde mehr gespart? Begründe deine Antwort.

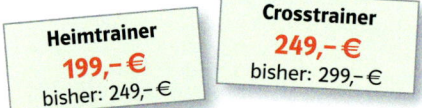

Heimtrainer
199,– €
bisher: 249,– €

Crosstrainer
249,– €
bisher: 299,– €

b) „Sie sparen 30%!"

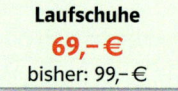

Laufschuhe
69,– €
bisher: 99,– €

Was meinst du dazu?

8 Auf dem Markt hat ein Gemüsehändler Möhren, die er für 80 € vom Biobauern gekauft hat, mit einem Gewinn von 20% verkauft. Bei den Kartoffeln, die er für 120 € eingekauft hat, hatte er einen Verlust von 10%.

9 Vergleiche die beiden Angebote. Kannst du die jeweilige Ersparnis in Prozent angeben?

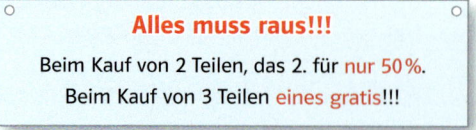

Alles muss raus!!!
Beim Kauf von 2 Teilen, das 2. für nur 50%.
Beim Kauf von 3 Teilen eines gratis!!!

10 Im Werbeprospekt wird der Listenpreis eines Autos angegeben.
Für den Endpreis müssen Mehrwertsteuer und Rabatt berücksichtigt werden.
Entscheide dich für das beste Angebot und begründe.

A: Listenpreis + 19% Mehrwertsteuer – 25% Rabatt
B: Listenpreis – 6% Rabatt
C: Listenpreis – 25% Rabatt + 19% Mehrwertsteuer.

11 Ein Autohändler hat zwei Autos zum selben Preis von 15 000 € verkauft.
Das eine mit 10% Gewinn, das andere allerdings mit 10% Verlust.
Er denkt, dass damit alles wieder ausgeglichen ist.
Rechne nach.

12 Herr Mack ist Handelsvertreter. Er hat zwei Tankzettel aufbewahrt und vergleicht.

Tankstelle an der Autobahn
46,8 Liter Benzin
Endbetrag: **51,90 €**

Tankstelle an der Autobahn
35,4 Liter Benzin
Endbetrag: **37,84 €**

a) Um wie viel Prozent hat sich der Literpreis für das Benzin verändert?
b) Hat sich auch sein Verbrauch verändert? Beim ersten Mal ist er 620 km, beim zweiten Mal 490 km gefahren.

13 Eine Heizungsfirma wirbt mit tollen Heizkostenersparnissen:

bis zu 40% durch eine neue Heizanlage
bis zu 35% durch
zusätzliche Wärmedämmung
bis zu 35% durch sparsames Heizen

Herr Spahr denkt kurz, dass er mehr als 100% sparen kann, aber zur Berechnung der wirklichen Ersparnis braucht er Hilfe.

14 Max und Moritz sind sich uneins: Ist es günstiger, zuerst 10% Rabatt und dann 2% Skonto oder zuerst 2% Skonto und anschließend 10% Rabatt zu erhalten? Kannst du den beiden helfen?

15 a) Was ist besser – hintereinander Steigerungen um 10 %, 20 % und 30 % oder eine einmalige Steigerung um 70 %?
b) Was ist mehr – 5-mal nacheinander eine Erhöhung um 10 % oder einmal um 60 %?

16 Für den Schulausflug wird ein Bus benötigt. Sandra und Dominik holen zwei Angebote ein:
Firma Wandervogel bietet ab 20 Teilnehmern 5 % Rabatt, ab 30 dann 10 %.
Firma Travel gibt ab 20 Teilnehmern einen Freiplatz, ab 30 dann zwei Freiplätze.
Für welches Angebot würdest du dich entscheiden? Begründe.

17 a) Was sagst du zu diesem Angebot? Wie ist die prozentuale Ersparnis?
b) Wie ändert sich der Prozentsatz bei „Nimm 5, zahl 4" oder bei „Nimm 6, zahl 5"?

Nimm 4, zahl 3!

18 Vergleiche die beiden Kreditangebote

Bar-Kredit

5000,– €

Zinssatz: 9%
Laufzeit: 1 Jahr
keine Bearbeitungsgebühr

Spar-Kredit

5000,– €

Rückzahlung nach 12 Monaten
Zinssatz nur 8,5%
einmalige Bearbeitungsgebühr von 50 €

19 Beim Ratenkauf muss man sehr genau auf die Bedingungen achten.

Supersonderpreis!!!
Rasenmäher
zum einmaligen Sonderpreis von
349,– €
oder 72 Monatsraten zu 5,99 €

Mit welchem Zinssatz wird bei dem Ratenkauf gerechnet?

20 Katja bekommt für ihr Guthaben auf der Bank 2,5 % Zinsen. Würde der Zinssatz nur 1,5 % betragen, bekäme sie 30 € weniger Zinsen im Jahr. Kannst du angeben, wie hoch ihr Guthaben ist?

Erstaunliche Leistung

Der 100 Jahre alte Phillip Rabinowitz stellte mit 28,70 Sekunden einen neuen 100-m-Weltrekord in der Klasse Ü 100 auf.
Er blieb dabei um 7,49 Sekunden unter dem bestehenden Rekord.

- Um wie viel Prozent wurde der Weltrekord verbessert?
- Ist er mit 50 wohl 14,35 Sekunden schnell gelaufen?
- Der Weltrekord bei den Männern steht bei 9,78 Sekunden.
Wie wäre die neue Bestmarke, wenn dieser mit derselben prozentualen Steigerung verbessert würde?

Patrick bringt zu Beginn eines jeden Jahres 300 € zur Bank und erhält jährlich 2,5 % Zinsen.
Am Ende des Jahres lässt er die Zinsen gutschreiben und zahlt wieder 300 € ein. So wächst nicht nur sein gespartes Kapital, sondern es wachsen auch seine Zinsen.
Die Entwicklung seines Kontostandes lässt sich gut in einer Tabelle darstellen. Dabei hilft ein Tabellenkalkulationsprogramm.

D9	▼	f_x	=C9*C$3		

	A	B	C	D	E
1	Patricks Sparplan				
2					
3		Zinssatz	2,5 %		
4		Jährliche Rate	300,00 €		
5					
6	Datum	Einzahlung	Kontostand am 1.1.	Zinsen	Kontostand am 31.12.
7	01.01.2006	300,00 €	300,00 €	7,50 €	307,50 €
8	01.01.2007	300,00 €	607,50 €	15,19 €	622,69 €
9	01.01.2008	300,00 €	922,69 €	23,07 €	945,75 €
10	01.01.2009	300,00 €	1.245,75 €	31,14 €	1.276,90 €

■ Erstelle selbst ein Rechenblatt zur Berechnung eines Sparplans.
■ Wie viel Geld kann Patrick im angegebenen Beispiel nach sechs Jahren abheben?
■ Wann hat Patrick erstmals mehr als 2500 € auf seinem Konto?
■ Wie viel Zinsen hat er nach zehn Jahren insgesamt bekommen?
Gib eine Formel zur Berechnung der Zinsen an.

■ Stelle die Entwicklung des Kapitals in einem geeigneten Diagramm dar.
■ Erstelle solch ein Diagramm auch für die Entwicklung der Zinsen. Was fällt dir auf?

■ Verändere in dem Programm den Zinssatz und beobachte die Veränderungen des Kontostandes.
■ Was beobachtest du, wenn du die Höhe der Einzahlungen verdoppelst? Wie wirkt sich eine Verdopplung des Zinssatzes aus? Erkläre den Unterschied.

21 Die Kinder von Familie Topcu haben Sparbücher mit unterschiedlichen Zinssätzen.

Fatih:	Stand am 1.1.	700 € zu 1,00 %
Serpil:	Stand am 1.1.	650 € zu 1,75 %
Merve:	Stand am 1.1.	575 € zu 2,25 %

Vergleiche die Kontostände nach einem Jahr.

22 Eine Privatbank wirbt mit dieser Anzeige:

> **Billiges Geld für 1 Monat!**
> Leihen Sie sich 5000 €
> und zahlen Sie nach
> 1 Monat 5100 € zurück.

a) Wie viel Prozent Zinsen sind für einen Monat zu zahlen?
b) Berechne die Jahreszinsen und bestimme den dazugehörigen Zinssatz.
c) Banken müssen bei Krediten immer den Jahreszinssatz angeben.
Kannst du erklären, warum?

23 Marlene hat zu Jahresbeginn ein Guthaben von 765 €. Es wird mit 1,5 % verzinst. Sie zahlt am 13. März 250 € ein und hebt am 17. Oktober 500 € ab.
Wie hoch ist ihr Guthaben am Ende des Jahres?

24 Alfred Nobel (1833–1896), der Erfinder des Dynamits, stellte sein ganzes Vermögen für eine Stiftung zur Verfügung.
Aus den Zinsen werden jährlich 5 Nobelpreise finanziert.
Das Preisgeld betrug 2005 insgesamt 4 Mio. Euro.
a) Wie hoch müsste das Vermögen sein, wenn man von einem Zinssatz von 6,5 % ausgeht?
b) Im Jahr 1999 betrug das Vermögen 463 Millionen US-$. Die Bank zahlte 39 Millionen US-$ Zinsen.
Wie hoch war der Zinssatz?
c) Informiere dich über Alfred Nobel, über die unterschiedlichen Nobelpreise und wer sie zuletzt bekommen hat. Vielleicht bekommst du ja selbst mal einen.

Rückspiegel

1 Berechne die fehlenden Werte.

	Grundwert	Veränderung in Prozent	Veränderter Grundwert
a)	315 €	+16 %	
b)		−5 %	779 km
c)	20 km		26 km

2 Herr Stark kauft einen Fernsehapparat. Auf den Preis von 998 € kommen noch 19 % Mehrwertsteuer, es dürfen dann noch 2 % Skonto abgezogen werden.

3 Nach einem Preisaufschlag von 10 % kostete das Mountainbike 746,90 Euro.
a) Wie viel kostete das Mountainbike vor der Erhöhung?
b) Was muss bezahlt werden, wenn jetzt 10 % Rabatt gegeben werden?

4 a) Felix hat auf seinem Sparbuch 680 €. Der Zinssatz beträgt 1,5 %.
Wie viel Zinsen erhält er nach 1 Jahr und wie hoch ist dann sein Kontostand?
b) Laura wurden nach 1 Jahr auf ihrem Sparbuch 9,18 € Zinsen gutgeschrieben. Wie groß war ihr Guthaben bei einem Zinssatz von 2 %?

5 Berechne die fehlenden Werte.

	Kapital	Zinssatz	Zinsen	Zeit
a)	600 €	5 %		4 Mon.
b)	1200 €		18 €	$\frac{1}{4}$ Jahr
c)		6 %	4,20 €	14 Tage
d)	2400 €	11 %	198 €	

6 Frau Abele hat eine Rechnung von 1256,50 € zu bezahlen.
Bei sofortiger Bezahlung kann sie 2 % Skonto vom Rechnungsbetrag abziehen.
Sonst muss sie innerhalb von 4 Wochen bezahlen.
Sie müsste ihr Girokonto 21 Tage lang überziehen, um gleich bezahlen zu können.
Der Zinssatz beträgt 11 %.
Wie viel Euro kann Frau Abele sparen?

1 Berechne die fehlenden Werte.

	Grundwert	Veränderung in Prozent	Veränderter Grundwert
a)	23,56 €	+10,5 %	
b)		$-3\frac{1}{4}$ %	119,97 m
c)	125,50 €		122,99 €

2 Frau Stark hat beim Kauf eines Heimtrainers durch einen Nachlass von 15 % einen Betrag von 134,85 € gespart. Was kostete der Heimtrainer ohne die 19 % Mehrwertsteuer?

3 Zweimal wurde der Preis eines Bildschirms um jeweils 10 % ermäßigt. Der aktuelle Preis beträgt 243 Euro.
a) Wie hoch war der ursprüngliche Preis?
b) Um wie viel Prozent muss der Preis wieder erhöht werden, um auf den alten Preis zu kommen?

4 a) Simone wurden am Ende des Jahres 33,25 € Zinsen gutgeschrieben.
Wie groß war das Guthaben am Jahresanfang bei einem Zinssatz von 2,5 %?
b) Für 897 € bekam Marion 15,70 €, für 1245 € erhielt Jan 18,68 € Zinsen. Wer hatte den höheren Zinssatz?

5 Berechne die fehlenden Werte.

	Kapital	Zinssatz	Zinsen	Zeit
a)	564 €	4,5 %		7 Mon.
b)	678,50 €		53,39 €	$\frac{3}{4}$ Jahr
c)		$3\frac{1}{4}$ %	8,85 €	80 Tage
d)	826,75 €	10,5 %	32,07 €	

6 Frau Hahn kauft ein Auto für 22 000 €.
Sie zahlt 13 000 € bar.
Den Restbetrag möchte sie 8 Monate später bezahlen.
Der Händler schlägt vor, in 8 Monaten noch 9630 € zu zahlen.
Bei der Bank bekommt Frau Hahn das Geld zu einem Zinssatz von 9,5 % geliehen.
Wie soll sie sich entscheiden?

Glück gehabt

Hölzchen ziehen

Eine unangenehme Aufgabe übernimmt niemand gerne. Häufig soll dann das Los entscheiden, wer diese Aufgabe übernimmt.

Ein beliebtes Losverfahren ist das „Hölzchen ziehen". Soll z. B. unter drei Kindern gelost werden, so werden drei Streichhölzer mit den Enden verdeckt in der Hand gehalten. Eines der Streichhölzer ist kürzer als die anderen zwei. Wer das kürzere zieht, hat verloren.

Ist es günstiger, als Erster oder als Letzter zu ziehen? Ist es vielleicht sogar egal, wann man zieht? Stellt Vermutungen auf und begründet sie.

Um zu prüfen, ob die Chance zu verlieren für alle gleich ist, wird ein Versuch durchgeführt. In der Tabelle siehst du die Anzahl der Versuche. Du kannst auch erkennen, ob das kurze Streichholz als erstes, zweites oder drittes Streichholz gezogen wurde.

Anzahl der Versuche	Das kurze Streichholz wurde als ... gezogen.		
	1.	2.	3.
30	7	12	11
60	18	19	23
90	31	28	31
120	40	38	42
...	...	...	...

Bildet Dreiergruppen und führt das „Hölzchen ziehen" 30-mal durch.
Fasst die Ergebnisse wie im Beispiel oben dargestellt zusammen.
Drückt die Häufigkeit in Prozent aus. Hat beim „Hölzchen ziehen" wirklich jeder die gleiche Chance? Begründet.

Spiele

Spiele haben die Menschen seit jeher begeistert. Um als Sieger aus dem Spiel hervorzugehen, braucht man entweder Geschick, Wissen, eine gute Strategie, Übung oder einfach nur Glück.

Bei manchen Spielen braucht man auch von jedem etwas. Untersucht die abgebildeten Spiele daraufhin und beschreibt, wie die Sieger ermittelt werden.

Beschreibt, aus welchen Karten sich ein Skat-Spiel, ein Rommee-Spiel, ein Elfer-raus-Spiel zusammensetzt. Nennt weitere Kartenspiele. Nennt Brettspiele, bei denen Würfel zum Einsatz kommen. Beschreibt die Spielregeln für das Roulette-Spiel. Sucht weitere Spiele und beschreibt sie.

In diesem Kapitel lernst du,

- was Zufall bedeutet und was Zufallsgeräte sind,
- dass Gewinnchancen durch Brüche beschrieben werden können,
- wie groß die Wahrscheinlichkeit ist, in einem Spiel zu gewinnen oder zu verlieren,
- wie man Wahrscheinlichkeiten schätzen kann.

1 Zufallsversuche

Sechs Kinder spielen „Bleistiftdrehen". Nachdem der Bleistift gedreht wurde, erhält derjenige, auf den die Bleistiftspitze zeigt, einen Punkt. Wer als Erster fünf Punkte erzielt, hat gewonnen.

→ Spielt das Bleistiftdrehen in Kleingruppen nach.

→ Marco meint, dass es Zufall sei, ob man gewinnt oder nicht. Was meint er damit? Erkläre.

→ Nenne weitere Glücksspiele. Mit welchen Spielgeräten wird bei diesen Glücksspielen ermittelt, wer gewinnt?

Mögliche Ergebnisse eines Münzwurfs:

Zahl

Wappen

Wenn eine Münze geworfen wird, so sind die möglichen **Ergebnisse** Wappen oder Zahl. Es kann nicht vorhergesagt werden, ob Wappen oder Zahl oben liegt.
Das Ergebnis des Münzwurfs ist **zufällig**.
Deshalb heißt ein solcher Versuch auch **Zufallsversuch**. Die Münze, mit der das Ergebnis des Zufallsversuchs ermittelt wird, heißt **Zufallsgerät**.

> Um ein zufälliges **Ergebnis** zu erzeugen, führt man einen **Zufallsversuch** mit einem geeigneten **Zufallsgerät** durch.

Beispiel

Das Ziehen eines Loses ist ein Zufallsversuch. Das Ergebnis Gewinn oder Niete ist nicht vorhersagbar, also zufällig. Die Lostrommel ist das Zufallsgerät.

Aufgaben

1 Beschreibe die möglichen Ergebnisse. Welche sind zufällig, welche nicht?
a) Ein Würfel wird geworfen.
b) Eine Kerze wird ausgeblasen.
c) Ein Wasserhahn wird aufgedreht.
d) Aus einem Skatspiel wird eine Karte gezogen.
e) Zwei Münzen werden geworfen.

2 Welche möglichen Ergebnisse haben folgende Zufallsversuche?
a) Unter vier Streichhölzern befindet sich eines, das kürzer ist. Ein Streichholz wird gezogen.
b) Das abgebildete Glücksrad wird gedreht.
c) Es werden zwei Würfel geworfen.

3 Vier Kinder möchten Verstecken spielen. Welche der abgebildeten Zufallsgeräte würdest du nehmen, um zu ermitteln, wer als Erster suchen muss? Begründe deine Entscheidung.

4 Suche geeignete Zufallsgeräte, um in folgenden Situationen entscheiden zu können.
a) Welche Fußballmannschaft hat den Anstoß?
b) Sieben Mannschaften starten zur Stadtrallye. Welche Mannschaft startet als erste, welche als zweite usw.?
c) Auf welcher Bahn starten die sechs Schwimmer?

5 Glücksspiel oder nicht?
Welches Zufallsgerät entscheidet?
a) Mensch ärgere dich nicht
b) Schach
c) Halma
d) Skat
e) Roulette
f) Lotto
g) Domino
h) schwarzer Peter

Glücksräder

Glücksräder kannst du auch selbst herstellen. Nachfolgend siehst du die Bastelanleitung zur Herstellung eines achteckigen Glücksrads.

– Zeichne einen Kreis mit einem Radius von 4 cm und unterteile ihn in acht gleich große Ausschnitte.
– Färbe die Felder wie abgebildet und nummeriere sie von 1 bis 8.
– Um ein regelmäßiges Achteck zu erhalten, musst du entlang der gestrichelten Linie die Kreisabschnitte abschneiden.
– Stecke durch den Mittelpunkt des Achtecks einen abgebrochenen Schaschlikspieß (oder Ähnliches) mit der Spitze nach unten.

■ Ihr könnt nun zu zweit euer Glück versuchen. Jeder hat zu Beginn des Spiels drei Spielmarken. Der Gewinner erhält vom Verlierer jeweils eine Spielmarke. Spielt so lange, bis einer von euch keine Spielmarken mehr hat.

1. Spielvariante
Ein Spieler gewinnt bei einer geraden, der andere bei einer ungeraden Zahl.

2. Spielvariante
Ein Spieler gewinnt bei Rot, der andere bei Blau. Bei Grün ist das Spiel unentschieden.

■ Beurteilt die beiden Spiele. Bei welcher Variante möchtest du welcher Spieler sein?

Bei einem regelmäßigen Achteck kann man schnell erkennen, wer die besseren Gewinnaussichten hat. Ist das Glücksrad aber ein unregelmäßiges Vieleck, so gelingt dies nicht mehr.
■ Zeichne das abgebildete Fünfeck und schneide es aus. Stecke durch den Punkt M einen abgebrochenen Schaschlikspieß oder Ähnliches. Auf welche Farbe würdest du setzen? Begründe deine Entscheidung.
■ Wie könnte man herausfinden, bei welcher Farbe die Gewinnaussichten am besten sind?
■ Hast du eine Idee, wie man das obere Glücksrad manipulieren könnte?

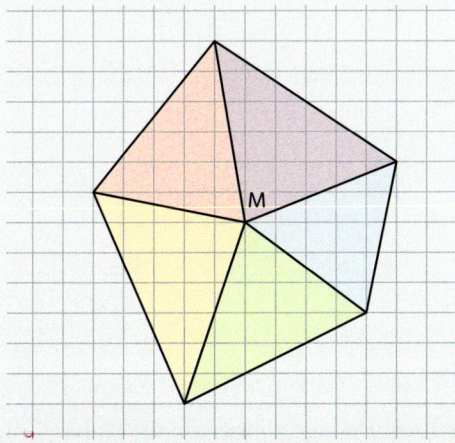

2 Wahrscheinlichkeiten

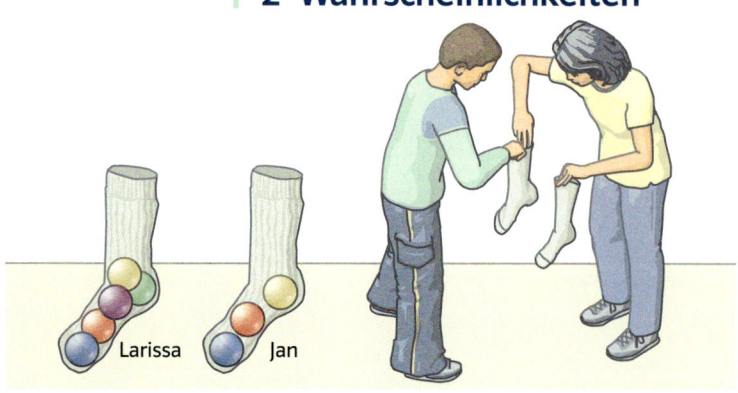

Larissa

Jan

Larissa und Jan ziehen aus verschiedenen Strümpfen eine Kugel.

Jan meint, dass die Chance, eine rote Kugel zu ziehen, für ihn genauso groß ist, wie die Chance, eine gelbe Kugel zu ziehen. Larissa behauptet, dass für ihren Zug das Gleiche gilt.

→ Was meinst du?

→ Wer von den beiden hat die größere Chance, als erste Kugel eine rote Kugel zu ziehen? Begründe deine Meinung.

Pierre Simon Laplace (1749–1827)
Nach ihm bezeichnet man Zufallsversuche, bei denen alle Ergebnisse die gleiche Wahrscheinlichkeit haben, als **Laplace-Versuche.** *Die Wahrscheinlichkeit jedes Ergebnisses heißt dann* **Laplace-Wahrscheinlichkeit.**

Wird aus einem Strumpf mit lauter verschiedenfarbigen Kugeln eine Kugel gezogen, dann gibt es so viele mögliche Ergebnisse, wie es Kugeln im Strumpf gibt. Die Chance für jedes Ergebnis ist gleich. Statt von Chance spricht man genauer von **Wahrscheinlichkeit**. Ist nur eine Kugel im Strumpf, dann gibt es auch nur ein **mögliches Ergebnis**, das mit 100%iger Sicherheit eintritt. Bei vier verschiedenfarbigen Kugeln gibt es vier **mögliche Ergebnisse** mit gleicher Wahrscheinlichkeit. Die 100 % werden also auf vier mögliche Ergebnisse gleichmäßig verteilt. Die Wahrscheinlichkeit für jedes der vier Ergebnisse ist deshalb $100\% : 4 = 25\% = 0{,}25 = \frac{1}{4}$.

> Bei einem Zufallsversuch gibt es verschiedene Ergebnisse.
> Die Summe aller Wahrscheinlichkeiten ist 100 % = 1.
> Sind alle Ergebnisse gleich wahrscheinlich, so ist die
>
> **Wahrscheinlichkeit eines Ergebnisses** $= \dfrac{1}{\text{Anzahl aller möglichen Ergebnisse}}$.
>
> Ist n die Anzahl der möglichen Ergebnisse, so schreibt man kurz $P(E) = \frac{1}{n}$.

Bemerkung
Die Wahrscheinlichkeit wird als Bruch, als Dezimalbruch oder in Prozent angegeben.

Beispiele
a) Beim Münzwurf Zahl zu werfen, ist eines von zwei möglichen Ergebnissen, die Wahrscheinlichkeit ist also $P(E) = \frac{1}{2} = 0{,}5 = 50\%$.

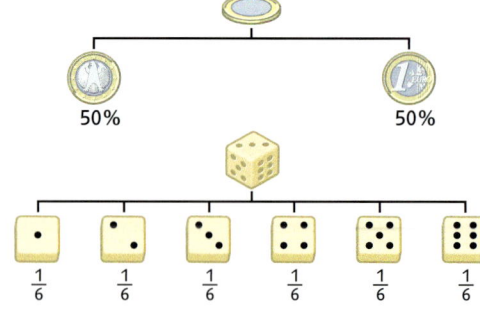

50%　　　　50%

b) Beim Wurf mit dem Würfel die Augenzahl Vier zu werfen, ist ein Ergebnis von sechs gleich wahrscheinlichen Ergebnissen. Die Wahrscheinlichkeit ist also $P(E) = \frac{1}{6} \approx 16{,}7\%$.

$\frac{1}{6}$　　$\frac{1}{6}$　　$\frac{1}{6}$　　$\frac{1}{6}$　　$\frac{1}{6}$　　$\frac{1}{6}$

!

Wir benutzen als Zeichen für die Wahrscheinlichkeit P.

Probability (engl.): Wahrscheinlichkeit P(E) bedeutet „Wahrscheinlichkeit des Ereignisses E".

Die Wahrscheinlichkeit, mit dem Würfel eine Vier zu werfen, ist kleiner als die Wahrscheinlichkeit, mit der Münze eine Zahl zu werfen. Es gilt: $\frac{1}{6} < \frac{1}{2}$.

Aufgaben

1 Bestimme die Wahrscheinlichkeit.
a) aus 98 Losen den einzigen Gewinn ziehen
b) aus einem Skat-Spiel mit 32 Karten das Herz-Ass ziehen
c) beim Lotto als erste Kugel die 13 ziehen
d) anschließend die 26 ziehen

2 Welche Wahrscheinlichkeit ist größer?
a) Auf einem zweistelligen Zahlenlos die Zahl 13 zu haben oder im Lotto als erste Zahl eine 13 zu ziehen.
b) Auf einem Glücksrad mit fünf gleich großen Feldern das eine weiße Feld zu treffen oder mit dem Würfel eine Sechs zu werfen.
c) Aus einem Skatspiel das Kreuz-Ass zu ziehen oder beim Roulette mit den Zahlen von 0 bis 36 die Null zu erhalten.
d) An einem Sonntag oder in einem Schaltjahr geboren zu sein.
e) Erfinde selbst solche Aufgaben und stelle sie deiner Nachbarin oder deinem Nachbarn vor.

3 Beim Lotto sind bereits die Zahlen 13; 19; 34; 45 und 48 gezogen worden.

a) Wie groß ist die Wahrscheinlichkeit, dass als nächste Zahl die 15 gezogen wird?
b) Mit welcher Wahrscheinlichkeit wird dann als siebte Zahl die Zusatzzahl 38 gezogen?

4 Anne besitzt ein Los der „Aktion Mensch".
Wie groß ist die Wahrscheinlichkeit, dass die letzte Ziffer richtig ist?
Wie sieht es für die beiden letzten und für die drei letzten Ziffern aus?

5 Jedes vierte Los gewinnt.
a) Wie groß ist die Wahrscheinlichkeit für einen Gewinn?
b) Arno kauft vier Lose. Hat er genau einen Gewinn? Begründe deine Antwort.
c) Petra kauft acht Lose. Wie viele Gewinne kann sie haben? Könnte sie auch keinen Gewinn haben? Begründe.

6 In einem Strumpf sind 8 verschiedenfarbige Kugeln, darunter eine gelbe.
a) Es werden nacheinander drei Kugeln gezogen und zur Seite gelegt. Darunter befindet sich die gelbe Kugel nicht. Wie groß ist die Wahrscheinlichkeit, im nächsten Zug die gelbe Kugel zu ziehen?
b) Wie groß ist die Wahrscheinlichkeit, im vierten Zug die gelbe Kugel zu ziehen, wenn die drei zuvor gezogenen Kugeln jedes Mal wieder zurückgelegt wurden?

7 Aus einem Karton mit farbigen Kugeln wird 580-mal eine Kugel gezogen und wieder zurückgelegt.
Dabei wird 263-mal eine rote, 57-mal eine blaue, 61-mal eine gelbe und 199-mal eine weiße Kugel gezogen.
a) Welche Farbe ist vermutlich am häufigsten vertreten?
b) Welche Farben sind vermutlich annähernd gleich oft vertreten?
c) Könnte es auch noch eine andersfarbige Kugel geben? Wie viele Kugeln würdest du dann im Karton vermuten?

8 Der Farbwürfel wird 1000-mal geworfen. Welche Farben haben sehr wahrscheinlich die anderen nicht sichtbaren Flächen?
a) Es erscheint 492-mal Rot und 508-mal Blau.
b) Es erscheint 663-mal Rot und 337-mal Blau.
c) Es erscheint 853-mal Rot und 147-mal Blau.

9 Nenne für die angegebenen Wahrscheinlichkeiten geeignete Zufallsversuche.
$\frac{1}{2}; \frac{1}{3}; \frac{1}{4}; \frac{1}{8}; \frac{1}{12}; \frac{1}{37}; \frac{1}{49}$

? *Wie groß ist die Wahrscheinlichkeit, dass jemand am 29. Februar Geburtstag hat?*

Zu Aufgabe 4:

3 Ereignisse

Angelika spielt mit den grünen, Dirk mit den roten Spielsteinen.
→ Wer hat die größere Chance, beim nächsten Wurf einen Spielstein sicher ins Haus zu bringen?
Begründe deine Entscheidung.

Bei vielen Zufallsversuchen werden verschiedene Ergebnisse zu einem **Ereignis** zusammengefasst. So bilden zum Beispiel beim Würfeln die drei Ergebnisse 2; 4 und 6 das Ereignis „eine gerade Zahl werfen".

> Alle Ergebnisse, die zu einem **Ereignis** gehören, heißen **günstige Ergebnisse**. Sind alle Ergebnisse gleich wahrscheinlich, so gilt:
>
> **Wahrscheinlichkeit eines Ereignisses** = $\dfrac{\text{Anzahl der günstigen Ergebnisse}}{\text{Anzahl der möglichen Ergebnisse}}$
>
> Ist m die Anzahl der günstigen und n die Anzahl der möglichen Ergebnisse, so schreibt man kurz: $\quad P(E) = \dfrac{m}{n}$.

Bemerkung

Sind für ein Ereignis alle Ergebnisse günstig, so ist dessen Wahrscheinlichkeit gleich 1. Man spricht dann von einem **sicheren Ereignis**. Gibt es für ein Ereignis kein günstiges Ergebnis, so ist dessen Wahrscheinlichkeit gleich 0. Man spricht dann von einem **unmöglichen Ereignis**. Die Wahrscheinlichkeit kann also nie kleiner als 0 und nie größer als 1 sein. Es gilt: $0 \leq P(E) \leq 1$

Beispiele

!Ikosaeder heißt **Zwanzigflächner**.

Er ist ein Körper, der von 20 gleichseitigen kongruenten Dreiecken begrenzt wird.

Ereignisse	Anzahl der möglichen Ergebnisse	Anzahl der günstigen Ergebnisse	Wahrscheinlichkeit für das Ereignis
a) aus einem Skatspiel eine Herz-Karte ziehen	32	8	$\frac{8}{32} = \frac{1}{4}$
b) aus einer Lostrommel mit 70 Nieten und 10 Gewinnen einen Gewinn ziehen	80	10	$\frac{10}{80} = \frac{1}{8}$
c) aus einem Skatspiel einen Joker ziehen (unmögliches Ereignis)	32	0	$\frac{0}{32} = 0$
d) mit einem Würfel eine Augenzahl kleiner als 17 werfen (sicheres Ereignis)	6	6	$\frac{6}{6} = 1$

Aufgaben

1 Sarah würfelt mit dem Ikosaeder. Bestimme die Wahrscheinlichkeit.
a) P(eine durch 5 teilbare Zahl werfen)
b) P(eine zweistellige Zahl werfen)
c) P(eine Null werfen)

2 Bei einer Verlosung wird eine Kugel aus einem Eimer mit 65 schwarzen, 18 roten und 3 weißen Kugeln gezogen. Ina zieht eine schwarze Kugel, Laura möchte danach eine rote Kugel ziehen.

3   Aus einem Behälter mit 8 blauen, 12 roten und 5 weißen Kugeln wird eine Kugel gezogen. Gib die Wahrscheinlichkeit P(E) in Prozent an.
a) eine rote Kugel ziehen
b) eine weiße Kugel ziehen
c) eine blaue Kugel ziehen
d) Wie groß ist die Summe der drei Wahrscheinlichkeiten aus den Aufgaben a) bis c)? Was fällt dir auf?

4   Mit dem im Netz angegebenen Würfel bestimmen Jochen und Nina, wer beim Abtrocknen hilft.
a) Wie groß ist die Wahrscheinlichkeit, dass Jochen helfen muss, wenn er würfelt?
b) Mit welcher Wahrscheinlichkeit muss Jochen helfen, wenn Nina würfelt?
c) Mit welcher Wahrscheinlichkeit müssen beide helfen?

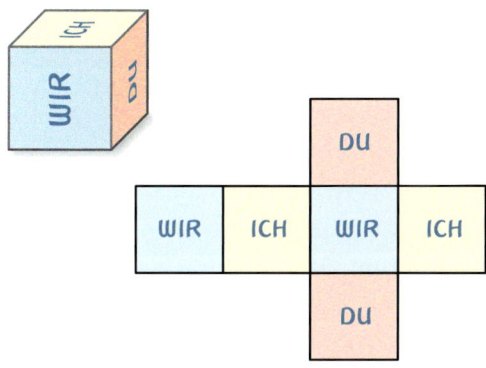

5   Eine Münze wird dreimal hintereinander geworfen. Dabei haben alle acht möglichen Ergebnisse (WWW), (WWZ), (WZW), (ZWW), (WZZ), (ZWZ), (ZZW) und (ZZZ) die gleiche Wahrscheinlichkeit. Bestimme die Wahrscheinlichkeit.
a) P(genau zwei Wappen werfen)
b) P(mindestens zwei Wappen werfen)
c) P(höchstens zwei Wappen werfen)
d) P(kein Wappen werfen)
e) P(nur Wappen werfen)

6   Zeichne ein Glücksrad, bei dem sich die Farben so verteilen, dass sie mit folgender Wahrscheinlichkeit ausgewählt werden: P(Rot) = 30%; P(Gelb) = 20%; P(Schwarz) = 10%.

7   In einem Musikgeschäft werden zum Jubiläum CDs verlost. Dazu kann man an Fäden ziehen. An einigen hängt eine CD, an den anderen hängen Attrappen. Die Gewinnchance soll 20% betragen.
a) Wie viele Fäden werden mindestens benötigt?
b) Es sollen insgesamt 75 Fäden sein.
c) An 10 Fäden soll ein Gewinn hängen.

8   Die Wahrscheinlichkeit, mit dem Farbwürfel Rot zu werfen, beträgt $\frac{1}{2}$, Blau $\frac{1}{3}$ und Gelb $\frac{1}{6}$.
Welche Farben haben die nicht sichtbaren Flächen?

9   Beim Mensch-ärgere-dich-nicht-Spiel ist Rot an der Reihe. Mit welcher Wahrscheinlichkeit kann Rot
a) den blauen Stein schlagen?
b) in sein Haus gelangen?
c) keinen seiner beiden Steine setzen?
d) Überlege dir mindestens zwei Spielsituationen, bei denen deine Spielfigur mit der Wahrscheinlichkeit $\frac{1}{3}$ ins Haus kommt. Gib für jede Situation an, welche Augenzahl geworfen werden muss.

Wahrscheinlichkeiten im Alltag

Erkläre folgende Redewendungen. Nicht alle sind mathematisch korrekt.

- Die Chancen stehen fifty-fifty.
- Das ist 1000% sicher.
- Er hat null Chance.
- mit hundertprozentiger Sicherheit
- Die Chancen stehen pari.
- Das ist wie ein Sechser im Lotto.
- mit 99,9%iger Sicherheit
- absolut unwahrscheinlich
- Das ist so sicher wie die Bank von England.

Sorgenfrei in den Urlaub.

100% Kostendeckung bei Unfall oder Krankheit

BINGO ist ein Glücksspiel, das vor allem in den USA und Großbritannien gerne gespielt wird. Dabei hat jede Mitspielerin und jeder Mitspieler Bingokarten vor sich liegen, auf denen Zahlen in beliebiger Folge aufgedruckt sind. Ein Ausrufer zieht nacheinander aus einer Lostrommel Zahlen und gibt sie bekannt. Wer zuerst alle Zahlen seiner Karte abstreichen konnte, ruft BINGO und gewinnt

Es gibt auch Spiele, bei denen ein bestimmtes Muster wie etwa ein X, ein T, ein U usw. zum BINGO führt.

■ Stellt ein vereinfachtes Bingospiel her. Zeichnet dazu Bingokarten wie rechts abgebildet. Schreibt in die Kärtchen beliebige Zahlen von 1 bis 20. Dabei darf keine Zahl doppelt vorkommen. Für den Ausrufer stellt ihr 20 Karten mit den Nummern 1 bis 20 her oder benutzt einfach die 20 roten Karten des Elfer-raus-Spiels. Zum Abdecken der ausgerufenen Zahlen verwendet ihr Spielchips, Centstücke oder Ähnliches.

■ Spielt in Gruppen von 5 bis 8 Schülerinnen und Schülern. Gewonnen hat, wer zuerst eine Zeile, eine Spalte oder eine Diagonale belegt hat. Ihr könnt auch andere Gewinnbilder festlegen.

■ Bei dem vereinfachten Bingospiel sind in einer Gruppe schon die acht Zahlen 1; 3; 4; 5; 9; 13; 14 und 18 gezogen worden. Wer hat die größte, wer die kleinste und wer gar keine Chance, bei der nächsten gezogenen Zahl zu gewinnen?
■ Gib die Wahrscheinlichkeit an, mit der die einzelnen Spielerinnen und Spieler beim nächsten Zug BINGO haben werden.
■ Als nächste Zahl wird die Zahl 12 aufgerufen. Wie groß ist danach für die Spielerinnen und Spieler die Wahrscheinlichkeit, beim nächsten Zug zu gewinnen?
■ Welche Zahlen dürfen als Nächstes aufgerufen werden, damit keiner gewinnt? Wie groß ist die Wahrscheinlichkeit dafür?

4 Schätzen von Wahrscheinlichkeiten

Hier siehst du vier Zufallsgeräte zum Würfeln.

→ Für welche Zufallsgeräte lässt sich die Wahrscheinlichkeit, eine Sechs zu werfen, leicht bestimmen? Für welche nicht?

→ Schätze für den Lego-Stein und die Streichholzschachtel die Wahrscheinlichkeit, mit der die Sechs geworfen wird.

Es gibt Zufallsversuche, bei denen die Wahrscheinlichkeit eines Ergebnisses nicht gleich erkennbar ist. Die Wahrscheinlichkeit eines solchen Ergebnisses kann näherungsweise bestimmt werden. Die nachfolgende Messreihe verdeutlicht dies: Mit welcher Wahrscheinlichkeit liegt die rote Fläche nach dem Wurf mit dem Holzquader oben? Da die rote Fläche etwa 20 % der Oberfläche beträgt, wird die Wahrscheinlichkeit für Rot auf 20 % = 0,2 geschätzt. Um die Schätzung zu überprüfen, wird mit dem Holzquader gewürfelt. Je mehr Würfe durchgeführt werden, desto zuverlässiger wird die Schätzung.

Anzahl der Versuche	absolute Häufigkeit	relative Häufigkeit
100	30	0,300
200	54	0,270
300	77	0,257
400	105	0,263
500	126	0,252
600	159	0,265
700	182	0,260
800	203	0,254
900	228	0,253
1000	251	0,251

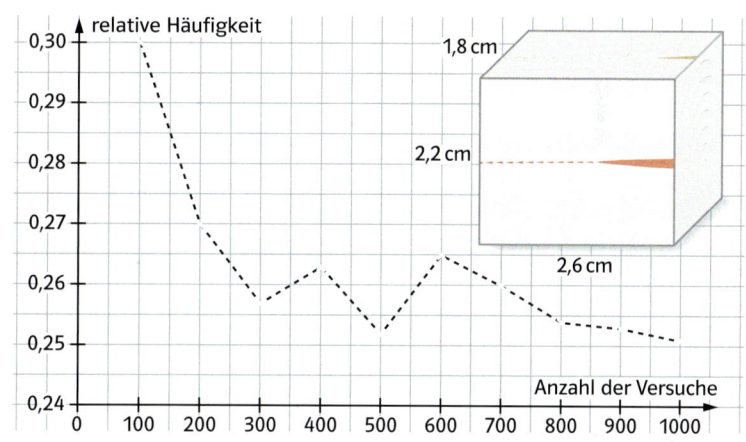

$$\text{Relative Häufigkeit} = \frac{\text{Absolute Häufigkeit}}{\text{Anzahl der Versuche}}$$

Es stellt sich heraus, dass die Wahrscheinlichkeit, mit dem Holzquader Rot zu werfen, besser mit 25 % angenommen werden sollte.
Mit wachsender Zahl der Versuche stabilisiert sich die relative Häufigkeit. Deswegen eignet sie sich gut als Schätzwert für Wahrscheinlichkeiten.

> Die relativen Häufigkeiten eines häufig durchgeführten Zufallsversuchs sind gute **Schätzwerte** für die **Wahrscheinlichkeiten** der Ergebnisse.

Bemerkung
Da die Summe der Wahrscheinlichkeiten aller möglichen Ergebnisse immer 1 ist, muss auch die Summe aller geschätzten Wahrscheinlichkeiten 1 sein.

Beispiel
In einer Urne befinden sich drei Kugeln. Bei tausendmaligem Ziehen wird 682-mal eine rote Kugel und 318-mal eine gelbe Kugel gezogen. Die Wahrscheinlichkeit für Rot kann mit 68 %, die für Gelb mit 32 % angenommen werden.

Aufgaben

1 Suche aus einem Telefonbuch 50 beliebige Telefonnummern heraus und notiere, wie oft die Zahl 7 als Endziffer vorkommt.
a) Welche relative Häufigkeit erwartest du?
b) Fasst eure Ergebnisse wie im Beispiel zusammen. Was beobachtet ihr?

Name	Einzelwertung abs. H.	Einzelwertung rel. H	Summenwertung abs. H.	Summenwertung von	Summenwertung rel. H.
Ali	4	8%	4	50	8,0%
Beate	7	14%	11	100	11,0%
Dora	5	10%	16	150	10,7%
Eva	3	6%	19	200	9,5%
…	…	…	…	…	…

2 Für die drei Zufallsgeräte werden die Wahrscheinlichkeiten geschätzt.

	1	2	3	4	5	6
Schätzung A	$\frac{9}{100}$	$\frac{4}{25}$	$\frac{1}{4}$	$\frac{1}{4}$	$\frac{4}{25}$	$\frac{9}{100}$
Schätzung B	$\frac{1}{6}$	$\frac{1}{6}$	$\frac{1}{6}$	$\frac{1}{6}$	$\frac{1}{6}$	$\frac{1}{6}$
Schätzung C	$\frac{1}{10}$	$\frac{1}{5}$	$\frac{1}{5}$	$\frac{1}{5}$	$\frac{1}{5}$	$\frac{1}{10}$

Welche Schätzung gehört zu welchem Zufallsgerät? Begründe.

3 Es soll getestet werden, ob ein Würfel korrekt ist oder ob er manipuliert wurde. Beschreibe, wie man vorgehen muss.

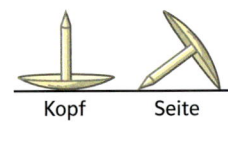

Kopf	Seite
659	341

4 Beim Werfen von Reißnägeln sind generell zwei Ergebnisse möglich (s. Bild links). Bestimme die Wahrscheinlichkeit für das Ergebnis Kopf und für das Ergebnis Seite, indem du mindestens 100-mal einen Reißnagel wirfst. Du kannst auch 100 Reißnägel werfen und dann das Ergebnis auszählen.

5 Entscheide, ob es sich um die Wahrscheinlichkeit, um die absolute oder relative Häufigkeit handelt.
a) In einer Schule fehlen 31 Kinder.
b) Die Fehlerquote bei einem Vokabeltest liegt bei 8,3%.
c) 17% aller Jugendlichen haben Karies.
d) In einer Lostrommel befinden sich 220 Nieten.
e) Die Gewinnchance bei einer Lotterie beträgt 42%.
f) Jeder sechste Mensch ist ein Chinese.

6 Lehrer Stahl hat sich die Ergebnisse vom Training im Elfmeter-Schießen in einer Tabelle notiert.

Name	Tore	verschossene Elfmeter
Jochen	17	12
Philipp	20	16
Soufian	12	5
Rico	23	17
Daniel	19	11

Wen soll Lehrer Stahl im Endspiel für einen Elfmeter-Schuss vorsehen? Begründe.

7 Um festzustellen, mit welcher Wahrscheinlichkeit ein neu produzierter Fernseher einen Defekt hat, werden 2000 Geräte getestet.
a) Im Test werden 11 defekte Geräte entdeckt.
b) Die Wahrscheinlichkeit für ein defektes Gerät beträgt 0,5%.
c) Unter 5000 Geräten befinden sich 35 defekte.

8 Eine Versicherung ermittelt, dass die Wahrscheinlichkeit bei einer 14-tägigen Fernreise zu erkranken, 2% beträgt.
a) Herr Schnock macht seine erste Fernreise.
b) Frau Theobald hat Angst. Sie macht ihre 50. Fernreise und war bisher noch nie erkrankt.
c) Ein Reisebüro verkauft jährlich 2000 Fernreisen.

Zusammenfassung

Zufallsversuch Zufallsgerät	Mithilfe von **Zufallsgeräten** wie Glücksrädern, Würfeln, Losen, Karten usw. werden **Zufallsversuche** durchgeführt.	Der Münzwurf mit zwei Münzen stellt einen Zufallsversuch dar. Die beiden Münzen sind das Zufallsgerät.
mögliche Ergebnisse	Jedes denkbare Ergebnis eines Zufallsversuchs heißt **mögliches Ergebnis**.	Es gibt vier mögliche Ergebnisse. (WW); (WZ); (ZW); (ZZ)  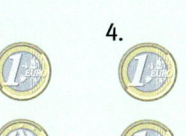
Wahrscheinlichkeit eines Ergebnisses	Sind alle möglichen Ergebnisse eines Zufallsversuchs **gleich wahrscheinlich**, so gibt der Bruch $$P = \frac{1}{\text{Anzahl der möglichen Ergebnisse}} = \frac{1}{n}$$ die Wahrscheinlichkeit eines jeden Ergebnisses an.	Jedes Ergebnis ist gleich wahrscheinlich und hat die Wahrscheinlichkeit $P = \frac{1}{4} = 25\%$. 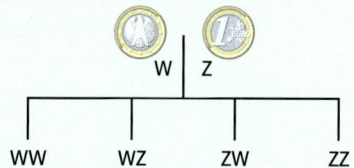
günstige Ergebnisse	Führen mehrere gleich wahrscheinliche Ergebnisse eines Zufallsversuchs zum Ziel, so nennt man diese Ergebnisse **günstige Ergebnisse**.	Hat man den Wunsch, mindestens ein Wappen zu werfen, so gibt es die drei günstigen Ergebnisse (WW), (WZ) und (ZW).
Ereignis	Alle günstigen Ergebnisse eines Zufallsversuchs bilden ein **Ereignis**.	Die drei Ergebnisse (WW), (WZ) und (ZW) bilden das Ereignis „mindestens ein Wappen werfen".
Wahrscheinlichkeit eines Ereignisses	Der Bruch $$P = \frac{\text{Anzahl der günstigen Ergebnisse}}{\text{Anzahl der möglichen Ergebnisse}} = \frac{m}{n}$$ gibt die Wahrscheinlichkeit eines Ereignisses bei gleich wahrscheinlichen Ergebnissen an.	Die Wahrscheinlichkeit für das Ereignis „mindestens ein Wappen werfen" beträgt $P = \frac{3}{4} = 75\%$.
Schätzen von Wahrscheinlichkeiten	Es gibt Zufallsversuche, bei denen die Wahrscheinlichkeiten der möglichen Ergebnisse geschätzt werden müssen. Dazu führt man den Versuch möglichst oft durch und berechnet die relative Häufigkeit. Sie kann als **Schätzwert für die Wahrscheinlichkeit** des entsprechenden Ergebnisses genommen werden.	Wie groß ist die Wahrscheinlichkeit, dass eine neue Glühbirne defekt ist? Man testet dazu 10 000 Glühbirnen und findet darunter 12 defekte Glühbirnen. Damit kann die Wahrscheinlichkeit für eine defekte Birne auf $P = \frac{12}{10\,000} = 0,0012 = 0,12\%$ geschätzt werden.

Dodekaeder heißt
Zwölfflächner.

*Er ist ein Körper, der
von 12 regelmäßigen
kongruenten Fünfecken
begrenzt wird.*

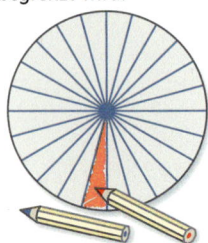

Üben • Anwenden • Nachdenken

1 Du würfelst mit dem abgebildeten
Dodekaeder. Gib die Wahrscheinlichkeit an.
a) eine zweistellige Zahl würfeln
b) eine ungerade Zahl würfeln
c) eine durch drei oder fünf teilbare Zahl
würfeln
d) eine durch 14 teilbare Zahl würfeln

2 Wie viele Felder müssen auf dem
Glücksrad rot gefärbt werden, wenn das
Ereignis „Rot" mit der angegebenen Wahr-
scheinlichkeit eintreten soll? Gib je zwei
Lösungen an. Zeichne im Heft.

a) $\frac{1}{2}$ b) $\frac{1}{4}$ c) $\frac{1}{3}$ d) $\frac{3}{8}$ e) $\frac{5}{12}$

3 Beim Spiel „Schiffe versenken" gibt
Peter den ersten Schuss ab. Bestimme die
Trefferwahrscheinlichkeit.
a) das „Fünferschiff" treffen
b) ein „Zweierschiff" treffen
c) irgendein Schiff treffen
d) kein Schiff treffen
e) Wie ändern sich die Wahrscheinlichkeiten aus a) bis d), wenn Peter bereits fünf
Schüsse ins Wasser abgegeben hat?

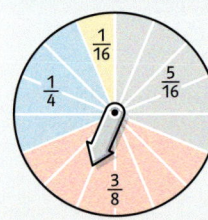

4 In einem Glas liegen 12 Kugeln, die
von 1 bis 12 nummeriert sind. Die Kugeln
mit den Nummern 1; 2; 10 und 12 sind
rot, alle anderen sind weiß. Beschreibe drei
verschiedene Ereignisse, zu denen genau
vier Ergebnisse gehören.

5 Auf der Kirmes stehen drei Losver-
käufer. Der erste hat unter 120 Losen drei,
der zweite unter 180 Losen vier und der
dritte unter 60 Losen zwei Hauptgewinne.
a) Wo sollte man seine Lose kaufen?
b) Michael hat beim dritten Verkäufer 5
Lose gekauft und hat einen Hauptgewinn.
Wo sollte er das nächste Los kaufen?

6 Eine Bauernweisheit besagt: „Wenn
der Hahn kräht auf dem Mist, dann ändert
sich das Wetter oder es bleibt wie es ist."

7 Wie groß ist die Wahrscheinlichkeit,
dass Heiligabend und Silvester auf den
gleichen Wochentag fallen?

8 Mit welcher Wahrscheinlichkeit fällt
ein Sonntag auf den 31. April?

Ungünstige Ergebnisse   *i*

Frau Kruse stellt der Klasse folgende Aufgabe: „Wie groß ist die Wahrscheinlichkeit,
beim Drehen des Glücksrades ein blaues, ein graues oder ein rotes Feld zu erhalten?"
Während alle rechnen, hat Vera schon die Lösung.
■ Hast du eine Idee wie sie so schnell zur Lösung gelangte? Wie lautet sie?

Manchmal ist es einfacher, statt der günstigen die ungünstigen Ergebnisse zu betrachten. Man berechnet dann die Wahrscheinlichkeit für das entgegengesetzte Ereignis, das
Gegenereignis. Die Wahrscheinlichkeit des gesuchten Ereignisses ist dann
$P(E) = 1 - P(\overline{E})$ 1 – Wahrscheinlichkeit des Gegenereignisses.
■ Zwei Würfel werden geworfen und die beiden Augenzahlen multipliziert. In der Tabelle findest du die Wahrscheinlichkeiten, mit denen die möglichen Produkte vorkommen.

$\overline{E}$: Gegenereignis

Produkt	1	2	3	4	5	6	8	9	10	12	15	16	18	20	24	25	30	36
Wahrscheinlichkeit	$\frac{1}{36}$	$\frac{1}{18}$	$\frac{1}{18}$	$\frac{1}{12}$	$\frac{1}{18}$	$\frac{1}{9}$	$\frac{1}{18}$	$\frac{1}{36}$	$\frac{1}{18}$	$\frac{1}{9}$	$\frac{1}{18}$	$\frac{1}{36}$	$\frac{1}{18}$	$\frac{1}{18}$	$\frac{1}{18}$	$\frac{1}{36}$	$\frac{1}{18}$	$\frac{1}{36}$

Berechne die Wahrscheinlichkeit. Rechne vorteilhaft.
• Das Produkt ist kleiner als 32.   • Das Produkt ist nicht durch 10 teilbar.
• Das Produkt ist gerade.   • Das Produkt ist größer als 5.

9 Beim Spiel „17 und 4" hat man unter anderem mit zwei Assen oder mit einer 10 und einem Ass gewonnen.

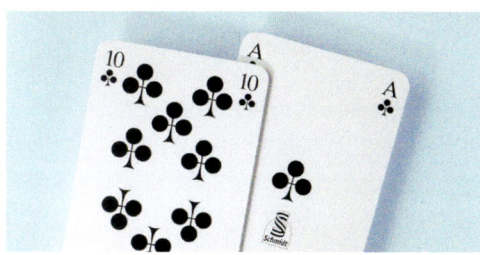

Hannes hat bereits ein Ass. Mit welcher Wahrscheinlichkeit gewinnt er mit der zweiten Karte, wenn er weiß, dass noch kein Ass bzw. keine 10 gezogen wurde?
a) Es sind noch 25 Karten im Spiel.
b) Es sind noch 20 Karten im Spiel.
c) Wie ändern sich die Wahrscheinlichkeiten in den Aufgaben a) und b), wenn bereits zwei Zehnen ausgespielt wurden?

10 Harald zieht aus einer Urne eine gelbe Kugel. Die Wahrscheinlichkeit „gelb" zu ziehen war $\frac{1}{2}$. Wenn er jetzt, ohne die gezogene Kugel zurückzulegen, wieder eine Kugel ziehen will, beträgt die Wahrscheinlichkeit für „gelb" nur noch $\frac{4}{9}$.
Wie viele Kugeln lagen anfangs in der Urne und hatten nicht die Farbe „Gelb"?

11 Klaus hat in seiner Spardose 2 €-, 1 €- und 0,5 €-Münzen gesammelt, von jeder Münzsorte im Wert von 10 €.
a) Klaus greift „blind" in die Dose und nimmt eine Münze heraus. Für welche Münzsorte ist die Wahrscheinlichkeit, gezogen zu werden, am größten?
b) Wie viel muss er noch sparen, damit alle Münzsorten mit absolut gleicher Wahrscheinlichkeit herausgenommen werden können?

12 In der Tabelle siehst du das Resultat von 100; 1000 und 10 000 Versuchen.

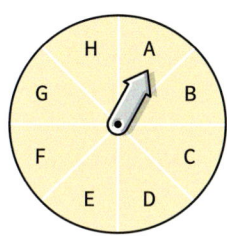

Feld	Anzahl der Versuche		
	100	1000	10 000
A	6	121	1244
B	13	110	1253
C	15	126	1255
D	8	140	1241
E	12	134	1250
F	14	115	1230
G	22	125	1273
H	10	129	1254

a) Erläutere die Tabelle.
b) Welche Vermutung kannst du über die Aufteilung der Felder des Glücksrades aufstellen?

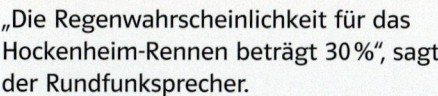

Regenwahrscheinlichkeit

„Die Regenwahrscheinlichkeit für das Hockenheim-Rennen beträgt 30 %", sagt der Rundfunksprecher.

■ Was könnte diese Angabe bedeuten? Diskutiert dies in Gruppen und einigt euch auf eine Bedeutung. Begründet eure Entscheidung. Was heißt dann 0 % oder 100 % Regenwahrscheinlichkeit?

■ Recherchiert mithilfe von Lexika, Schulbüchern oder dem Internet die Bedeutung der Regenwahrscheinlichkeit. Beantwortet auf der Grundlage eurer recherchierten Definition die folgende Frage:
Mit wie vielen Regentagen muss ein Urlauber bei einer Regenwahrscheinlichkeit von 20 % rechnen, wenn er 14 Tage in das entsprechende Gebiet reist?

Statt selbst zu würfeln, kann man dies dem Computer überlassen. Dadurch spart man viel Zeit und erhält in Bruchteilen von Sekunden das Ergebnis hunderter Würfe. Da man in diesem Fall nicht wirklich würfelt, spricht man von einer **Simulation**.

Da jeder Zufallsversuch, bei dem alle Ergebnisse gleich wahrscheinlich sind, durch einen „Fantasiewürfel" mit entsprechend vielen Flächen simuliert werden kann, eignet sich der Computer für alle solchen Zufallsversuche, also auch zur Simulation von Glücksrädern, Lose ziehen, Karten ziehen usw.

Mit dem Befehl =**Zufallszahl()** wird ein Dezimalbruch kleiner als 1 erzeugt. Mit der Taste F9 wird die Liste neu erstellt. Auf diese Weise erhältst du blitzschnell viele neue Zufallszahlen.

A5	▼ fx	=ZUFALLSZAHL()	
	A	**B**	**C**	**D**
1				
2		Erzeugen von Zufallszahlen		
3				
4	0,17195214	0,55238373	0,24400174	0,60238598
5	0,38839131	0,81072977	0,40287134	0,08178307
6	0,73657168	0,91391154	0,88735389	0,77402261
7	0,87848108	0,44055261	0,43154763	0,01142656
8	0,11595562	0,27297675	0,4695104	0,82478955

■ Teste folgende Befehle und beschreibe, welche Zahlen zufällig erzeugt werden.

=**Zufallszahl()·6**

=**Zufallszahl()**

=**Ganzzahl(Zufallszahl()·6)**

=**Ganzzahl(Zufallszahl()·6 + 1)**

Der Bildschirmausdruck unten zeigt das „Hölzchen ziehen" in der Simulation. Die Werte geben an, ob das kurze Hölzchen als 1., 2., 3. oder 4. gezogen wurde. Anschließend zählt der Computer für dich aus, wie oft jede der Zahlen 1 bis 4 vorkommt. Entspricht das in etwa deiner Erwartung?

C13	▼ fx	=ZÄHLENWENN(A5:O12;1)												
	A	**B**	**C**	**D**	**E**	**F**	**G**	**H**	**I**	**J**	**K**	**L**	**M**	**N**	**O**
1	**Hölzchen ziehen**													
3	Das kurze Hölzchen unter den vier Hölzchen wird als 1. bis 4. gezogen.													
5	1	1	3	1	3	2	3	2	3	2	1	4	2	4	3
6	1	4	3	2	4	1	3	1	1	4	1	4	3	4	1
7	4	1	2	2	4	1	4	2	3	3	4	2	2	2	1
8	1	3	1	4	1	3	3	1	1	2	2	1	3	4	4
9	2	2	3	4	3	1	4	3	2	3	1	1	3	4	1
10	4	3	2	2	3	4	1	4	2	2	4	2	4	4	4
11	4	1	1	3	2	4	3	1	2	4	1	2	4	3	1
12	4	1	3	4	1	4	2	4	3	2	4	2	4	1	4
13	Häufigkeit 1:		32			Häufigkeit 2:		27			Häufigkeit 3:		26		Häufigkeit 4:	35

■ Simuliere einen Würfel.

■ Simuliere ein Roulettespiel.

■ Simuliere ein Glücksrad mit neun gleich großen Feldern.

Mit dem Befehl =**Ganzzahl(Zufallszahl()·(12 − 4) + 4)** erhält man ganzzahlige Zufallszahlen von 4 bis 11.

■ Ein Medikament spricht nach 3 bis 6 Tagen an. Die Wahrscheinlichkeit, dass das Medikament an einem dieser Tage anspricht, ist für alle möglichen Fälle gleich groß. Simuliere diesen Vorgang.

■ Gib den Befehl an, mit dem ganzzahlige Zufallszahlen von m bis n erzeugt werden.

Rückspiegel

1 Welche Zufallsgeräte werden bei den folgenden Spielen benutzt?
- Kniffel
- Domino
- Schach
- Roulette
- Quartett
- Bingo

2 Nenne alle möglichen Ergebnisse.
a) Es wird mit einer Münze geworfen.
b) Beim Lotto wird die erste Kugel gezogen.
c) Aus den Kreuz-Karten eines Skat-Spiels wird eine Karte gezogen.

3 Bestimme die Wahrscheinlichkeit.
a) Unter acht Schlüsseln auf Anhieb den richtigen finden.
b) Bei einer Auswahlfrage unter fünf möglichen Antworten die richtige raten.
c) Aus einem Dominospiel mit 55 Steinen den Stein 6/6 ziehen.

4 In einem Becher liegen 16 Kugeln. Sie sind von 1 bis 16 gekennzeichnet. Berechne die Wahrscheinlichkeit.
a) eine durch vier teilbare Zahl ziehen
b) eine Zahl größer als 13 ziehen
c) eine zweistellige Zahl ziehen
d) eine dreistellige Zahl ziehen

5 Die Wahrscheinlichkeit, dass ein neugeborenes Kind ein Junge ist, beträgt 51 %. In einem Krankenhaus wurden im letzten Jahr 2100 Kinder geboren.

6 In einer Klasse soll geschätzt werden, mit welcher Wahrscheinlichkeit ein Reißnagel beim Werfen auf den Kopf bzw. auf die Seite fällt.

Name	Schätzung	
	Kopf	Seite
Helga	25 %	75 %
Peter	23 %	82 %
Sarah	32 %	66 %
Timo	36 %	64 %

Welche Schätzungen sind sicher falsch? Begründe.

1 Gib geeignete Zufallsgeräte an und nenne ein passendes Ergebnis.
a) Wer gibt beim Skatspiel als Erster?
b) Wer hat beim Schach die weißen Figuren?
c) Wer beginnt beim Knobeln?

2 Nenne alle möglichen Ergebnisse.
a) Auf eine Torwand mit zwei Löchern wird mit dem Fußball geschossen.
b) Auf eine Scheibe mit 12 Ringen wird ein Pfeil geworfen.

3 Bestimme die Wahrscheinlichkeit.
a) Eine Ampel, die 40 s grün und 60 s rot zeigt, genau bei Grün erreichen.
b) Aus einer Schublade mit fünf Paar weißen und drei Paar schwarzen Socken eine weiße Socke ziehen, nachdem eine weiße Socke bereits gezogen wurde.

4 In einer Lostrommel befinden sich 60 % Nieten, 26 % Trostpreise, 13 % große Gewinne und 3 Hauptgewinne.
a) Wie viele Lose befinden sich in der Lostrommel?
b) Nachdem 120 Lose verkauft wurden, befinden sich noch zwei Hauptgewinne in der Lostrommel. Mit welcher Wahrscheinlichkeit kann als Nächstes ein Hauptgewinn gezogen werden?

5 Auf ihrem Schulweg überquert Kelly eine Eisenbahnlinie. An den 190 Schultagen im Jahr war die Schranke 23-mal geschlossen. Wie groß ist für Kelly die Wahrscheinlichkeit, eine offene Schranke vorzufinden?

6 Die Deck- und Grundfläche des abgebildeten Körpers sind gleichseitige Dreiecke.
a) Welche Augenzahlen treten mit der gleichen Wahrscheinlichkeit auf?
b) Bei einem Experiment wurde die Wahrscheinlichkeit für die Augenzahl 3 mit 14 % ermittelt.

Ein Schnitt – zwei Prismen

Wir bauen einen Quader um

Zwei, drei oder alle vier Quaderteile kannst
du zu neuen Körpern zusammensetzen.
Beachte dabei als einzige Regel:
Nur gleiche Flächen dürfen aneinander
gelegt werden.
Du wirst ziemlich viele Körper finden.
Suche nach gemeinsamen Eigenschaften.
Du kannst die Teilkörper aus Netzen her-
stellen – auch ohne zu sägen.

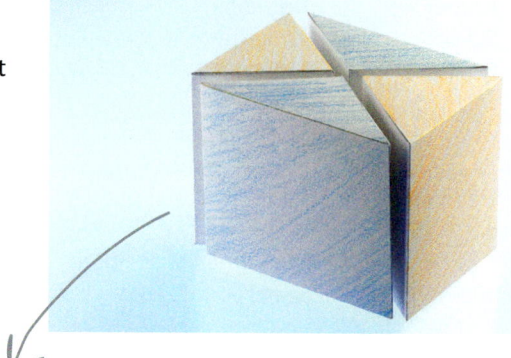

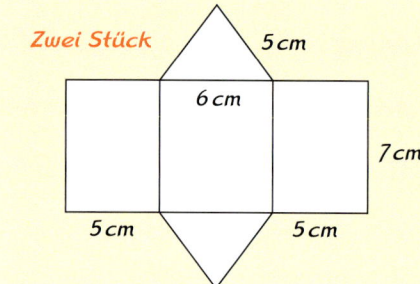

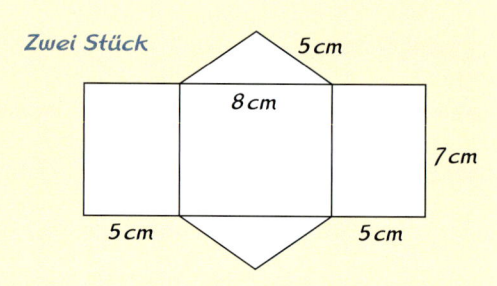

Dosen
Welche Waren würdet ihr in welche
Dose packen?

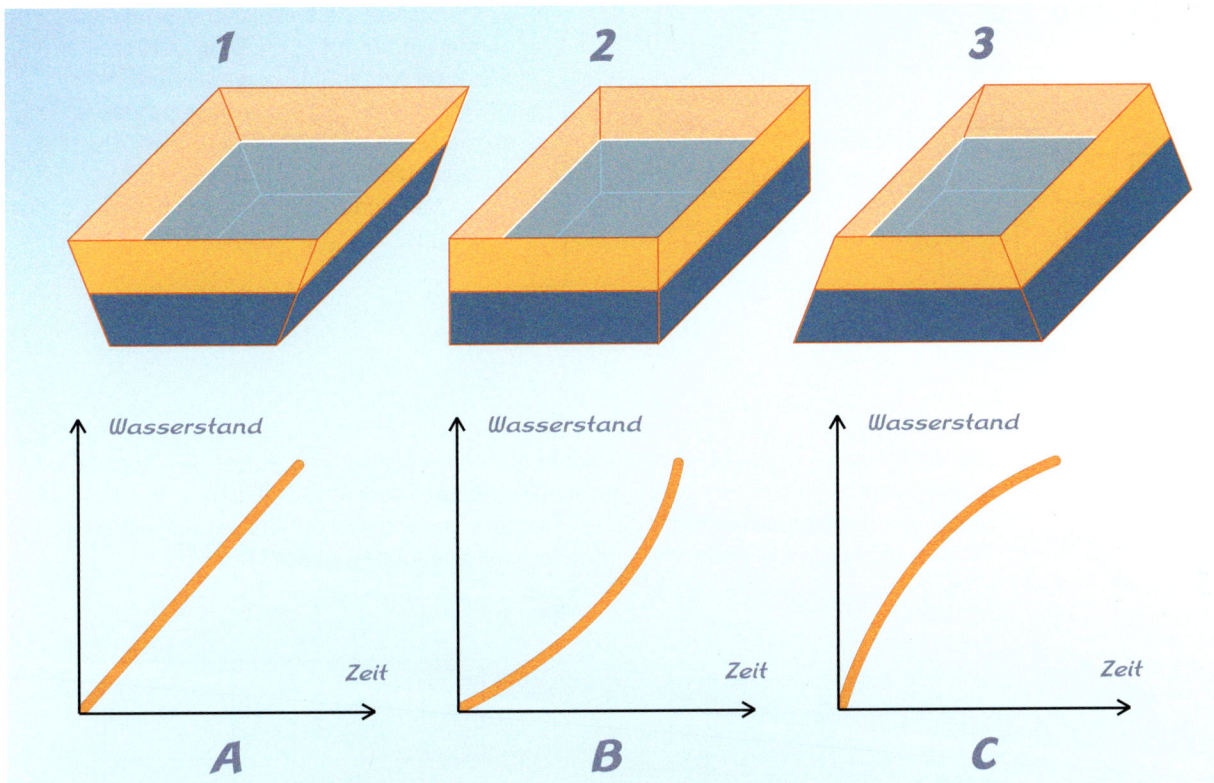

Mehr Wasser!

In allen drei Wannen steht das Wasser halb hoch, und der Wasserspiegel bildet dreimal dasselbe Rechteck. Wanne 1 und Wanne 3 haben dieselben Maße, nur sind Oben und Unten vertauscht.

- In welcher Wanne ist am meisten Wasser? Was passiert, wenn man das Wasser aus der Wanne 2 in die Wanne 3 gießt?
- Passt das Wasser aus Wanne 3 in die Wanne 1?
- Denke dir selbst einige solcher Fragen aus. Es gibt auch noch andere Wasserstände!
- Die drei Wannen werden gefüllt. In jeder Sekunde läuft die gleiche Wassermenge hinein. Welcher Graph gehört zu welcher Wanne?

In diesem Kapitel lernst du,

- wie man Netze und Schrägbilder von Prismen und Zylindern zeichnet,
- wie man Volumen und Oberflächeninhalt von Prismen und Zylindern berechnet,
- wie man zusammengesetzte Körper zeichnet und deren Volumen und Oberflächeninhalt bestimmt.

1 Quader und Würfel

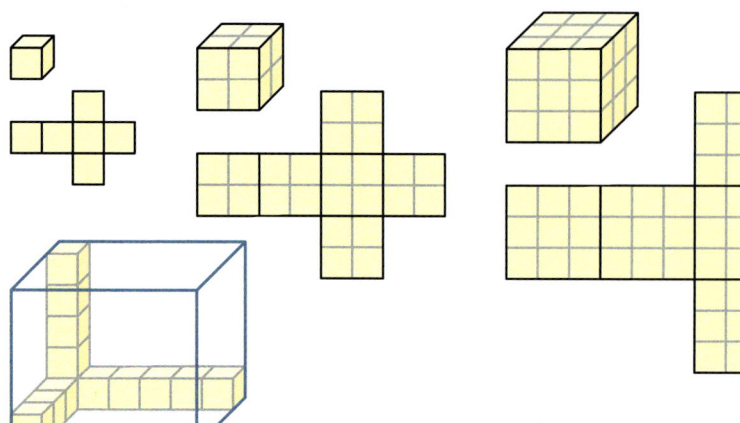

Die Kanten der kleinen Würfel sind 1 cm lang.

→ Aus wie vielen solcher Würfel sind die Würfel mit 2 cm; 3 cm; … 10 cm Kantenlänge aufgebaut?

→ Wie viele 1-cm-Quadrate passen in die Netze der größeren Würfel? Musst du abzählen?

→ Was findest du über den blauen Quader heraus?

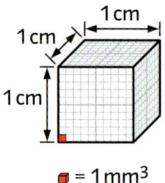

■ = 1 mm³

$1 \text{ cm}^3 = 10 \cdot 10 \cdot 10 \text{ mm}^3$
$= 1000 \text{ mm}^3$

Das Volumen des Quaders ist das Produkt aus Länge, Breite und Höhe.
Quadernetze bestehen aus sechs Rechtecken. Je zwei davon sind gleich.
Daher ist der Oberflächeninhalt die verdoppelte Summe von drei Rechtecksflächen.
Für den Würfel ist die Rechnung einfacher, weil alle Kanten gleich lang sind.

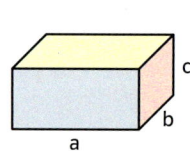

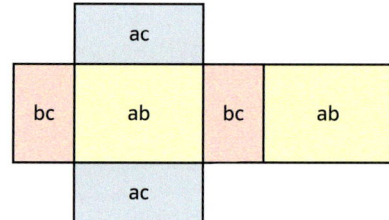

Einheiten umrechnen

1000 mm³	=	1 cm³
1000 cm³	=	1 dm³
1000 dm³	=	1 m³
1 cm³	=	1 ml
1 dm³	=	1 l

Ein **Quader** mit den Kantenlängen a, b und c hat
das **Volumen** $V = a \cdot b \cdot c$ und den **Oberflächeninhalt** $O = 2(a \cdot b + b \cdot c + a \cdot c)$.
Ein **Würfel** mit der Kantenlänge a hat
das **Volumen** $V = a^3$ und den **Oberflächeninhalt** $O = 6 a^2$.

Beispiele

a) Ein Würfel mit der Kantenlänge
a = 10 cm hat das Volumen
$V = 10^3 \text{ cm}^3 = 1000 \text{ cm}^3$.
Sein Oberflächeninhalt beträgt
$O = 6 \cdot 10^2 \text{ cm}^2$
$O = 600 \text{ cm}^2$.

b) Ein Quader mit a = 8 dm, b = 12 dm
und c = 7 dm hat das Volumen
$V = 8 \cdot 12 \cdot 7 \text{ dm}^3 = 672 \text{ dm}^3$.
Sein Oberflächeninhalt beträgt
$O = 2 \cdot (8 \cdot 12 + 8 \cdot 7 + 12 \cdot 7) \text{ dm}^2$
$O = 472 \text{ dm}^2 = 4,72 \text{ m}^2$.

c) Jede der sechs Flächen eines Würfels
mit dem Oberflächeninhalt $O = 150 \text{ cm}^2$
hat den Flächeninhalt $A = 150 : 6 \text{ cm}^2 =$
25 cm^2. Die Kantenlänge des Würfels beträgt also 5 cm.

d) Ein Quader mit
$V = 600 \text{ cm}^3$, a = 20 cm und b = 5 cm
hat als dritte Kantenlänge
$c = 600 : (20 \cdot 5) \text{ cm} = 6 \text{ cm}$.

Aufgaben

1 Berechne das Volumen und die Größe der Oberfläche des Würfels mit der Kantenlänge a.

a) a = 4 cm   b) a = 12 cm
c) a = 15 cm   d) a = 6 dm
e) a = 4,5 cm   f) a = 0,5 m

2 Ein Quader hat die Kantenlängen a, b und c.
Berechne Volumen und Oberflächeninhalt.

	a	b	c
a)	5 cm	7 cm	9 cm
b)	12 cm	3 cm	4,5 cm
c)	0,5 dm	1,4 dm	6 dm
d)	2,5 m	5 dm	8 dm
e)	1,6 dm	1,5 cm	1,4 cm
f)	22 cm	0,22 m	2,2 dm

3 Bestimme die Kantenlänge des Würfels.
a) $O = 600 \, cm^2$ b) $O = 54 \, cm^2$
c) $V = 125 \, cm^3$ d) $V = 216 \, cm^3$

4 Wie lang ist die dritte Quaderkante?
a) $V = 672 \, cm^3$;
   a = 7 cm; b = 8 cm
b) $V = 243 \, dm^3$;
   a = 6 dm; c = 4,5 dm
c) $V = 168 \, cm^3$;
   b = 3,5 cm; c = 4,8 cm

5 Ein Quader hat die Kantenlänge
a = 10 cm; b = 5 cm und den Oberflächeninhalt $O = 220 \, cm^2$.
Für die dritte Kante c gilt dann
$2 \cdot (50 + 5 \cdot c + 10 \cdot c) \, cm = 220 \, cm$
a) Berechne c aus dieser Gleichung.
b) Berechne c für
   a = 12 cm; b = 11 cm; $O = 540 \, cm^2$.
c) Jetzt ist b gesucht:
   a = 11,5 cm; c = 9,0 cm; $O = 350,5 \, cm^2$

6 Stell dir eine riesige Kunststofffolie vor: 1 km lang, 1 m breit, 1 mm dick. $1 \, cm^3$ aus demselben Kunststoff wiegt etwa 0,5 g. Könntest du die Folie tragen? Gib vor dem Rechnen einen Tipp ab.

7 Ein Würfel hat 10 cm Kantenlänge.
a) Er wird parallel zur Grundfläche halbiert. Berechne die Größe der Gesamtoberfläche der zwei Teilquader und vergleiche sie mit der Größe der Oberfläche des Würfels.
b) Der Würfel wird durch zwei Schnitte geviertelt. Vergleiche die Größe der Gesamtoberfläche der Teilquader mit der Größe der Oberfläche des Würfels.
c) Der Würfel wird in Achtel zerlegt.
d) Der Würfel wird durch 10 Schnitte parallel zu seinen Flächen geteilt.

zu a)   zu b)   zu c)

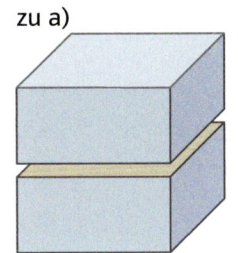   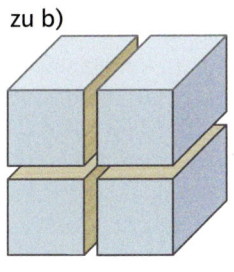   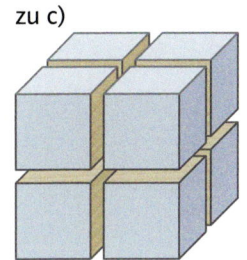

8 a) Zwei Würfel mit der Kantenlänge a werden Fläche auf Fläche aufeinander gesetzt. Gib einen Term für die Größe der Oberfläche des so entstandenen Quaders an.
b) Drei, vier, fünf Würfel mit der Kantenlänge a werden aufeinander gesetzt.
Gib Terme für die Größe der Oberfläche der Quader an.

9 a) Die Kanten des roten Würfels sind 5-mal so lang wie die des blauen Würfels. Wievielmal so groß ist seine Oberfläche? Wievielmal so groß ist sein Volumen?
b) Das Volumen eines großen Würfels ist 8-mal so groß wie das eines kleinen Würfels.
Wievielmal so lang sind seine Kanten? Wievielmal so groß ist seine Oberfläche?
c) Die Oberfläche eines großen Würfels ist 9-mal so groß wie die eines kleinen Würfels.

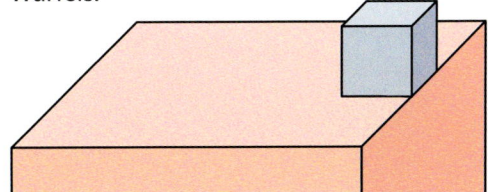

10 Viele Waren werden in annähernd quaderförmigen Packungen geliefert.

	a in cm	b in cm	c in cm
250-g-Packung Butter	9,8	7,4	3,7
500-g-Packung Salz	14,5	6,3	4,5
1-l-Packung Frischmilch	19,8	7,2	7,0
1-kg-Packung Reis	20,0	9,0	7,4
1-kg-Packung loser Zucker	15	10	8
500-g-Packung Würfelzucker	11,6	9,3	5,1
250-g-Packung Kaffee gemahlen	13,9	8,5	4,0

a) Berechne Volumen und Oberflächeninhalt. Runde sinnvoll.
b) Ist dir an der Milchpackung etwas aufgefallen? Sind die Angaben falsch?
c) Butter schwimmt. Begründe.
d) Vergleiche die Packungen für losen Zucker und Würfelzucker. Was fällt auf?
e) Die Salzpackung hat doppelten Boden und doppelten Deckel.
f) Welchen Flächeninhalt hat die Hülle des Butterstücks in Wirklichkeit?
g) Es gibt noch viele Packungen, die du selbstständig untersuchen kannst.

? *„Salz ist schwerer als Reis." Was ist mit diesem Satz gemeint?*

11 Ein Freibad hat ein Becken für Schwimmer (Maße: 50 m; 20 m; 195 cm), ein Nichtschwimmerbecken (Maße: 15 m; 8,5 m; 120 cm), ein Springerbecken (Maße: 15 m; 10 m; 3,8 m) und ein Planschbecken (Maße: 4 m; 3,5 m; 50 cm).
Im Juli gehen durch Benutzung der Badegäste und durch Verdunstung täglich ca. 1,5 % der Wassermenge verloren. $1 m^3$ Wasser kostet 1,55 € inkl. Mehrwertsteuer.
a) Wie teuer ist die Füllung jedes einzelnen Beckens?
b) Mit welchen zusätzlichen Wasserkosten ist im Monat Juli zu rechnen?
c) In fünf Minuten können ca. 2500 Liter Wasser je Becken einlaufen.

12 Ein würfelförmiger Behälter mit 10 cm Kantenlänge fasst 1 l. Wie hoch müssten quaderförmige Behälter mit gleichem Volumen sein, wenn sie folgende Grundflächenmaße hätten:
a) 10 cm lang und 5 cm breit
b) 5 cm lang und 5 cm breit
Vergleiche auch die Oberflächeninhalte der Behälter.

1000 Würfel

F6	fx	=2*(B6*D6+D6*E6+B6*E6)

	A	B	C	D	E	F	G	H
1		Die Länge ist mindestens so groß wie die Breite.						
2		Die Breite ist mindestens so groß wie die Höhe.						
3								
4	Volumen V in cm^3	Länge a in cm	V/a in cm^2	Breite b in cm	Höhe c in cm	Oberfläche O in cm^2	a/c	4*(a+b+c)
5								
6	1000	1000	1	1	1	4002	1000	4008
7	1000	500	2	2	1	3004	500	2012
8	1000	250	4	4	1	2508	250	1020
9	1000	250	4	2	2	2008	125	1016
10	1000	200						
11	1000	125						
12								
13	1000	100						
14								
15	1000	50		20	1			
16								
17								
18								
19								
20	1000	25		20	2			
21								
22								
23								
24	1000	10		10	10			

1000 Würfel mit 1 cm Kantenlänge kann man auf viele Arten zu einem Quader zusammensetzen.

■ Verena trägt die möglichen Kantenlängen in das Datenblatt ein. Sie ist nach einem System vorgegangen und ist sich sicher: Ich habe alle Möglichkeiten gefunden.

Die Lücken in der Tabelle sollst du nach diesem System ausfüllen.

■ Sina findet schnell den Quader mit der kleinsten Oberfläche.

■ Karin meint: Je länger und dünner ein Quader ist, desto größer ist seine Oberfläche.

■ Alex erwartet, dass zur größeren Oberfläche immer die größere Kantenlänge gehört.

2 Prisma. Netz und Oberfläche

→ Welche Möglichkeiten siehst du, aus den Flächen ein Prismennetz zu legen? Gleich lange Seiten sind gleich gefärbt.

→ Gibt es noch andere Flächen, die als Grundfläche und Deckfläche geeignet wären?

→ Gibt es ein Prismennetz, das die Vierecke 1 und 15 enthält?

→ Warum gibt es kein Prisma mit den Vierecken 9 und 16?

Die **Oberfläche eines Prismas** setzt sich aus der **Grundfläche**, der Deckfläche und der **Mantelfläche** zusammen.
Grundfläche und Deckfläche sind deckungsgleiche (kongruente) Vielecke.
Die Mantelfläche M besteht aus Mantelrechtecken, die in der Länge einer Seite übereinstimmen. Diese ist die Höhe h des Prismas.

Die Grundfläche G und die Deckfläche D haben den gleichen Flächeninhalt.
Für den Oberflächeninhalt O gilt $O = 2 \cdot G + M$.

Für das abgebildete Vierecksprisma wird die Größe der Mantelfläche M aus den Flächeninhalten der vier Mantelrechtecke berechnet:

$M = M_1 + M_2 + M_3 + M_4$
$\quad = a_1 \cdot h + a_2 \cdot h + a_3 \cdot h + a_4 \cdot h$
$\quad = (a_1 + a_2 + a_3 + a_4) \cdot h$
$\quad = u \cdot h$

Hierbei ist u der Umfang der Grundfläche.

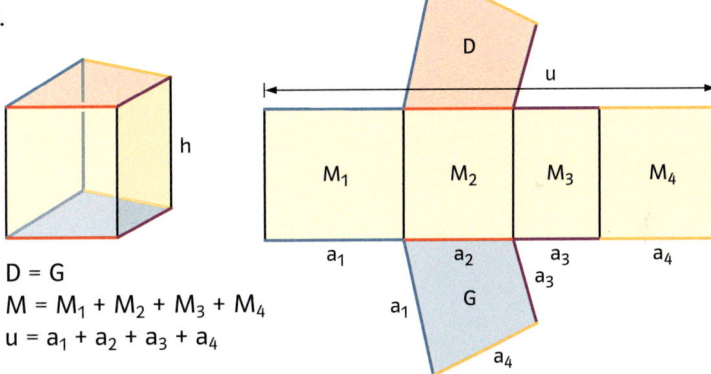

$D = G$
$M = M_1 + M_2 + M_3 + M_4$
$u = a_1 + a_2 + a_3 + a_4$

Der **Oberflächeninhalt O** eines Prismas lässt sich berechnen als Summe aus dem Doppelten der **Grundfläche G** und der **Mantelfläche M**. $O = 2 \cdot G + M$
Die Größe der **Mantelfläche M** eines Prismas lässt sich berechnen als Produkt aus dem **Umfang u** der Grundfläche und der **Körperhöhe h**. $M = u \cdot h$

Basaltgestein bildet unregelmäßige Prismen. Die meisten sind Sechseckprismen.

Bemerkung

Prismen werden nach der Eckenzahl ihrer Grundfläche benannt. Man sagt also Dreiecksprisma, Vierecksprisma, Fünfeckprisma usw. Vierecksprismen können genauer nach der Art des Vierecks benannt werden: Rautenprisma, Trapezprisma usw.
Quader und Würfel sind besondere Prismen.

Beispiele

a) Ein Dreiecksprisma hat als Grundfläche ein rechtwinkliges Dreieck mit den Seitenlängen a = 9 cm, b = 12 cm und c = 15 cm. Seine Höhe ist 7 cm.

Die Größe der Grundfläche ist

$G = \frac{1}{2} \cdot a \cdot b = \frac{1}{2} \cdot 9 \cdot 12 \, \text{cm}^2 = 54 \, \text{cm}^2$

Die Größe der Mantelfläche ist

$M = u \cdot h = (a + b + c) \cdot h$
$\quad = (9 + 12 + 15) \cdot 7 \, \text{cm}^2 = 252 \, \text{cm}^2$

Die Größe der Oberfläche ist

$O = 2 \cdot G + M$
$\quad = 2 \cdot 54 + 252 \, \text{cm}^2 = 360 \, \text{cm}^2.$

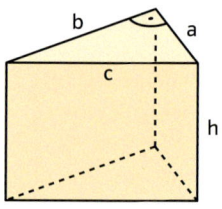

b) Aus einem Prisma mit O = 250 cm² und M = 70 cm² wird die Grundfläche G berechnet:

$O = 2 \cdot G + M \qquad\qquad | - M$
$2 \cdot G = O - M \qquad\qquad | : 2$
$G = (O - M) : 2$
$\quad = ((250 - 70) : 2) \, \text{cm}^2 = 90 \, \text{cm}^2$

Aufgaben

1 Übertrage das Netz des Prismas in doppelter Größe ins Heft. Berechne die Größe der Oberfläche. Die dazu nötigen Maße entnimmst du deiner Zeichnung.

a)

b)

c)

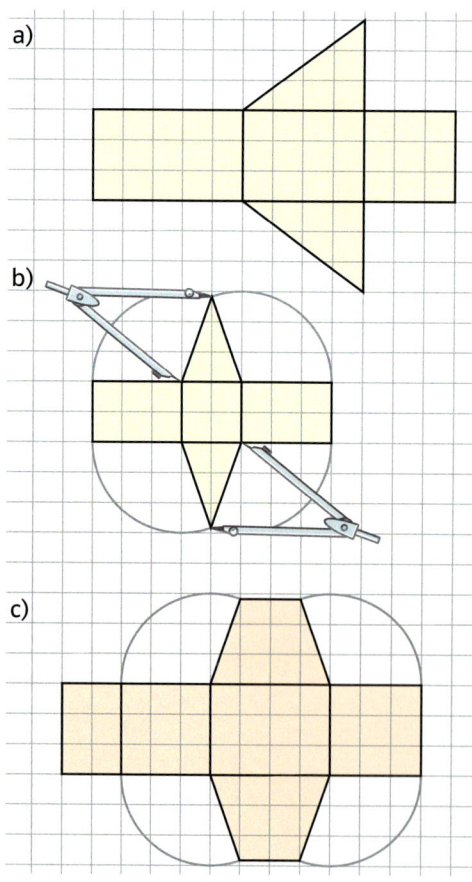

2 Zeichne das Netz des Prismas und berechne den Oberflächeninhalt. Die fehlenden Maße entnimmst du deiner Zeichnung. (h = Höhe des Prismas)
a) Dreiecksprisma mit einem gleichseitigen Dreieck als Grundfläche
a = b = c = 3 cm; h = 5 cm
b) Dreiecksprisma mit einem gleichschenkligen Dreieck als Grundfläche
a = b = 6 cm; c = 3 cm; h = 4 cm
c) Dreiecksprisma mit einem rechtwinkligen Dreieck als Grundfläche
a = 3 cm; b = 4 cm; h = 5 cm; γ = 90°
d) Dreiecksprisma mit einem allgemeinen Dreieck als Grundfläche
c = 4 cm; α = 70°; β = 45°; h = 6 cm

3 Bestimme den Oberflächeninhalt des Prismas mithilfe einer Zeichnung. Die Höhe des Prismas ist h.
a) Parallelogrammprisma
a = 6 cm; b = 4 cm; α = 40°; h = 5 cm
b) Trapezprisma mit einem symmetrischen Trapez als Grundfläche
a = 6 cm; b = d = 3 cm; c = 4 cm; h = 4 cm
c) Rautenprisma
a = 5 cm; α = 60°; h = 4 cm
d) Drachenprisma mit
a = b = 4 cm; c = d = 3 cm; h = 7 cm
e) Sechseckprisma mit einem regelmäßigen Sechseck als Grundfläche
a = 4 cm; h = 6 cm

4 Von den fünf Größen u, h, G, M und O eines Prismas sind drei gegeben. Berechne die fehlenden Größen.

	a)	b)	c)	d)	e)
u	12 cm	28 cm		20 m	
h	8 cm		7 cm		1,4 m
G	30 cm²		40 cm²	50 m²	0,4 m²
M		98 cm²	105 cm²	150 m²	
O		125 cm²			6,96 m²

5 Zeichne in doppelter Größe ab und vervollständige zum Netz eines Prismas.

a)

b)

c)

d)

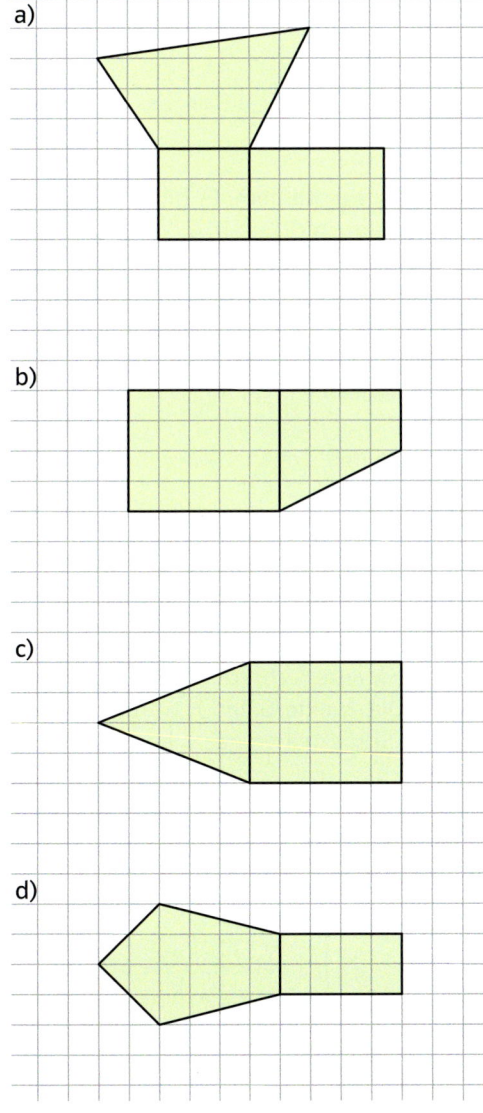

6 Berechne die Größe der Oberfläche des Prismas mit der Höhe h = 8 cm und den angegebenen Maßen (in cm) der Grundfläche.

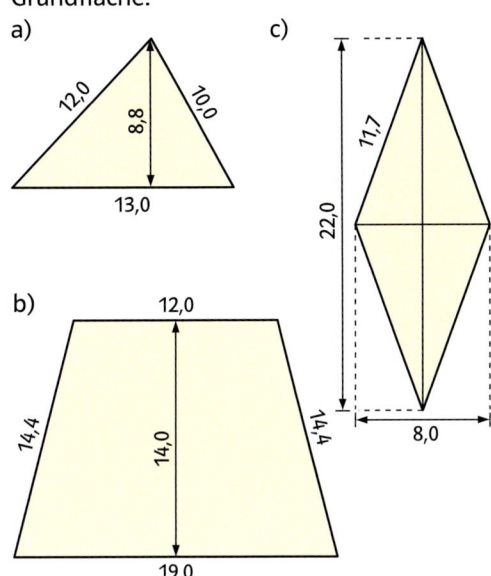

a)

12,0 8,8 10,0
13,0

b)

12,0
14,4 14,0 14,4
19,0

c)

11,7
22,0
8,0

7 Ein Quadratprisma ist 12 cm hoch. Die Seiten der Grundfläche sind 5 cm lang.
a) Halbiert man das Prisma durch einen Schnitt längs einer Diagonalen der Grundfläche, entstehen zwei Dreiecksprismen. Berechne den Oberflächeninhalt eines solchen Prismas. Die Länge der Quadratdiagonalen entnimmst du einer Zeichnung.
b) Das Quadratprisma lässt sich auch in zwei gleiche Trapezprismen zerlegen. Berechne den Oberflächeninhalt eines solchen Prismas. Benutze Maße aus einer Zeichnung.

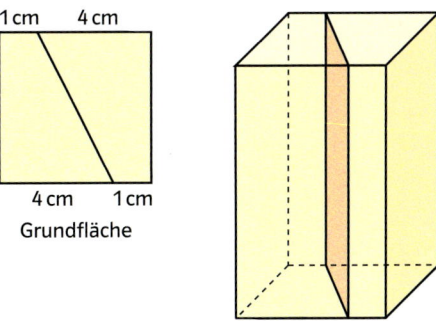

1 cm   4 cm

4 cm   1 cm
Grundfläche

c) Wie muss man das Quadratprisma halbieren, damit beide Hälften möglichst kleine Oberflächeninhalte haben?

3 Schrägbild

Schräglage, kein Schrägbild

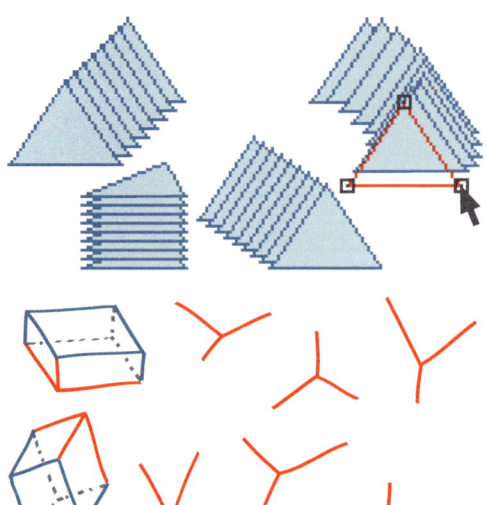

➜ Zeichne solche Figuren mit einem Zeichenprogramm. Wie kommst du zu einer genauen Zeichnung?

➜ Eleni zeichnet drei Quaderkanten in Rot. Lena ergänzt sichtbare Kanten blau und unsichtbare grau gestrichelt.

Schrägbilder vermitteln einen guten räumlichen Eindruck von Körpern. Es gibt viele Arten, Schrägbilder zu zeichnen. Wir vereinbaren folgende Regeln:

In einem **Schrägbild** werden Strecken, die
– parallel zur Zeichenebene verlaufen, in Länge und Richtung unverändert gezeichnet.
– senkrecht zur Zeichenebene verlaufen, unter einem Winkel von 45° und auf die Hälfte verkürzt gezeichnet.
– weder parallel noch senkrecht zur Zeichenebene verlaufen, anhand von Hilfslinien gezeichnet.

Beispiele
Ein Trapezprisma wird in zwei Lagen gezeichnet.

a) Das Prisma liegt auf einem Mantelrechteck. Grund- und Deckfläche bleiben unverändert. Die Kante BF wird um 45° geneigt und auf die Hälfte verkürzt gezeichnet.

b) Das Prisma steht auf der Grundfläche. Zwei der Mantelrechtecke bleiben unverändert. Die Punkte G und H werden mithilfe der Trapezhöhen gezeichnet.

Die Kanten der Auflageflächen in wahrer Größe sind rot gekennzeichnet, die Hilfslinien heller. Halbierungspunkte sind durch Kreuzchen bezeichnet.

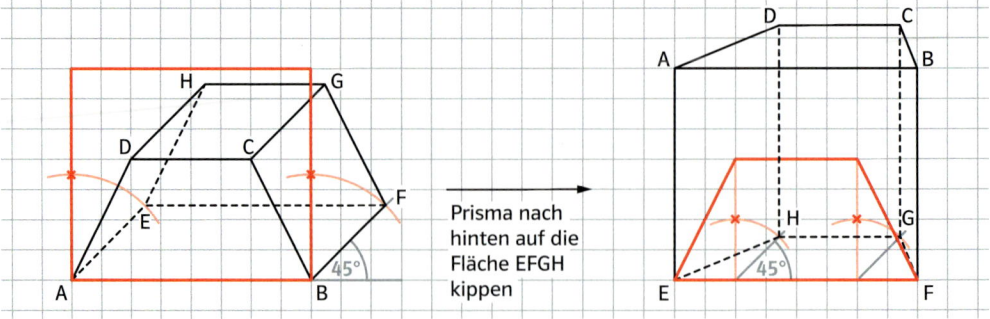

Prisma nach hinten auf die Fläche EFGH kippen

Aufgaben

1 Zeichne den Quader in drei Lagen im Schrägbild.
a) a = 6 cm; b = 5 cm; c = 4 cm
b) a = 8 cm; b = 8 cm; c = 6 cm
c) a = 8 cm; b = 2 cm; c = 2 cm

2 Übertrage die Grundfläche in doppelter Größe ins Heft.
Zeichne das Prisma auf einem Mantelrechteck liegend im Schrägbild.
Die Höhe beträgt 10 cm.

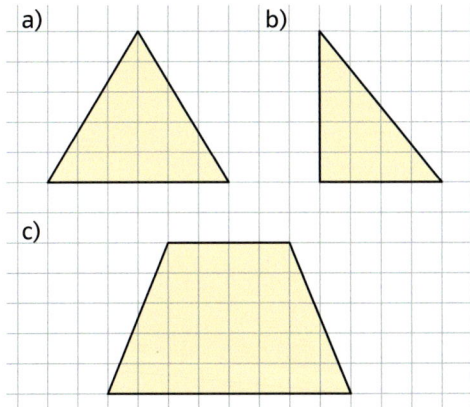

3 Zeichne das Schrägbild des Prismas mit der Grundfläche in der Zeichenebene.
Die Höhe des Prismas ist immer h.
a) Prisma mit einem gleichseitigen Dreieck als Grundfläche
a = b = c = 7 cm; h = 10 cm
b) Prisma mit einem rechtwinklig-gleichschenkligen Dreieck als Grundfläche
a = b = 6 cm; h = 9 cm
c) Prisma mit einem symmetrischen Trapez als Grundfläche
a = 8 cm; b = d = 5 cm; $\alpha = \beta = 70°$; h = 10 cm
d) Rautenprisma mit
a = 6 cm; $\alpha = 60°$; h = 8 cm
e) Prisma mit einem allgemeinen Dreieck als Grundfläche
c = 6 cm; $\alpha = 40°$; $\beta = 65°$; h = 7 cm
f) Prisma mit einem regelmäßigen Sechseck als Grundfläche
a = 4 cm; h = 8 cm

4 Übertrage die Grundfläche in doppelter Größe ins Heft und zeichne das Schrägbild des auf der Grundfläche stehenden Prismas. Die Körperhöhe ist 10 cm.

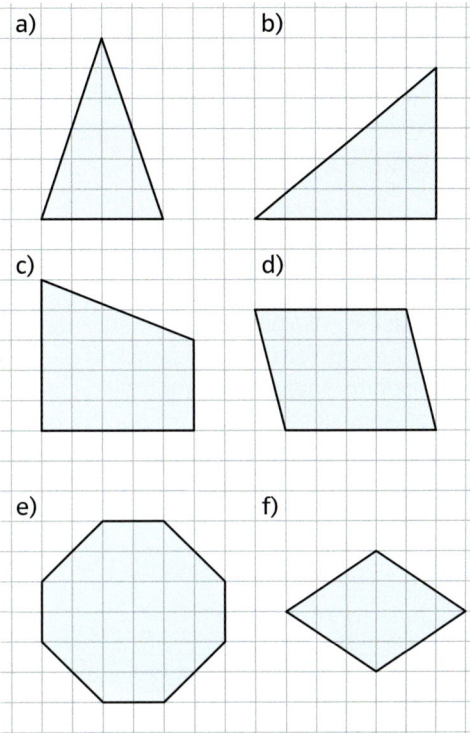

5 a) Baue aus zwei Streichholzschachteln verschiedene Prismen und zeichne ihre Schrägbilder. Die Kanten kannst du ausmessen. Du darfst aber auch für die Länge einer Schachtel 5 cm, für die Breite 3 cm und für die Höhe 1 cm ansetzen.

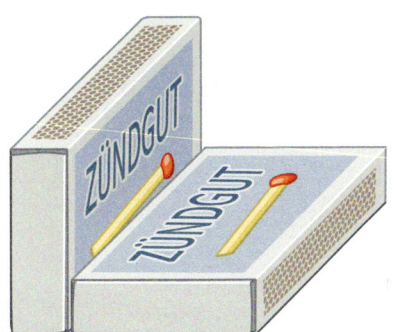

b) Manche Druckbuchstaben kannst du als Prismen aus zwei oder mehr Streichholzschachteln herstellen. Skizziere sie.

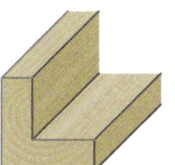
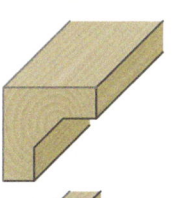
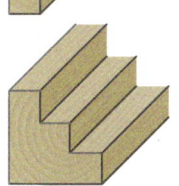

Profilleisten für Fensterfalz, Bilderrahmen usw. gibt es in vielen Formen. Zeichne 10 cm lange Stücke. Entwirf selber Formen.

Ein Päckchen mit den Maßen a = 12 cm,
b = 8 cm, c = 6 cm wird verschnürt.
Die Schnur kreuzt die Kanten senkrecht.
- Miss die Schnurlänge am Netz im Maß-
stab 1:2 oder an drei Rechtecken.
Rechne zur Probe nach.
Die Schnurlänge für den Knoten musst
du nicht berücksichtigen.

Experimentiere an Würfeln und Quadern mit Verschnürungen wie
in den beiden Bildern unten.
- Wie ist im Würfelnetz unten links die Schnur zu ergänzen?
- Im Quadernetz unten rechts sind die vier blauen Hilfsstrecken gleich lang.
- In beiden Netzen kann man die Schnur parallel verschieben.
Wie bewegt sie sich dabei an den Körpern? Wird sie länger oder kürzer?
- Probiere auch andere Verschnürungen aus. Vergleiche die Schnurlängen.

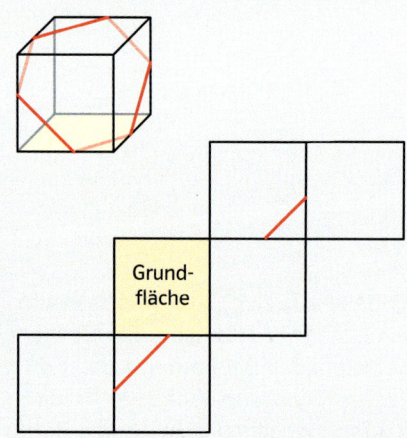

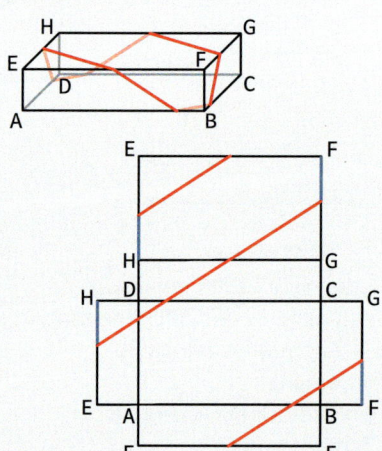

- Zeichne zum Netz das Schrägbild.
Trage die Schnur ein.

- Zeichne das Schrägbild mit der Ver-
schnürung. Sie besteht aus drei Teilen.

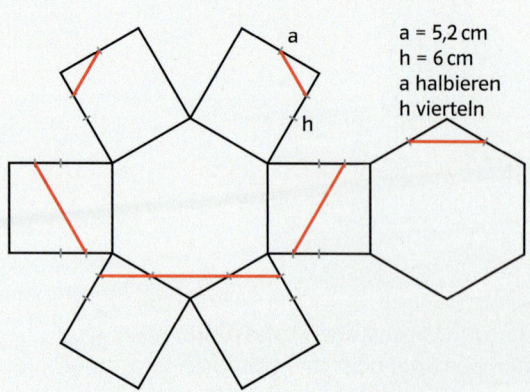

a = 5,2 cm
h = 6 cm
a halbieren
h vierteln

4 Prisma. Volumen

Das Volumen von Prismen ist manchmal gar nicht so einfach zu berechnen.
→ Wenn du aber die Reihe betrachtest, findest du die Volumina der gefärbten Dreiecksprismen bestimmt heraus.

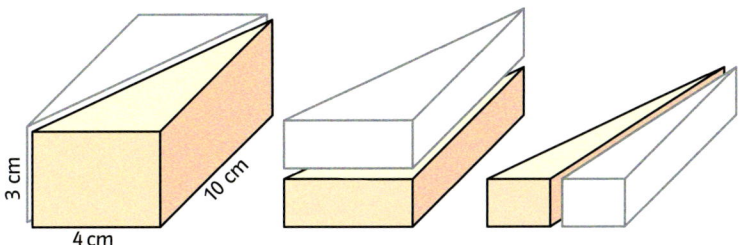

Aus der Formel $V = a \cdot b \cdot c$ für das Quadervolumen lässt sich in drei Schritten eine Formel für das Prismenvolumen entwickeln:

- Der Quader ist ein Prisma mit der Grundfläche $G = a \cdot b$ und der Körperhöhe $h = c$.
  Statt $V = a \cdot b \cdot c$ kann man damit auch $V = G \cdot h$ schreiben.
- Ein Prisma über einem rechtwinkligen Dreieck ist die Hälfte eines Quaders.
  Sein Volumen und seine Grundfläche sind halb so groß wie Volumen und Grundfläche des Quaders.
- Jedes Prisma lässt sich in Prismen über rechtwinkligen Dreiecken zerlegen.

Damit kann man die Volumenformel $V = G \cdot h$ auf alle Prismen übertragen.

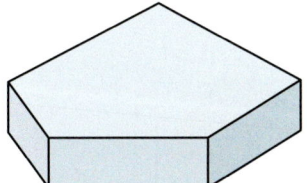 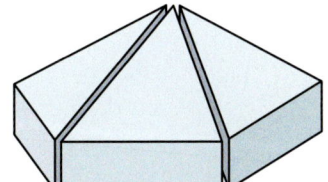 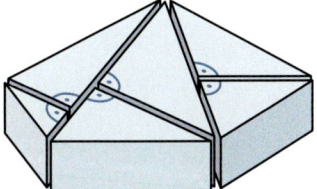

Das **Volumen eines Prismas** lässt sich als Produkt aus Grundfläche und Körperhöhe berechnen: $V = G \cdot h$

Beispiele

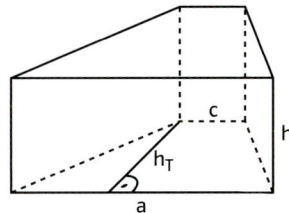

$a = 80\,cm$
$c = 20\,cm$
$h_T = 30\,cm$
$h = 35\,cm$

a) Mit der Formel $V = G \cdot h$ wird das Volumen des Trapezprismas berechnet:

$G = \frac{1}{2}(a + c) \cdot h_T$

$\quad = \frac{1}{2}(80 + 20) \cdot 30\,cm^2 = 1500\,cm^2$

$G = 1500\,cm^2$

$V = 1500 \cdot 35\,cm^3 = 52\,500\,cm^3$

$V = 52\,500\,cm^3 = 52{,}5\,dm^3$

b) Aus dem Volumen $V = 1600\,l$ und der Höhe $h = 80\,cm$ wird die Grundfläche G des Aquariums berechnet.

$V = G \cdot h$

$\quad = 1600\,l = 1600\,dm^3; \ h = 80\,cm = 8\,dm$

$G = \frac{V}{h} = \frac{1600}{8}\,dm^2 = 200\,dm^2$

$G = 200\,dm^2$

Aufgaben

1 Berechne das Volumen des Prismas.
a) $G = 25\,cm^2$; $h = 12\,cm$
b) $G = 35\,dm^2$; $h = 12\,dm$
c) $G = 4,2\,cm^2$; $h = 3,6\,cm$
d) $G = 15\,m^2$; $h = 4,5\,dm$

2 Berechne das Volumen des 14 cm hohen Prismas mit der abgebildeten Grundfläche (Maße in cm).

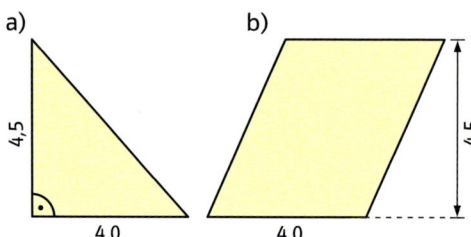

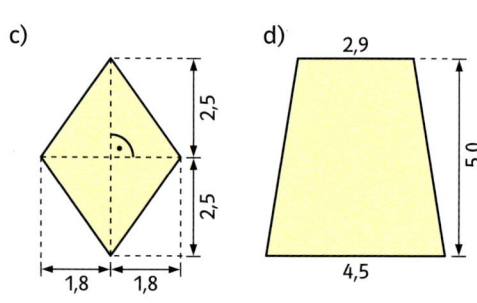

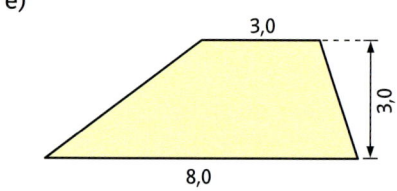

3 Berechne das Volumen des Prismas.
a) Grundfläche: Dreieck mit $c = 8\,cm$ und $h_c = 7\,cm$
Körperhöhe $h = 18\,cm$
b) Grundfläche: rechtwinkliges Dreieck mit $a = 7\,cm$, $b = 5\,cm$, $\gamma = 90°$
Körperhöhe $h = 12\,cm$
c) Grundfläche: Trapez mit $a = 12\,cm$; $c = 8\,cm$; Trapezhöhe $h_T = 6\,cm$
Körperhöhe $h = 25\,cm$
d) Grundfläche: Parallelogramm mit $a = 9\,cm$; Parallelogrammhöhe $h_a = 4,5\,cm$
Körperhöhe $h = 12,5\,cm$

4 Berechne die fehlende Größe.

	a)	b)	c)	d)
G	$40\,cm^2$	$3\,dm^2$		
h			$8,5\,m$	$16\,mm$
V	$360\,cm^3$	$12\,l$	$510\,m^3$	$720\,mm^3$

5 Berechne das Volumen (Maße in cm).

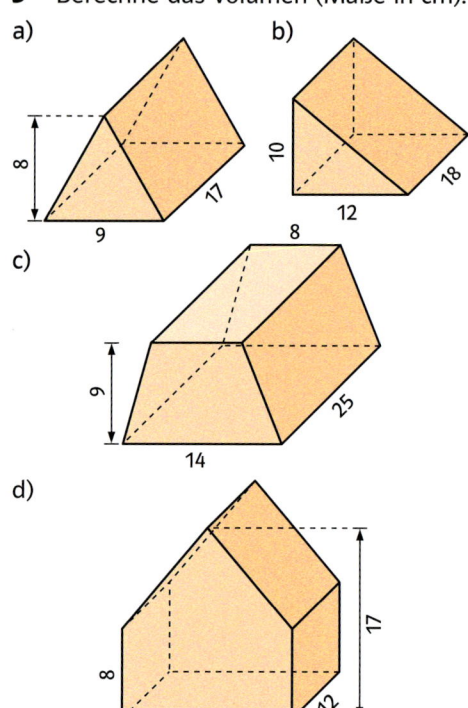

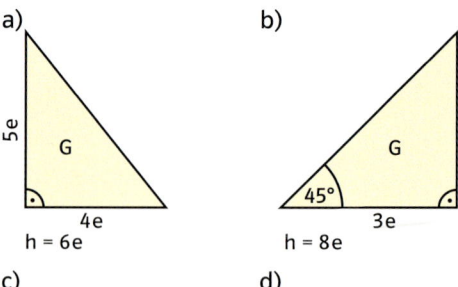

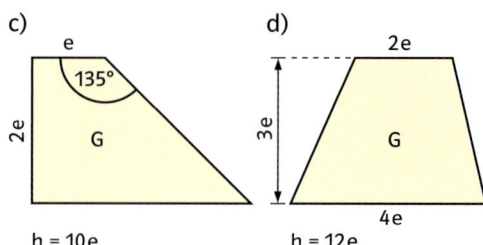

6 Drücke das Volumen V durch e aus.

7 Ein 25 m langer Graben wird ausgehoben. Der Querschnitt ist ein Trapez.
a) Wie viel m³ Erde enthält der Graben?
b) Durch das Auflockern erhöht sich das Volumen um 20 %.
Wie viel m³ sind abzufahren?

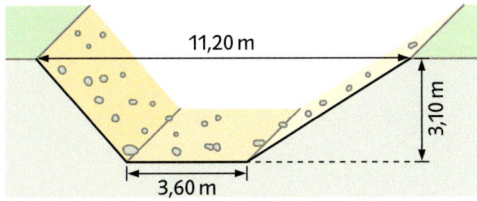

8 Bauschutt wird oft in Containern transportiert. Das Bild zeigt eine Seitenansicht. Die Breite beträgt 1,60 m.

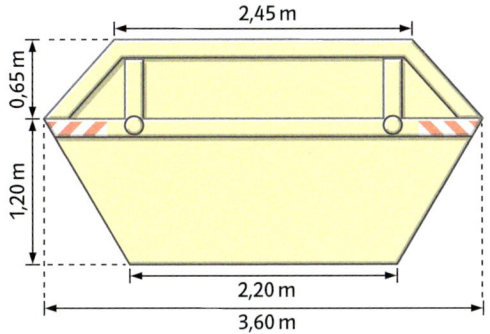

a) Wie viel m³ fasst der Container?
b) Wie viel m³ ist in einem nur auf 1,20 m Höhe gefüllten Container enthalten?
c) 1 m³ Bauschutt wiegt etwa 1,5 t.

9 Eisenträger können unterschiedliche Profile haben. Zwei häufig vorkommende sind abgebildet (Maße in cm).

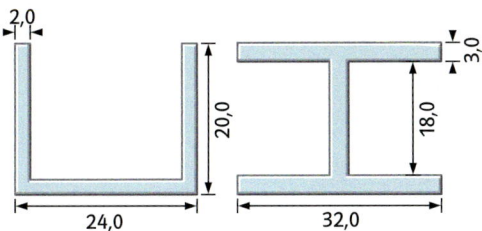

a) Berechne das Volumen von 6 m langen Eisenträgern beider Arten.
b) 1 dm³ Eisen wiegt etwa 7,8 kg.
Wie schwer sind die Träger?

10 Ein Ort an der Ostsee soll durch einen Deich geschützt werden. Der Querschnitt ist abgebildet. Die Länge ist etwa 1,5 km. Welches Volumen ist aufzuschütten?

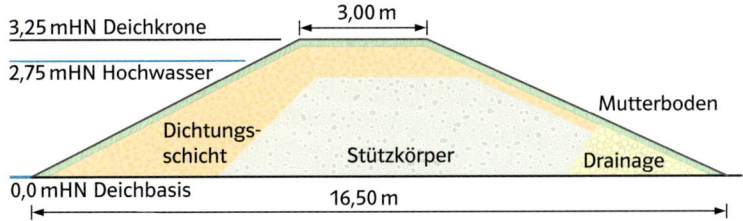

11 Die Schaufel eines Frontladers ist 3,20 m breit und hat den abgebildeten Querschnitt.
a) Wie viel m³ Erde passt in die Schaufel?
b) Oft ist die Erde in der Schaufel über die Oberkante weg aufgehäuft.
Schätze, wie viel m³ das zusätzlich sind.

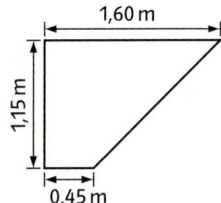

12 a) Welches Volumen hat das Gewächshaus? (Maße in cm)
b) Wie groß ist die verglaste Fläche?

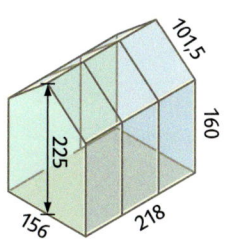

1 2 3 4 5 6

A Wasserstand
Zeit

B Wasserstand
Zeit

C Wasserstand
Zeit

D Wasserstand
Zeit

E Wasserstand
Zeit

F Wasserstand
Zeit

Die sechs prismenförmigen Behälter werden mit Wasser gefüllt. Der Zufluss ist gleichmäßig, aber der Wasserstand steigt ungleichmäßig.
■ Welcher der Füllgraphen gehört zu welchem Behälter?
Aber Achtung: Für einen Behälter fehlt der Füllgraph. Wie müsste er aussehen?

„Zeit-Wasserstands-graph" ist ein zu langes Wort. „Füllgraph" ist kürzer.

Der Behälter ist schon halb voll gelaufen. Das Wasser strömt gleichmäßig weiter.
■ Setze den Füllgraphen fort.

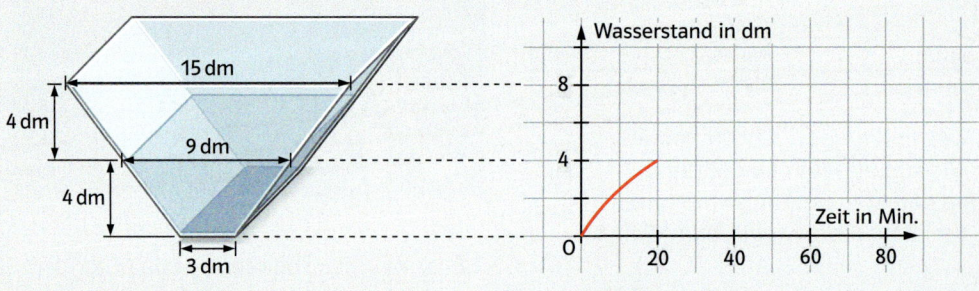

Im Behälter rechts steht eine Trennwand.
Sie reicht bis in halbe Höhe.
Das Wasser fließt gleichmäßig zu.

Der Anfang des Füllgraphen für die linke Hälfte des Behälters ist schon gezeichnet.

■ Setze diesen Füllgraphen fort und zeichne auch den Füllgraph für die rechte Hälfte ein.

■ Jetzt kannst du bestimmt selbst viele Behälter und ihre Füllgraphen zeichnen.

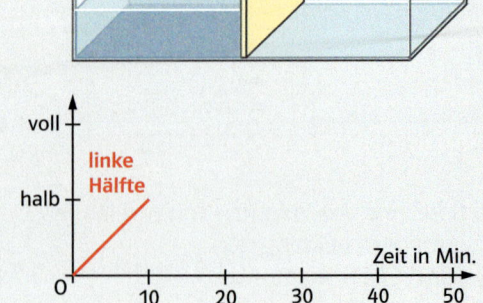

5 Zylinder. Oberfläche

Welcher Grundkreis passt zum Zylindermantel?
→ Vergleicht eure Ergebnisse.
→ Zeichnet weitere passende Mantelrechtecke.

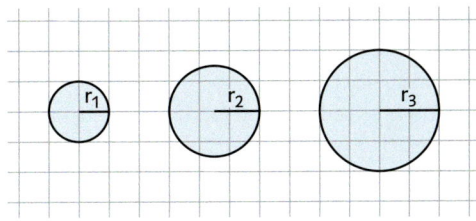

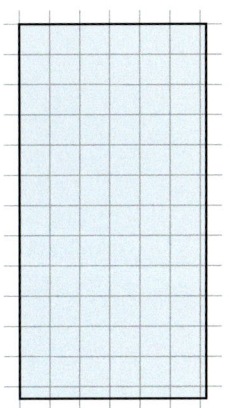

Ein Zylinder wird von zwei kongruenten Kreisflächen als **Grund- und Deckfläche** und einem Rechteck als **Mantel** begrenzt.

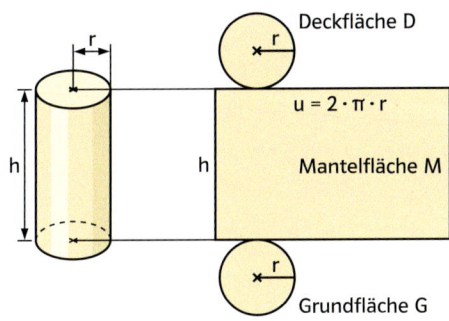

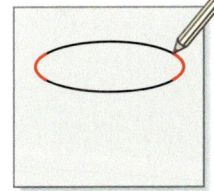

! *Beim Skizzieren eines Zylinders werden die Kreise zu Ellipsen. Zeichne zuerst links und rechts außen kleine Bögen.*

Für den Flächeninhalt des Grundkreises gilt: $G = D = \pi \cdot r^2$
Der Flächeninhalt des Mantelrechtecks beträgt: $M = u \cdot h$ mit $u = 2 \cdot \pi \cdot r$
$M = 2 \cdot \pi \cdot r \cdot h$
Die Größe der Zylinderoberfläche berechnet man aus den Flächeninhalten der doppelten Grundfläche und der Mantelfläche.
$O = 2 \cdot G + M$
$O = 2 \cdot \pi \cdot r^2 + 2 \cdot \pi \cdot r \cdot h$

Die Größe der **Mantelfläche eines Zylinders** wird als Produkt des Grundkreisumfanges und der Zylinderhöhe berechnet.   **M = u h**   **M = 2 π r h**
Zur Berechnung des **Oberflächeninhalts eines Zylinders** bildet man die Summe aus der doppelten Grundfläche und der Mantelfläche.
$O = 2G + M$ $O = 2 \pi r^2 + 2 \pi r h$ $O = 2 \pi r (r + h)$

Beispiele

a) Aus dem Radius $r = 3,0\,\text{cm}$ und der Höhe $h = 5,0\,\text{cm}$ wird der Oberflächeninhalt des Zylinders berechnet.
$O = 2 \pi r^2 + 2 \pi r h$
$O = 2 \pi \cdot 3,0^2 + 2 \pi \cdot 3,0 \cdot 5,0\,\text{cm}^2$
$O = 56,6 + 94,2\,\text{cm}^2$
$O = 150,8\,\text{cm}^2$

b) Aus der Größe der Mantelfläche $M = 220,0\,\text{cm}^2$ und der Höhe $h = 8,0\,\text{cm}$ wird der Radius des Zylinders berechnet.
$M = 2 \pi r h \qquad\qquad | : (2 \pi h)$
$r = \dfrac{M}{2 \pi h}$
$r = \dfrac{220,0}{2 \pi \cdot 8,0}\,\text{cm}$
$r = 4,4\,\text{cm}$

Aufgaben

1 Stelle einen Zylinder her.
a) Der Grundkreisradius beträgt 4 cm und die Höhe 10 cm.
b) Das Mantelrechteck ist 15 cm breit und 5 cm hoch.

2 Welche Figur ergibt einen Zylindermantel? Begründe.
a)   b)

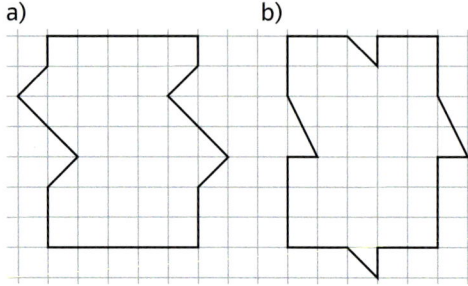

3 Berechne die Mantelfläche und die Größe der Oberfläche des Zylinders.
a) r = 5,5 cm   b) r = 8,4 cm
   h = 7,5 cm   h = 15,1 cm
c) r = 4,1 dm   d) d = 37,0 cm
   h = 1,8 m   h = 6,9 dm
e) d = 1,7 m   f) d = 8,4 cm
   h = 8,9 dm   h = 12,2 cm

4 Berechne die fehlenden Größen.

	r	h	M	O
a)	6,3 cm	☐	324,2 cm²	☐
b)	114 mm	☐	1826,5 cm²	☐
c)	☐	14,8 cm	1878,0 cm²	☐
d)	2,0 cm	☐	☐	86,9 cm²
e)	55,5 cm	☐	☐	5,5 m²
f)	☐	☐	3,8 dm²	1477,9 cm²

5 Vergleiche Mantel- und Oberflächen der Zylinder. Kannst du dein Ergebnis erklären?

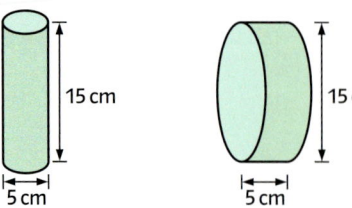

6 Die Konservendose hat einen Durchmesser von 10 cm und ist 11,5 cm hoch.

a) Wie groß ist der Materialbedarf? Für Falze und Verschnitt werden 18 % Zuschlag eingerechnet.
b) Welchen Flächeninhalt hat der Papierstreifen auf dem Dosenmantel? Zu den Falzen oben und unten bleibt 3 mm Abstand. Beim Kleben ist eine Überlappung von 1,2 cm notwendig.

7 Welche Gestalt hat das Stück Pappe, aus dem der Kern einer Rolle Küchenpapier hergestellt wird?

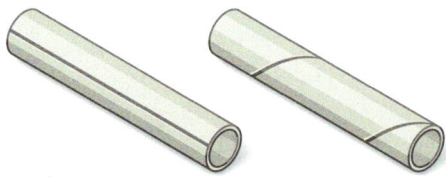

Kannst du die Form erklären?
Wie lang ist die Klebekante?

8 Wird ein ebener Schnitt entlang der Achse eines Zylinders durchgeführt, erhält man den Achsenschnitt des Zylinders. Die Schnittfläche ist ein Rechteck.

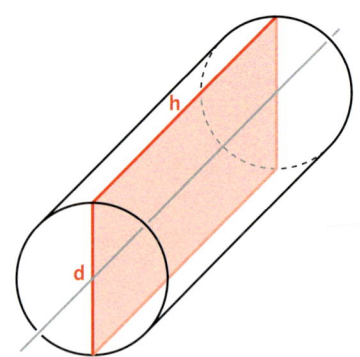

Bestimme die Maße der Schnittfläche und ihren Flächeninhalt.
a) d = 7,5 cm   b) r = 4,5 cm   c) G = 0,6 m²
   h = 7,5 cm   M = 300 cm²   M = 2,4 m²

9 Wie groß ist die Dachfläche des abgebildeten Scheddaches?

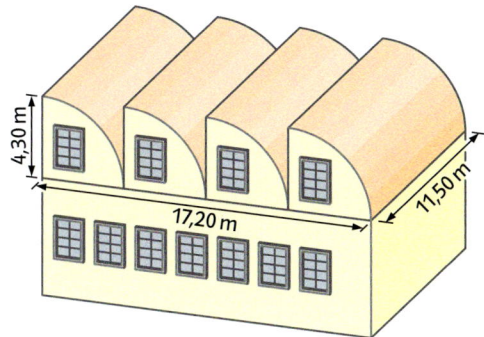

4,30 m

17,20 m

11,50 m

10 Wie groß ist die Werbefläche der abgebildeten Litfaßsäule ungefähr?

11 Berechne die Größe der Mantelfläche M und der Oberfläche O des Zylinders in Abhängigkeit von e.

a) $r = e$
$\quad h = 3e$

b) $r = 3e$
$\quad h = e$

c) $r = \frac{3}{2}e$
$\quad h = \frac{1}{2}e$

12 Das Rohr ist 1,00 m lang und hat einen Außendurchmesser von 10,0 cm. Die innere Fläche ist um 10 % kleiner als die äußere Fläche. Wie dick ist die Wand?

Schrägbild eines Zylinders

Sollen Körper in der Ebene räumlich dargestellt werden, kann man Schrägbilder anfertigen.
Wird ein Zylinder von oben betrachtet, sieht man einen Kreis. Kippt der Körper, wird der Kreis zur Ellipse.

In vielen Fällen reicht eine Freihandskizze aus.

Um das Schrägbild der Grundfläche genauer zu zeichnen, werden Strecken senkrecht zur Zeichenebene auf die Hälfte verkürzt. Auf den sonst üblichen Verzerrungswinkel von 45° kann man zur Vereinfachung verzichten.
Das Schrägbild eines stehenden Zylinders enthält zwei Ellipsen.

Beim liegenden Zylinder kann der Grundkreis verzerrungsfrei gezeichnet werden, da er parallel zur Zeichenebene liegt.
Die Körperhöhe wird unter einem Winkel von 45° und auf die Hälfte verkürzt dargestellt.

h

1

$\frac{1}{2}$

$\frac{h}{2}$

45°

DOSE

■ Fertige für verschiedene Arten von Dosen für Getränke, Gemüse oder Wurst eine Freihandskizze an.

■ Zeichne das Schrägbild eines stehenden und eines liegenden Zylinders.

r = 3,0 cm	r = 4,5 cm	r = 6,0 cm
h = 8,0 cm	h = 11,0 cm	h = 2,5 cm

6 Zylinder. Volumen

Sammelt verschiedene leere Dosen. Bestimmt die Grundfläche und die Höhe. Das Volumen könnt ihr messen, indem ihr mit einem Messbecher Wasser einfüllt. Auch die Angaben auf dem Etikett können helfen.

G in cm^2	h in cm	V in cm^3
74	11,5	851
☐	☐	☐
☐	☐	☐
☐	☐	☐

→ Was fällt euch auf?

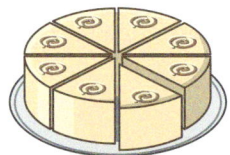

Wird ein Zylinder ähnlich einem Kuchen in gleiche Teile zerlegt, kann man diese durch eine andere Anordnung näherungsweise zu einem Quader zusammensetzen. Je mehr Zylinderteile gebildet werden, desto genauer ist diese Näherung.
Das Volumen kann man so berechnen:

$V = \frac{u}{2} \cdot r \cdot h$

$V = \frac{2 \cdot \pi \cdot r}{2} \cdot r \cdot h$

$V = \pi \cdot r^2 \cdot h$

$V = G \cdot h$

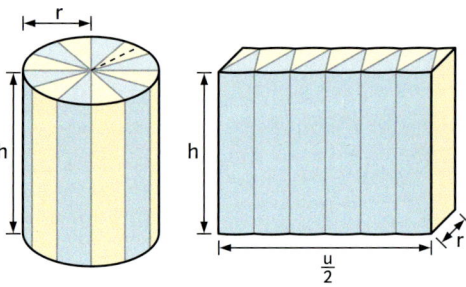

Wie bei Prismen ergibt sich das Volumen eines Zylinders aus dem Produkt der Grundfläche und der Körperhöhe. Der Unterschied besteht lediglich in der Form der Grundfläche.

> Das **Volumen eines Zylinders** kann als Produkt der Grundfläche und der Höhe berechnet werden.
> **$V = Gh$; $V = \pi r^2 h$**

Beispiele

a) Aus dem Radius $r = 2{,}0$ cm und der Höhe $h = 5{,}0$ cm wird das Volumen des Zylinders berechnet.

$V = \pi r^2 h$
$V = \pi \cdot 2{,}0^2 \cdot 5{,}0 \ cm^3$
$V \approx 62{,}8 \ cm^3$

b) Aus dem Volumen $V = 328{,}0$ cm^3 und der Höhe $h = 18{,}0$ cm wird der Radius des Zylinders berechnet.

$V = \pi r^2 h \qquad | : (\pi h)$

$r^2 = \frac{V}{\pi h} \qquad\qquad r = \sqrt{\frac{328{,}0}{\pi \cdot 18{,}0}} \ cm$

$r = \sqrt{\frac{V}{\pi h}} \qquad\qquad r \approx 2{,}4 \ cm$

Aufgaben

1 Berechne das Volumen des Zylinders.

a) r = 8 cm   b) r = 14 m
    h = 24 cm   h = 9 m

c) r = 4,2 cm   d) r = 33,5 cm
    h = 11,9 cm   h = 96 mm

e) d = 68 mm   f) d = 123,7 cm
    h = 1,4 dm   h = 0,8 m

2 Wie groß sind der Radius bzw. die Höhe des Zylinders?

a) $V = 150\,cm^3$ b) $V = 760\,dm^3$
    h = 10 cm   h = 25 dm

c) $V = 201,6\,cm^3$ d) V = 1,8 l
    h = 4,2 cm   h = 7,5 cm

e) $V = 35\,dm^3$ f) $V = 56\,cm^3$
    r = 15,6 cm   d = 12 mm

3 Berechne die fehlenden Angaben des Zylinders. (Maße in $cm/cm^2/cm^3$)

	r	h	M	O	V
a)	4,6	11,7	☐	☐	☐
b)	13,5	☐	605,0	☐	☐
c)	9,8	☐	☐	☐	936,5
d)	☐	10,1	☐	☐	769,0
e)	☐	49,0	☐	☐	2345,0

4 Eine zylinderförmige Regentonne hat einen Innendurchmesser von 80 cm und eine Höhe von 1,2 m.
a) Die Tonne ist zu 80 % gefüllt. Wie viel Liter Wasser enthält sie?
b) In der Tonne sind 450 l Wasser. Wie hoch steht das Wasser?

5 a) Berechne das Volumen der beiden Zylinder.
b) Wie muss die Höhe des linken Zylinders verändert werden, damit beide das gleiche Volumen besitzen?

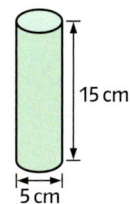
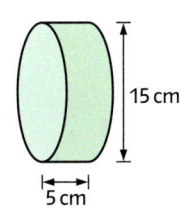

6 Ein Messzylinder hat einen Innendurchmesser von 76 mm.
a) In welcher Höhe befinden sich die Eichstriche für 50 ml; 100 ml; 150 ml; … ?
b) Das Fassungsvermögen soll ein Liter betragen. Wie hoch muss der Messzylinder mindestens sein?

7 Vergleiche die Rauminhalte der Körper. Gib den Unterschied in Prozent an.

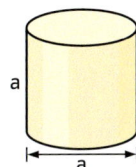
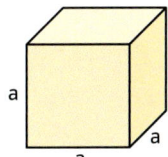

8 Wie verändern sich das Volumen und die Mantelfläche eines Zylinders?
a) Die Körperhöhe wird verdoppelt.
b) Der Radius wird verdoppelt.
c) Der Durchmesser wird verdreifacht.
d) Der Radius wird halbiert.
e) Der Radius wird verdoppelt und die Körperhöhe wird halbiert.

9 Bei der Herstellung integrierter Schaltkreise werden extrem dünne Drähte (d = 0,01 mm) aus Gold ($19,3\,g/cm^3$) verwendet.

a) Wie viel Meter Draht lassen sich aus $1\,cm^3$ Gold herstellen?
b) Wie viel Gold braucht man für 1000 km Draht?

10 Alle abgebildeten Zylinder haben das gleiche Volumen von $144\,\pi\,cm^3$.
Berechne die Radien und die Oberflächen.

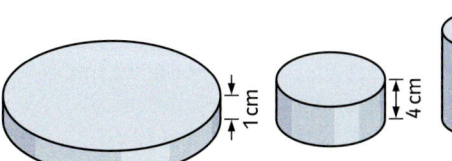

11 Die Kolben von Verbrennungsmotoren bewegen sich in zylinderförmigen Verbrennungskammern auf und ab. Deren Gesamtvolumen bezeichnet man als Hubraum. Berechne den Hubraum eines Vierzylindermotors mit einem Kolbendurchmesser von 80 mm und einem Kolbenhub von 88 mm. Gib das Ergebnis in Liter an.

12 Eine Milchtüte hat die Maße 9 cm; 7 cm und 24 cm. Frau Müller möchte den gesamten Inhalt dieser Milchtüte in ein Glas mit einem Durchmesser von 8 cm und einer Höhe von 20 cm gießen. Wird das Glas reichen?

13 Um einen 3,5 m langen Öltank mit einem Durchmesser von 1,20 m soll aus Sicherheitsgründen eine Auffangwanne mit rechteckiger Grundfläche gebaut werden.

Welche Abmessungen muss diese Wanne mindestens besitzen, damit sie das gesamte Öl des Tanks aufnehmen kann?

14 Eine 20 cm lange Zahnbürste ragt 6,5 cm über den Rand des Glases mit einem Durchmesser von 6 cm hinaus. Wie viel Wasser passt in das Glas? Entnimm fehlende Maße einer Zeichnung.

15 Deutschlands längste Autoröhre ist der Rennsteigtunnel. Er ist das Herzstück der etwa 20 km langen Kammquerung des Thüringer Waldes für die Autobahn A 71 und besteht aus zwei getrennten Röhren von 7,92 km Länge mit einer Breite von 9,50 m.

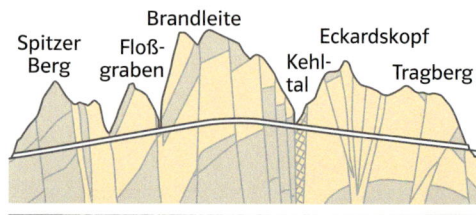

Jörg überprüft die Angabe in der Zeitung zum Abraumvolumen „ca. 1,35 Mio m³". Er sagt nach seiner Rechnung: „Da stimmt etwas nicht!" Kannst du helfen? Für Abweichungen kann es mehrere Gründe geben.

16 Ein 4 m langes Rohr aus Beton hat einen Außendurchmesser von 1,50 m und eine Wandstärke von 12 cm. Reicht 1 m³ Beton, um dieses Rohr herzustellen?

17 Der Wassereimer ist eigentlich gar kein Zylinder. Wie viel Wasser passt mindestens hinein? Wenn du geschickt überlegst, kannst du auch einen genaueren Näherungswert berechnen. Es gibt mehrere Möglichkeiten. Kennst du weitere Körper, deren Volumen du auf ähnliche Weise angenähert bestimmen könntest?

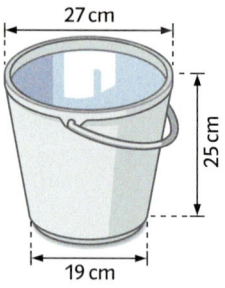

7 Zusammengesetzte Körper. Hohlkörper

Zu jedem der vier Zylinder gehört eine
Spalte in der Tabelle.
➜ Ordne zu.

h in cm	10	15	20	20
u in cm	60	24	60	15
r in cm	9,5	3,8	9,5	2,4

➜ Wie sehen die Füllgraphen der zusam-
mengesetzten Zylinder aus?
➜ Welcher der drei zusammengesetzten
Körper hat das größte Volumen?
➜ Wie groß sind die Mantelflächen der
drei Körper?

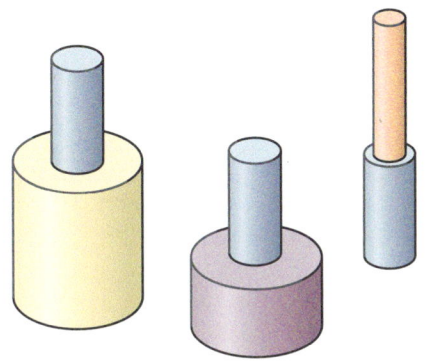

Das Volumen des Doppelzylinders setzt sich aus den Volumina der zwei Teile zusammen.
Die Oberfläche besteht aus zwei Kreisen, einem Kreisring und zwei Zylindermänteln.

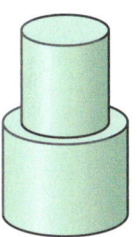

Die zwei Dreiecksprismen kann man zu
einem Rautenprisma oder zu einem Körper
zusammensetzen, der kein Prisma ist.
Das Volumen der zwei neuen Körper ist
das Doppelte des Volumens eines Dreiecksprismas. Beim Berechnen der Oberfläche
muss man darauf achten, dass zwei
Mantelquadrate im Innern verschwinden.

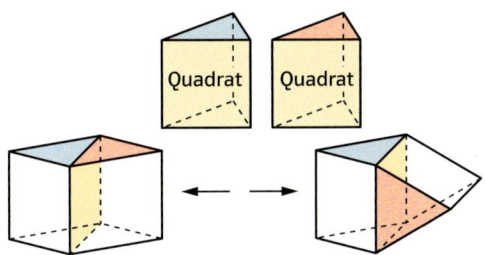

Das Volumen des Hohlkörpers ist die Differenz des Quadervolumens und des Zylindervolu-
mens. Die Oberfläche besteht aus vier Rechtecken, dem Zylindermantel und zwei Rechtecken, aus denen je ein Kreis ausgeschnitten ist.

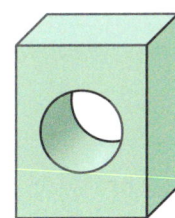

Das Volumen zusammengesetzter oder ausgehöhlter Körper berechnet man
als Summe oder Differenz der einzelnen Volumina. Es gilt also:
$V = V_1 + V_2$ oder $V = V_1 - V_2$
Der **Oberflächeninhalt** zusammengesetzter oder ausgehöhlter Körper lässt sich als
Summe der Einzelflächen berechnen.

Beispiele

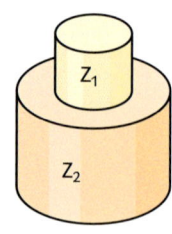

a) Zylinder 1:
$r_1 = 2{,}0\,\text{cm}$
$h_1 = 3{,}0\,\text{cm}$
Zylinder 2:
$r_2 = 4{,}0\,\text{cm}$
$h_2 = 5{,}0\,\text{cm}$

Das Volumen wird berechnet:
$V_1 = \pi r_1^2 h_1 = \pi \cdot 2{,}0^2 \cdot 3{,}0\,\text{cm}^3 = 37{,}7\,\text{cm}^3$
$V_2 = \pi r_2^2 h_2 = \pi \cdot 4{,}0^2 \cdot 5{,}0\,\text{cm}^3 = 251{,}3\,\text{cm}^3$
$V = V_1 + V_2 = 289{,}0\,\text{cm}^3$
Das Volumen beträgt etwa $V = 289\,\text{cm}^3$.

Der Oberflächeninhalt wird berechnet:
$O = G_1 + M_1 + (G_2 - G_1) + M_2 + G_2$
$\quad = \qquad M_1 \qquad\qquad + M_2 + 2 \cdot G_2$
$\quad = 2\pi \cdot 2{,}0 \cdot 3{,}0 + 2\pi \cdot 4{,}0 \cdot 5{,}0$
$\qquad + 2\pi \cdot 4{,}0^2\,\text{cm}^2$
$O = 263{,}9\,\text{cm}^2$
Die Oberfläche ist etwa $264\,\text{cm}^2$ groß.

b) Zylinder:
$r = 6{,}0\,\text{cm}$
$h = 22{,}0\,\text{cm}$
quadratischer
Schacht:
$a = 4{,}0\,\text{cm}$
$c = h = 22{,}0\,\text{cm}$
Zylinder:
$V_Z = \pi \cdot 6{,}0^2 \cdot 22{,}0\,\text{cm}^3 = 2488{,}1\,\text{cm}^3$
Quadratischer Schacht:
$V_S = 4{,}0 \cdot 4{,}0 \cdot 22{,}0\,\text{cm}^3 = 352{,}0\,\text{cm}^3$
Hohlkörper: $V = V_Z - V_S = 2136{,}1\,\text{cm}^3$
Das Volumen beträgt etwa $2136\,\text{cm}^3$.
Die Oberfläche besteht aus dem Zylinder-
mantel, vier Rechtecken und zwei Kreisen,
aus denen je ein Quadrat ausgeschnitten
ist. Das ergibt:
$O = 2 \cdot \pi \cdot 6{,}0 \cdot 22{,}0 + 4 \cdot 4{,}0 \cdot 22{,}0$
$\qquad + 2 \cdot (\pi \cdot 6{,}0^2 - 4{,}0^2)\,\text{cm}^2 = 1375{,}6\,\text{cm}^2$
Die Oberfläche ist etwa $1375{,}6\,\text{cm}^2$ groß.

Bemerkung

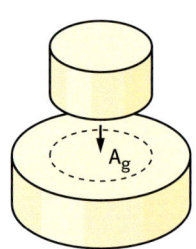

Der Oberflächeninhalt eines zusammengesetzten Körpers lässt sich auch nach der Formel
$\mathbf{O = O_1 + O_2 - 2 \cdot A_g}$ berechnen: Man addiert die Oberflächeninhalte und subtrahiert den
doppelten Inhalt der gemeinsamen Grenzfläche A_g.

Aufgaben

1 a) Skizziere einige Körper aus vier bzw.
sechs Würfeln.
b) Nimm als Kantenlänge der Würfel
$1\,\text{cm}$ an. Wie groß sind die Oberflächen der
einzelnen Körper?

*Kantenlänge des
einzelnen Würfels: $1\,\text{cm}$*

2 Auf dem Rand sind drei 8-Würfel-
Körper abgebildet.
a) Skizziere noch andere solche Körper.
b) Du kannst bestimmt nicht alle 8-Würfel-
Körper skizzieren.
Herausfinden kannst du aber, wie viele
gemeinsame Grenzflächen zwischen den
Würfeln mindestens bzw. höchstens vorhanden sind.
c) Wie groß kann die Oberfläche eines
8-Würfel-Körpers höchstens sein, wie
groß muss sie mindestens sein?
d) Welche Werte kann die Oberfläche
eines 8-Würfel-Körpers haben?

3 Berechne das Volumen V und den
Oberflächeninhalt O des aus zwei Zylindern
zusammengesetzten Körpers.
(Alle Maße in cm)

	r_1	h_1	r_2	h_2
a)	7,0	9,0	5,0	4,0
b)	8,5	12,4	6,2	5,7
c)	12,1	24,0	7,6	13,8

4 Berechne Volumen und Oberfläche des
ausgebohrten Zylinders.

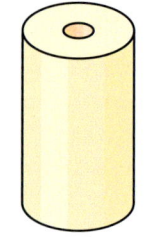

Außenradius:
$r_a = 2{,}75\,\text{dm}$
Innenradius:
$r_i = 0{,}75\,\text{dm}$
Länge:
$h = 8{,}50\,\text{dm}$

5 Ein außen quaderförmiger Lochstein hat als Querschnitt ein gelochtes Quadrat.

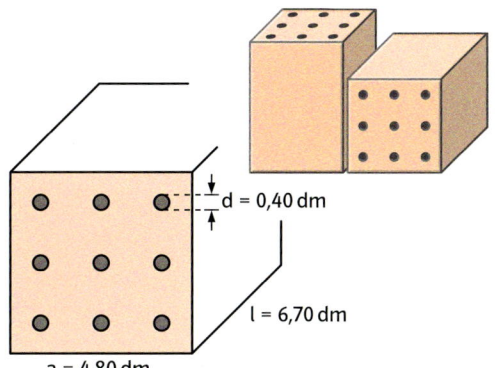

d = 0,40 dm

l = 6,70 dm

a = 4,80 dm

a) Berechne das Volumen V.
b) Wie groß ist die Oberfläche O?
c) Um wie viel Prozent ist O größer als die Oberfläche des Quaders ohne Löcher?
d) $1\,dm^3$ des Materials wiegt 2,1 kg.
e) Kann man das Volumen auch mit der Prismenformel $V = G \cdot h$ berechnen?

6 Die zwei Dreiecksprismen lassen sich auf verschiedene Arten zusammensetzen.

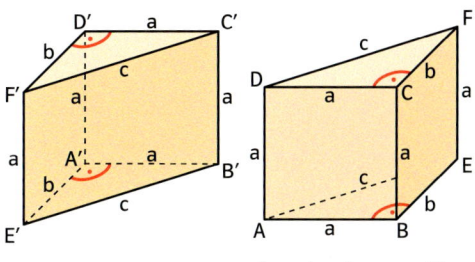

a = 6 cm; b = 8 cm; c = 10 cm

a) Welcher Körper entsteht, wenn A auf A', B auf B', C auf C' und D auf D' fällt? Zeichne den Körper im Schrägbild.
b) Man kann die Quadrate auch so aneinander legen, wie es die „Klebetabelle" zeigt. Zeichne den Körper im Schrägbild.
c) Gibt es noch andere Möglichkeiten, die zwei Prismen zusammenzusetzen?
d) Welche Volumen und welche Oberflächen haben die Körper aus a) und b)?

! *Viele Menschen haben ein Problem mit räumlichem Vorstellungsvermögen. Es gibt eine sichere Hilfe: Stelle die Prismen her!*

A	B	C	D
A'	B'	C'	D'

A	B	C	D
B'	C'	D'	A'

Keine Angst vor Variablen!

Ein Werksgebäude besteht aus einer Halle und einem Anbau.
Wie groß ist die Außenfläche A?

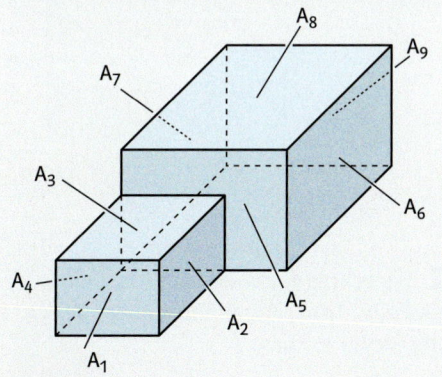

1. Schritt
Variablen für Flächeninhalte einführen, Skizze erstellen.

2. Schritt
Formel für den Flächeninhalt A aufstellen
$A = A_1 + A_2 + A_3 + A_4 + A_5 + A_6 + A_7$
$\quad + A_8 + A_9$

3. Schritt
nach Vereinfachungen suchen
Manche Flächeninhalte sind gleich:
$A_2 = A_4$ und $A_6 = A_7$
Manche Flächen lassen sich zu einfacheren zusammensetzen:
Die Vorderfläche des Anbaus und die freie Vorderfläche der Halle ergeben zusammen ein Rechteck. Dieses ist ebenso groß wie die rückwärtige Fläche der Halle.
$A_1 + A_5 = A_9$

4. Schritt
Formel vereinfachen
$A = A_1 + A_2 + A_3 + A_4 + A_5 + A_6 + A_7$
$\quad + A_8 + A_9$
$\quad = 2 \cdot A_9 + 2 \cdot A_2 + A_3 + 2 \cdot A_6 + A_8$

5. Schritt
gegebene Zahlen einsetzen, rechnen

6. Schritt
den Antwortsatz aufschreiben

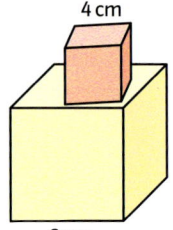

„Zum Glück ist der Würfel nicht weiter verrutscht. Da kann ich die Oberfläche noch ausrechnen."

4 cm

8 cm

8 cm

7 Wie groß sind die Oberflächen der zwei Würfeltürme?
(Die Bodenfläche des unteren Würfels gehört zur Oberfläche dazu.)

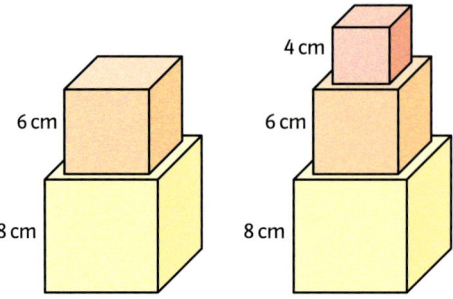

4 cm

6 cm

8 cm

4 cm

6 cm

8 cm

8 a) Berechne das Volumen V und die Außenfläche A des Werksgebäudes (Maße in m).

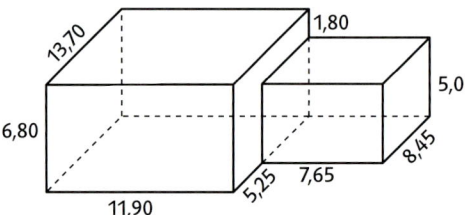

13,70   1,80
6,80   5,00
        5,25 7,65   8,45
     11,90

b) Im Bild oben sind die Außenmaße angegeben. Die Innenmaße sind um 0,50 m kleiner.
Berechne die Innenvolumina der Halle, des Anbaus und des gesamten Werksgebäudes. Halle und Anbau sind nicht durch eine Tür verbunden.
c) Um wie viel Prozent jeweils sind die drei Innenvolumina kleiner als die Außenvolumina? Nimm als Grundwerte die Außenvolumina.
Vergleiche die Ergebnisse und erkläre sie.

9 Worin unterscheiden sich die zwei Häuser?
Welches hat das größere Volumen, welches die größere Außenfläche?
(Maße in m)

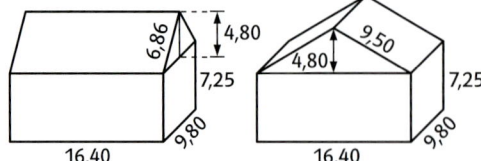

6,86   4,80
       7,25
          9,80
16,40

9,50
4,80
       7,25
          9,80
16,40

10 a) Berechne das Volumen und den Oberflächeninhalt des Hohlkörpers. (Maße in cm)

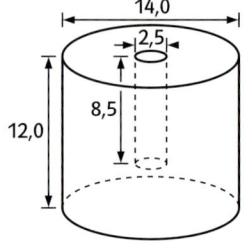

14,0
2,5
12,0   8,5

b) Wird die Oberfläche immer größer, wenn die Bohrung immer tiefer wird?

11 a) Berechne das Volumen der Tanks.
b) Die angegebenen Maße sind Außenmaße. Das Material ist 5 mm dickes Stahlblech.

(1)

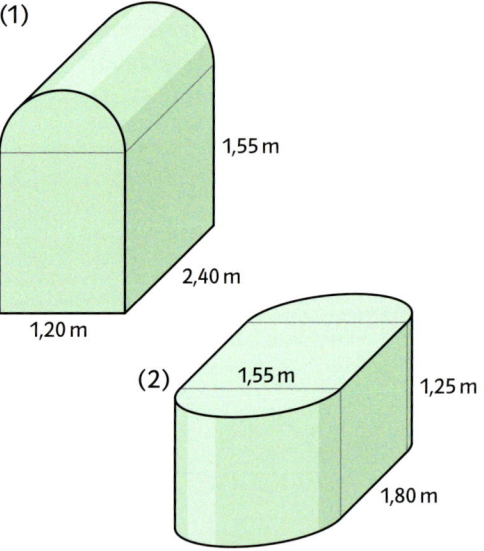

1,55 m

2,40 m

1,20 m

(2)   1,55 m

1,25 m

1,80 m

12 Berechne Volumen und Masse der Gussteile. 1 dm³ Aluminium wiegt 2,7 kg. (Alle Maße in mm)

a)

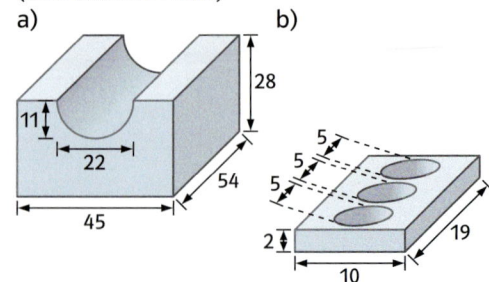

11
   22
      54
45

28

b)

5
5
5
2
     19
10

Zusammenfassung

Prisma

Ein **Prisma** wird begrenzt von der **Grund-fläche**, der **Deckfläche** und dem **Mantel**. Grundfläche und Deckfläche sind deckungsgleiche (kongruente) Dreiecke, Vierecke oder Vielecke.
Die Mantelfläche besteht aus Rechtecken.

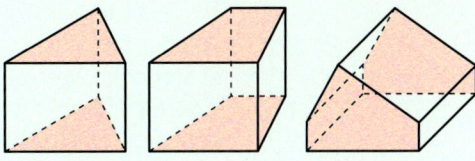

Oberflächeninhalt

Der **Oberflächeninhalt O** ist die Summe aus dem Doppelten der **Grundfläche G** und der **Mantelfläche M**:
$O = 2 \cdot G + M$

Die **Mantelfläche M** ist das Produkt aus dem **Umfang u** der Grundfläche mit der **Körperhöhe h**:
$M = u \cdot h$

$D = G$
$M = M_1 + M_2 + M_3 + M_4$
$u = a_1 + a_2 + a_3 + a_4$

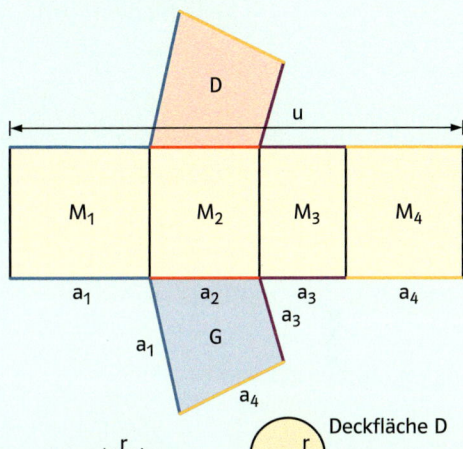

Volumen

Das **Volumen eines Prismas** lässt sich als Produkt aus Grundfläche und Körperhöhe berechnen:
$V = G \cdot h$

Oberfläche eines Zylinders

Die **Mantelfläche eines Zylinders** kann als Produkt des Grundkreisumfangs und der Zylinderhöhe berechnet werden.
$M = uh$ $\qquad\qquad$ $M = 2\pi rh$

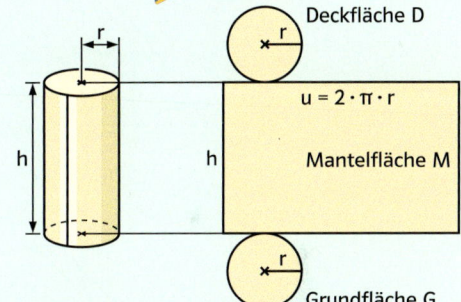

Zur Berechnung des **Oberflächeninhalts eines Zylinders** verdoppelt man den Flächeninhalt der Grundfläche und addiert die Mantelfläche.
$O = 2G + M$; $\ O = 2\pi r^2 + 2\pi rh$
$O = 2\pi r(r + h)$

$r = 2,0\,cm \qquad O = 2\pi r^2 + 2\pi rh$
$h = 4,0\,cm \qquad O = 2\pi \cdot 2,0^2 + 2\pi \cdot 2,0 \cdot 4,0$
$\qquad\qquad\qquad O = 25,1 + 50,3\,cm^2$
$\qquad\qquad\qquad O \approx 75,4\,cm^2$

$V = \pi r^2 h$
$V = \pi \cdot 2,0^2 \cdot 4,0\,cm^2$
$V \approx 50,3\,cm^3$

Volumen eines Zylinders

Das **Volumen eines Zylinders** kann als Produkt der Grundfläche und der Höhe berechnet werden.
$V = Gh$; $\ V = \pi r^2 h$

Zusammengesetzte Körper. Hohlkörper

Das **Volumen zusammengesetzter oder ausgehöhlter Körper** berechnet man als Summe oder Differenz der einzelnen Volumina. Es gilt also:
$V = V_1 + V_2$ oder $V = V_1 - V_2$

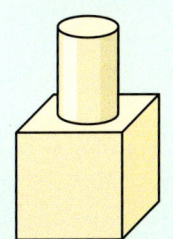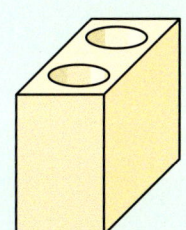

Üben • Anwenden • Nachdenken

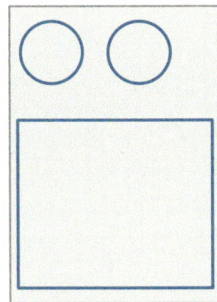

1 Stellt aus einem DIN-A4-Blatt einen Zylinder her.
a) Sieger ist, wer den Zylinder mit dem größten Volumen gebastelt hat.
b) Jetzt ist die größte Oberfläche das Ziel.

2 a) Warum gilt $V_3 < V_5$ und $V_6 < V_2$? Antworte, ohne zu rechnen.
b) Ordne die sechs Prismenvolumina der Größe nach; beginne mit dem kleinsten. (alle Maße in cm)

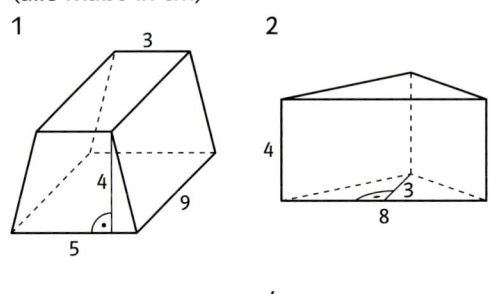

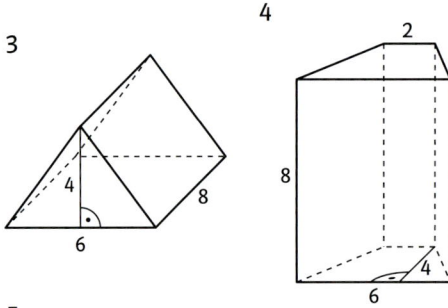

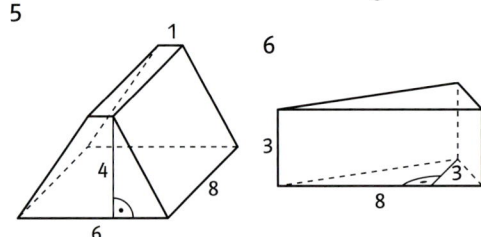

3 Berechne die fehlenden Größen des Zylinders.

	a)	b)	c)	d)
r	6,0 cm	4,5 cm	▢	▢
h	▢	▢	41,0 cm	▢
M	4,5 dm²	▢	▢	140,0 cm²
O	▢	▢	▢	250,0 cm²
V	▢	482,0 cm³	0,77 m³	▢

4 Berechne die nicht gegebenen Größen des Prismas.

	a)	b)	c)	d)
u	18 cm	20 dm		
h	36 cm		3,5 cm	25 cm
G	216 cm²	5,8 m²	12 cm²	
M				18 dm²
O		94 cm²		
V		8,7 m³		10 dm³

5 Eine Achse ist aus drei Zylindern Z_1; Z_2 und Z_3 zusammengesetzt.
Berechne das Gewicht. 1 dm³ Stahl wiegt 7,85 kg.
Die Achse wird sandgestrahlt.
Daher ist auch die Oberfläche wichtig.

Z_1: $h_1 = 52,5$ mm; $d_1 = 20,0$ mm
Z_2: $h_2 = 58,5$ mm; $d_2 = 32,5$ mm
Z_3: $h_3 = 90,8$ mm; $d_3 = 17,0$ mm

6 Die Grundfläche eines Prismas ist ein Dreieck mit $a = 8,5$ cm, $b = 5$ cm, $c = 10,5$ cm und $h_c = 4$ cm.
Wie hoch ist das Prisma, wenn es
a) das Volumen $V = 168$ cm³ hat?
b) den Oberflächeninhalt $O = 234$ cm² hat?

7 Ein Prisma hat als Grundfläche ein Dreieck mit der Grundlinie x und der Höhe 2x. Die Körperhöhe beträgt 10 cm.
a) Vergrößert man die Grundlinie x um 1 cm und die Dreieckshöhe 2x um 2 cm, so erhöht sich das Volumen V des Prismas um 150 cm³. Wie groß ist x?
b) Die Grundlinie wird um 1 cm vergrößert und die Dreieckshöhe wird um 2 cm verkleinert. Um wie viel verändert sich das Volumen?
c) Gilt das Ergebnis b) wirklich für jeden Wert von x?

8 a) Skizziere die Zylinder und berechne ihr Volumen. Denke daran: Ellipsen haben weder Ecken noch Spitzen.

Zylinder	(1)	(2)	(3)	(4)
r in cm	1,5	2,4	3	4
h in cm	16	6,25	4	2,25

b) Suche weitere Zylinder, die zu denen aus a) passen.

9 Schätze erst, rechne dann: Welcher Zylinder hat das größere Volumen, welcher die größere Oberfläche?

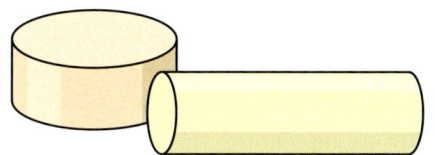

$r_1 = 10\,cm$ $r_2 = 5,0\,cm$
$h_1 = 7,5\,cm$ $h_2 = 30,0\,cm$

10 Berechne Volumen und Oberflächeninhalt des Zylinders.
a) $r = 6,5\,cm$ b) $r = 2,4\,dm$ c) $d = 72,0\,cm$
   $h = 78,0\,cm$ $h = 5,3\,dm$ $h = 8,9\,m$

11 Von einem Zylinder sind zwei Maße gegeben.
a) Berechne den Oberflächeninhalt.
$V = 1178,1\,cm^3$ $V = 3041,1\,mm^3$
$h = 15,0\,cm$ $h = 2,0\,mm$
b) Berechne das Volumen.
$O = 62,8\,dm^2$ $O = 40,8\,m^2$
$r = 2,0\,dm$ $r = 0,5\,m$

12 Ein Rechteck mit $a = 7\,cm$; $b = 5\,cm$ wird um Achse 1 oder Achse 2 gedreht. Dabei entstehen Zylinder als Drehkörper. Berechne jeweils V; O und M.

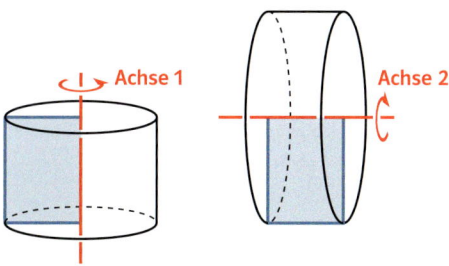

13 Berechne Volumen und Oberflächeninhalt der zusammengesetzten Körper.

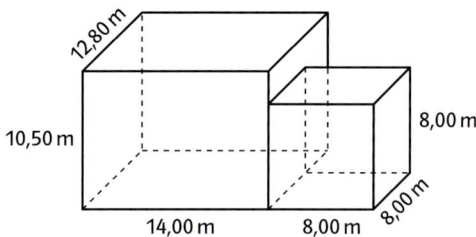

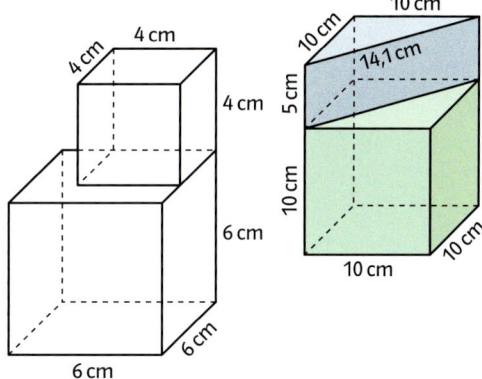

14 Das Rechteck wird um die Achse 1 oder die Achse 2 gedreht.

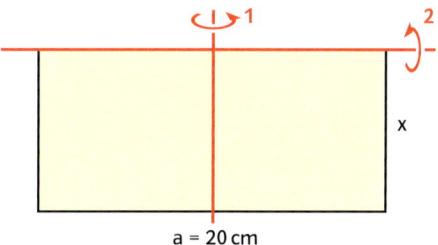

Bestimme x so, dass die zwei Zylinder
a) gleiche Volumen haben.
b) gleich große Oberflächen haben.

15 Beschreibe den Drehkörper. Berechne V und O.

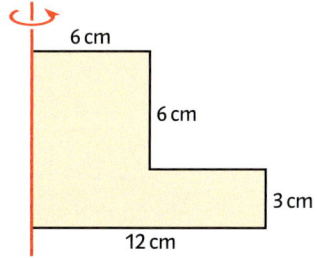

Bea, Christian, David und Jana schneiden aus Rechtecken Schachtelnetze aus. Sie suchen Schachteln mit möglichst großem Volumen.
Ihre Schachteln werden stabil, weil sie an jeder Ecke nur einmal einschneiden und die abgeknickten Quadrate an den Seitenwänden antackern.

■ Schachteln aus gleichen Rechtecken können sehr unterschiedlich aussehen, je nachdem wie groß die abgeschnittenen Quadrate sind.
Probiert das selbst aus. Rechtecke im Format DIN A4 habt ihr sofort bei der Hand. Für quadratische Bodenflächen schneidet ihr von DIN-A4-Rechtecken ein Quadrat ab.

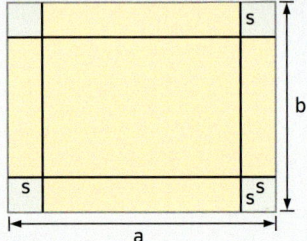

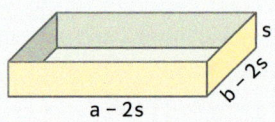

■ Die Seiten des Rechtecks sind a und b, die Schnittlänge ist s.
Schreibt für das Schachtelvolumen V einen Term auf. Berechnet V für
• a = 20 cm; b = 15 cm; s = 4 cm.
• a = 20 cm; b = 15 cm; s = 6 cm.
• a = 24 cm; b = 24 cm; s = 1 cm.
• a = 24 cm; b = 24 cm; s = 2 cm.

■ Mit einer Tabellenkalkulation könnt ihr das größte Volumen suchen, wenn die Rechtecksseiten a und b gegeben sind. Einfacher als Rechtecke sind Quadrate.

■ Mit dem Programm könnt ihr den Zusammenhang zwischen s und V auch als Graph zeichnen.

B5	▼ fx	=(24-2*A5)^2*A5	
	A	B	C
1			
2			
3	Schnittlänge		
4	s in cm	Volumen V in cm^3	
5	1	484	
6	2	800	
7	3	972	
8	4	1024	
9	5	980	
10	6	864	
11	7	700	
12	8	512	
13	9	324	
14	10	160	
15	11	44	
16	12	0	
17			
18			
19			

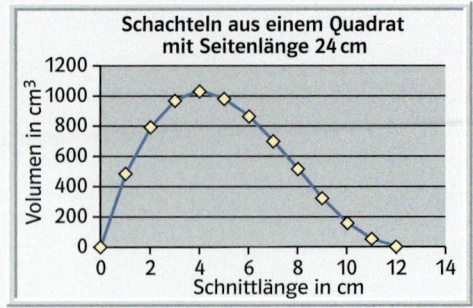

Schachteln aus einem Quadrat mit Seitenlänge 24 cm

- Das Rechenblatt rechts zeigt die Suche nach der größten Schachtel aus einem DIN-A4-Rechteck mit a = 29,7 cm; b = 21,0 cm.
Zunächst wächst s in Einerschritten.
In der Nähe des größten V-Werts wird die Suche in kleineren Schritten wiederholt.

- Mit dem Programm könnt ihr auch Graphen zeichnen.

- Sucht die größten Schachteln für Rechtecke mit
a = 24 cm; b = 15 cm.
a = 20 cm; b = 15 cm.
a = 28 cm; b = 25 cm.

- Sucht die größten Schachteln für Quadrate mit a = 27 cm; a = 18 cm; a = 20 cm.

- Ihr habt sicher bemerkt, dass die Schnittlängen für die größten Schachteln aus Rechtecken nicht immer natürliche Zahlen sind. Für die größten Schachteln aus Quadraten könnt ihr aber eine Regel finden, wie sich die Schnittlänge s aus der Seitenlänge a berechnen lässt.

- Wie wäre es mit einer Ausstellung? Alle Schachteln im Bild unten sind aus einem Rechteck mit
a = 15 cm; b = 24 cm hergestellt.

| B6 | ▼ | fx | =(29,7-2*A6)*(21-2*A6)*A6 |

	A	B	C	D	E
2					
3	Schnittlänge s in cm	Volumen V in cm^3		Schnittlänge s in cm	Volumen V in cm^3
4					
5	0	0		3,5	1112,3
6	1	526,3		3,6	1117,8
7	2	873,8		3,7	1122,136
8	3	1066,5		3,8	1125,332
9	4	1128,4		3,9	1127,412
10	5	1083,5		4	1128,4
11	6	955,8		4,1	1128,32
12	7	769,3		4,2	1127,196
13	8	548		4,3	1125,052
14	9	315,9		4,4	1121,912
15	10	97			
16	11	-84,7			
17					
18					

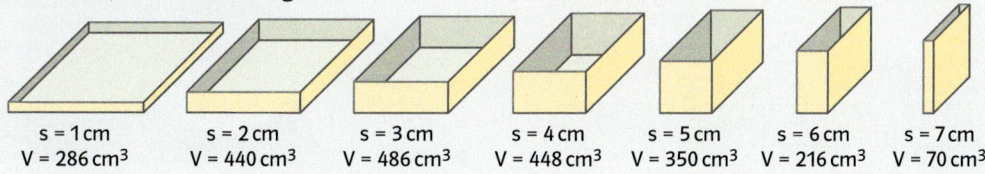

s = 1 cm	s = 2 cm	s = 3 cm	s = 4 cm	s = 5 cm	s = 6 cm	s = 7 cm
V = 286 cm³	V = 440 cm³	V = 486 cm³	V = 448 cm³	V = 350 cm³	V = 216 cm³	V = 70 cm³

- Stellt euch vor, die größten Schachteln sollten innen mit teurem Blattgold beklebt werden, 1 cm² für 1 €.
Wie viel kostet die größte Schachtel mit a = 72 cm; b = 27 cm?
Wie viel kostet die größte Schachtel mit a = b = 42 cm?
Vergleicht auch die Volumina.
Was fällt auf?

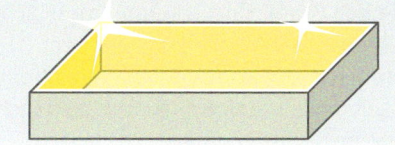

Die Suche nach größten oder besten Werten nennt man in der Mathematik **Optimierung**.

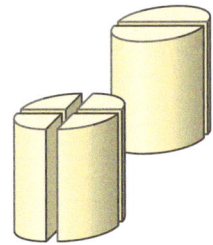

16 Ein Zylinder mit r = 4,0 cm und h = 10,0 cm wird durch Achsenschnitte zerlegt.
a) Berechne die Größe der Oberfläche der Zylinderhälfte und des Zylinderviertels.
b) Um wie viel Prozent ist die Oberfläche der zwei bzw. vier Teilkörper größer als die Oberfläche des Zylinders?

17 Drücke V und O durch e aus.

a)   b)

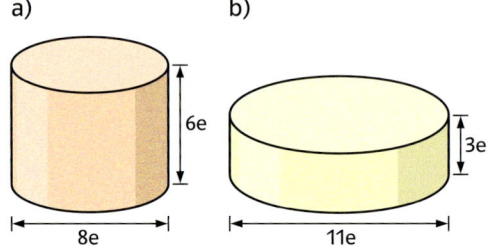

18 Der Nord-Ostsee-Kanal verbindet Nordsee und Ostsee. Er kürzt den Weg um etwa 400 sm ab. (1 Seemeile = 1852 m)

Urquerschnitt und Erweiterungen

66,7 m   413 m²   **1895**
NN −0,20
9,0 m
22,0 m

102,5 m   828 m²   **1914**
NN −0,20
11,0 m
44,0 m

162,0 m   1353 m² **1966**
NN −0,20
11,0 m
90,0 m

a) In der Grafik sind Längen- und Flächenmaße der Querschnitte angegeben. Prüfe nach, ob die Angaben zueinander passen. Falls Unstimmigkeiten auftauchen, versuche sie zu erklären.
b) Der Kanal ist 98,7 km lang. Du wirst es nicht glauben, aber auch nach dem letzten Ausbau enthält der Kanal weniger als 1 km³ Wasser. Überzeuge dich selbst!

19 a) Berechne die Größe der Oberfläche des Würfels mit sechs aufgesetzten Zylindern. Würfelkanten und Zylinderhöhen haben die Länge a = 10 cm.

b) Sven sagt: „Für die Oberfläche addiere ich einfach die Würfeloberfläche zum Sechsfachen einer Zylindermantelfläche." Wie hat Sven überlegt?

20 Die Grundfläche eines Prismas ist ein symmetrisches Trapez mit a = 9 cm, c = 3 cm und der Höhe h_T = 4 cm. Die Höhe des Prismas ist h = 8 cm. Zeichne das Prisma
a) auf einem Mantelrechteck liegend.
b) auf der Grundfläche stehend.

21 Von der Wasserleitung bis zur Pipeline – überall braucht man Rohre.

d_a: Außendurchmesser; w: Wanddicke
Aus der Fülle der Typen:
A d_a = 25 mm; w = 1,0 mm
B d_a = 323,8 mm; w = 25,40 mm;
C d_a = 711 mm; w = 12,70 mm
1 dm³ Stahl wiegt 7,85 kg.
Wie viel wiegt 1 lfm Rohr?
International werden Rohre in inch gemessen (1 inch = 1 Zoll = 25,4 mm).
Erkläre damit die Maße der Typen A und B.

! Zu Aufgabe 21:
lfm steht für „laufender Meter" und bedeutet „je Meter".

Rückspiegel

1 Ein Quader hat die Kantenlängen
a = 16 cm; b = 9 cm; c = 7,5 cm.
Berechne sein Volumen V und seinen
Oberflächeninhalt O.

2 Ein Quader hat die Kantenlängen
a = 9 cm; b = 7 cm und das Volumen
V = 315 cm³. Berechne die Kantenlänge c.

3 Berechne den Oberflächeninhalt und
das Volumen des Zylinders.
a) r = 6 cm; h = 15 cm
b) r = 37,0 mm; h = 25,5 cm
c) r = 0,62 m; h = 1,84 m

4 Eine Flugzeughalle hat die Form eines
Halbzylinders mit einem Radius von 15 m.
Sie ist 120 m lang.

a) Berechne das Volumen der Halle.
b) Die gewölbte Decke soll mit Zinkblech
bedeckt werden. Wie viel m² Blech müssen
bestellt werden?

5 Ein Prisma hat als Grundfläche
ein Dreieck mit a = 15 cm; b = 13 cm;
c = 4 cm und der Höhe h_c = 12 cm.
Die Höhe des Prismas ist h = 8 cm.
Berechne das Volumen V und den Oberflächeninhalt O.

6 Berechne das Volumen V
und die Oberfläche O
des zusammengesetzten
Körpers.

Z_1: r_1 = 2,4 cm Z_2: r_2 = 4,5 cm
     h_1 = 3,1 cm h_2 = 4,0 cm

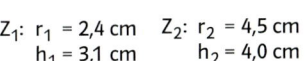

1 Alle Kantenlängen eines Quaders
werden verdoppelt. Mit welchem Faktor
vergrößert sich das Volumen? Mit welchem
Faktor vergrößert sich der Oberflächeninhalt?

2 Ein Quader hat die Kantenlängen
a = 9 cm; b = 7 cm und den Oberflächeninhalt O = 286 cm². Berechne die
Kantenlänge c.

3 Berechne das Volumen des Zylinders.
a) M = 660 cm²   b) M = 77 dm²
   h = 15 cm   d = 6 dm
c) M = 0,09 m²   d) G = 49 cm²
   r = 15 cm   M = 32 cm²
e) O = 512 cm²   f) O = 0,12 m²
   M = 3,3 dm²   d = 0,12 m

4 Der Eurotunnel unter dem Ärmelkanal
zwischen Frankreich und Großbritannien
ist 50,5 km lang.
Er besteht aus 3 Röhren. Die beiden
Fahrröhren haben einen Durchmesser
von 7,6 m; die Versorgungsröhre hat einen
Durchmesser von 4,8 m.
a) Wie lang wäre ein Güterzug mit dem
gesamten Aushub, wenn ein Güterwaggon
12,50 m lang ist und 40 m³ fasst?
b) Stelle dir das Aushubvolumen in Form
eines Würfels vor. Wie groß wäre dessen
Kantenlänge? Schätze zuerst.

5 Ein Prisma hat als Grundfläche
ein Parallelogramm mit a = 12,5 cm;
b = 8,5 cm und der Höhe h_a = 6 cm.
Die Höhe des Prismas ist h = 12 cm.
Berechne das Volumen V und den Oberflächeninhalt O.

6 Berechne das Volumen und die
Oberfläche des Hohlkörpers.

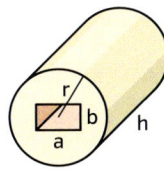

r = 3,2 cm
h = 11,4 cm
a = 2,9 cm
b = 1,7 cm

Handytarife

Das Handy gehört zu unserem Alltag und ist mittlerweile nicht mehr wegzudenken. Oftmals geben Jugendliche dafür sehr viel Geld aus.
Deshalb ist es wichtig, die Abrechnungssysteme der Mobilfunkgesellschaften kritisch zu prüfen.

Kinder und Jugendliche verwenden das Handy überwiegend, um eine SMS (**s**hort **m**essage **s**ervice), also eine Kurzmitteilung zu versenden.

Die Tabelle zeigt ein besonderes Angebot:

Tarif	Einsteiger	Normal	Profi
SMS-Paket	40 SMS	150 SMS	300 SMS
Kosten	5 €	15 €	25 €

Tarifunabhängig kostet jede weitere SMS 19 Cent.

- Welches Tarifmodell ist für durchschnittlich 70 SMS, 100 SMS oder 220 SMS pro Monat das günstigste?
- Nora hat die Anzahl der in den letzten vier Monaten versandten SMS-Nachrichten notiert: 113 SMS, 145 SMS, 169 SMS und 136 SMS. Kannst du ihr bei der Tarifwahl behilflich sein?

Hallo Max :-)

Im Tarifdschungel der vielen Anbieter behält man nur schwer den Überblick.
Mobilfunkanbieter Maxicom wirbt mit den rechts abgebildeten Angeboten.

- Max versendet pro Monat ungefähr 150 SMS-Nachrichten.
- Ab welcher monatlichen SMS-Zahl wird der Tarif „Normal" günstiger?
- Besorge dir Daten von aktuellen Tarifen und vergleiche.

Maxicom-Aktuell

Tarif	Einsteiger	Normal
Grundgebühr pro Monat	4,95 €	9,95 €
Einmalige Anschlussgebühr	24,95 €	24,95 €
Freie SMS pro Monat	100	200
Empfang einer SMS	frei	frei
Versand einer SMS	0,19 €	0,19 €

Lara und Vanessa unterhalten sich über das abgebildete Tarifangebot (ohne SMS-Tarife und ohne internen Mobilfunk).

Lara: „Ich bin mir nicht schlüssig, welchen Tarif ich für mich wählen soll."
Vanessa: „Wie lange telefonierst du denn pro Monat?"
Lara: „Ich schätze mal so ungefähr eine Stunde am Wochenende, eine halbe Stunde zur Hauptzeit und eine halbe Stunde in der Nebenzeit."

• Kannst du den beiden einen Rat geben?

Neben den Tarifen „Basic" und „Quality" wird noch der Tarif „Premium" angeboten. Er beinhaltet 60 Freiminuten pro Monat (Gesprächsgebühren wie Tarif „Basic"). Allerdings beträgt die Grundgebühr 24,95 €.

• Ist dieser Tarif für Lara attraktiv? Was meinst du?

Gesprächsgebühren Festnetz (in €):

Tarif	Grundgebühr	Hauptzeit	Nebenzeit	Wochenende
Basic	9,95	0,49	0,19	0,09
Quality	19,95	0,15	0,15	0,09

Der Tabelle kannst du die Entwicklung des SMS-Versands pro Jahr in Deutschland entnehmen (Angaben in Milliarden).

Jahr	1996	1997	1998	1999	2000	2001	2002
SMS	0,1	0,4	1,0	3,7	11,8	16,8	32,1

• Zeichne ein geeignetes Diagramm. Weshalb ist ein Kreisdiagramm nicht geeignet?
• In Deutschland leben ca. 80 Millionen Menschen. Drei Viertel davon besitzen ein Handy. Wie viele SMS kommen ungefähr auf einen Bundesbürger pro Jahr? Vergleiche mit der Anzahl der von dir verfassten SMS-Nachrichten.

In diesem Kapitel lernst du,

• was man unter Funktionen versteht und wie man sie beschreibt,
• was proportionale und lineare Funktionen sind,
• wie die Graphen von proportionalen und linearen Funktionen gezeichnet werden,
• wie man mathematische Modelle zur Lösung von Alltagsproblemen verwenden kann.

1 Funktionen

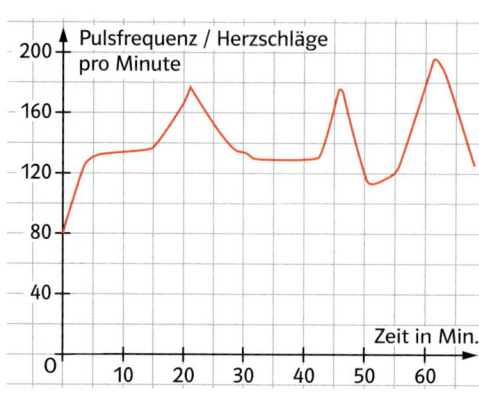

Das Diagramm zeigt die Pulsfrequenz von Svenja beim Geländelauf.

→ Lies die Pulsfrequenz nach 10; 20; 30; … Minuten möglichst genau ab.

→ Nenne mögliche Gründe, weshalb die Pulsfrequenz nicht konstant gleich bleibt.

→ Wann beträgt die Pulsfrequenz 100 Schläge pro Minute? Wann 160 bzw. 200?

Oft gibt es Situationen, in denen zu einer ersten Größe eine zweite gehört. So werden bei Temperaturmessungen Zuordnungen zwischen Uhrzeit und Temperatur verwendet. Dadurch entstehen **Wertepaare**, die in einer **Wertetabelle** dargestellt werden.

Uhrzeit	6:00	9:00	12:00	15:00	18:00	21:00	24:00
Temp.	7,4	12,1	17,3	21,5	17,3	10,0	8,6

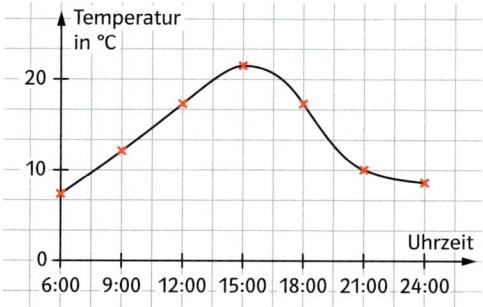

Zu jeder Uhrzeit gehört genau ein Temperaturwert. Dies bezeichnet man als **eindeutige Zuordnung** oder **Funktion.** Umgekehrt kann man von der Temperatur aber nicht auf die Uhrzeit schließen. Zu 17,3 °C gehören nämlich verschiedene Uhrzeiten. In diesem Fall liegt somit keine Funktion vor.

> Unter einer **Funktion** versteht man eine **eindeutige Zuordnung,** bei der zu jeder Größe aus einem ersten Bereich (Definitionsbereich $\mathbb{D}$) **genau eine** Größe aus einem zweiten Bereich (Wertebereich $\mathbb{W}$) gehört.
> Eine Funktion lässt sich in einer **Wertetabelle,** einem **Graphen** oder mit einer **Funktionsgleichung** darstellen. Die **x-Werte** der Gleichung sind wählbar, x heißt deshalb **unabhängige Variable.** **y** bezeichnet man als **abhängige Variable.**

Beispiel

Gegeben ist die Funktionsgleichung $f(x) = \frac{1}{2}x + 1$. Für x-Werte von −3 bis 3 werden die zugehörigen y-Werte berechnet und in einer **Tabelle** dargestellt. Der Definitionsbereich ist $\mathbb{Z}$, der Wertebereich ist $\mathbb{Q}$.

Statt „f(x)" schreibt man auch „y".

x	−3	−2	−1	0	1	2	3
f(x)	−0,5	0	0,5	1	1,5	2	2,5

Mithilfe der berechneten Wertepaare lässt sich der **Graph** zeichnen. Man sieht, dass alle Punkte auf einer Geraden liegen.

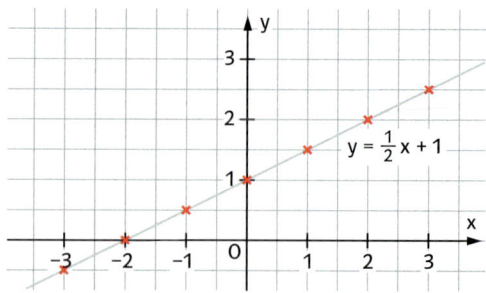

$y = \frac{1}{2}x + 1$

Aufgaben

1 a) Welche Zuordnungen sind Funktionen? Begründe deine Antwort.

Eingabegröße	Ausgabegröße
gefahrene Strecke	Benzinverbrauch
verkaufte Eintrittskarten	erzielte Einnahmen
Heizölvolumen	Rechungsbetrag
Bahnfahrstrecke	Fahrpreis
Fahrpreis	Bahnfahrstrecke
Porto	Briefgewicht

b) Nenne Situationen im Alltag, die sich durch eine Funktion darstellen lassen. Versuche eine Funktionsgleichung aufzustellen bzw. ein Schaubild zu zeichnen.

2 Trage die zugeordneten Werte in eine Tabelle ein. Wähle ganze Zahlen von −3 bis 3. Liegt eine Funktion vor?

Eingabegröße	Ausgabegröße
Zahl	das Doppelte der Zahl
Zahl	die Summe aus der Zahl und 1
Zahl	das Dreifache der Zahl

3 Welches Schaubild gehört zu einer Funktion, welches nicht? Begründe.

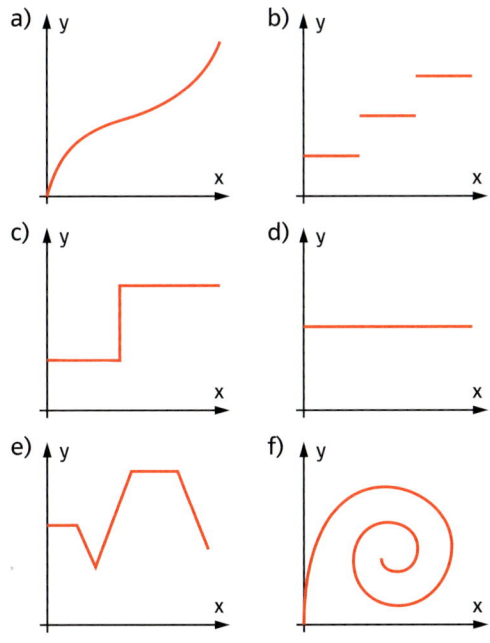

4 Welche Wertetabelle gehört zu welcher Funktionsgleichung?

x	−3	−2	−1	0	1	2	3
f(x)	−5	−3	−1	1	3	5	7

x	−3	−2	−1	0	1	2	3
f(x)	8	3	0	−1	0	3	8

x	−3	−2	−1	0	1	2	3
f(x)	−3,5	−3	−2,5	−2	−1,5	−1	−0,5

$f(x) = \frac{1}{2}x - 2$

$f(x) = x^2 - 1$

$f(x) = 2x + 1$

5 Wie heißt die Funktionsgleichung?

a)
x	−3	−2	−1	0	1	2	3
y	−6	−4	−2	0	2	4	6

b)
x	−3	−2	−1	0	1	2	3
y	−6	−5	−4	−3	−2	−1	0

c)
x	−3	−2	−1	0	1	2	3
y	−7	−5	−3	−1	1	3	5

d)
x	−3	−2	−1	0	1	2	3
y	−3	−1	1	3	5	7	9

6 Die unvollständigen Wertepaare gehören zur Funktionsgleichung $f(x) = -x + 5$.
a) (3; ☐) b) (7; ☐)
c) (−2; ☐) d) (☐; 4)
e) (☐; −3) f) (☐; −0,5)

7 Welches Schaubild gehört zu welcher Funktionsgleichung? Wähle zur Überprüfung geeignete Punkte aus.

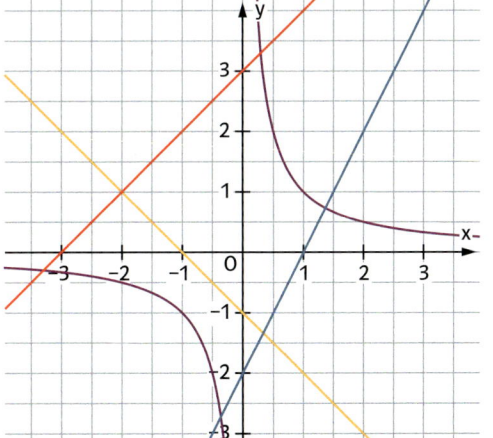

$f(x) = \frac{1}{x}$

$f(x) = 2 \cdot x - 2$

$f(x) = x + 3$

$f(x) = -x - 1$

Mit einem Tabellenkalkulationsprogramm kannst Du zu einer Funktionsgleichung die Wertetabelle und das Schaubild erstellen. Schaubilder lassen sich mit dem Diagrammassistenten abbilden. Das **Punktdiagramm** eignet sich zur Darstellung von Graphen.

Das Abbrennen einer Kerze wird mit der Gleichung $l = 20 - 0{,}8 \cdot t$ beschrieben.
- Erkläre die Funktionsgleichung.
- Lies aus der Wertetabelle ab, wann die Kerze vorraussichtlich abgebrannt ist.
- Kannst du den Zeitpunkt berechnen?

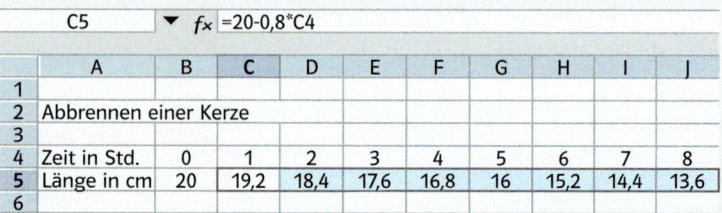

C5		▼	f_x =20-0,8*C4						
	A	B	C	D	E	F	G	H	I	J
1										
2	Abbrennen einer Kerze									
3										
4	Zeit in Std.	0	1	2	3	4	5	6	7	8
5	Länge in cm	20	19,2	18,4	17,6	16,8	16	15,2	14,4	13,6
6										

Auch schwierige Funktionen können auf diese Weise veranschaulicht werden. Das Schaubild gehört zur Funktion
$y = \frac{x^3}{2} + x^2 - 2x$
- Erstelle die Schaubilder der Funktionen. Wähle dazu x-Werte von −5 bis +5.
$y = -\frac{1}{4}x^2 + \frac{1}{2}x + 2$
$y = \frac{3}{8}x^3 - \frac{9}{4}x^2 + 2x + 5$

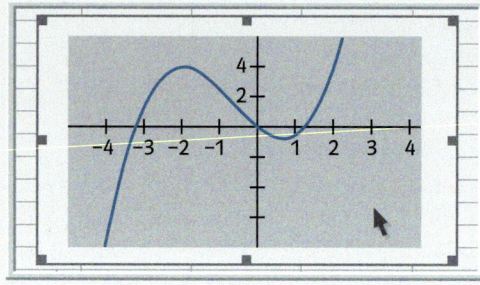

Bei der Eingabe musst du für die Potenzen eine besondere Schreibweise verwenden: f_x=B2^3/2+B2^2*B2

Oft kommen für x und y nur bestimmte Werte in Frage: Anzahlen von Personen können nur natürliche Zahlen (aus $\mathbb{N}$) sein, Ebenen eines Parkhauses können nur ganze Zahlen, aber auch negativ sein (aus $\mathbb{Z}$), Maßzahlen von Größen können positive rationale Zahlen sein (aus $\mathbb{Q}^+$).

Beim Erstellen von Wertetabellen und Graphen müssen der Definitionsbereich $\mathbb{D}$ (für die 1. Größe) und der Wertebereich $\mathbb{W}$ (2. Größe) beachtet werden, denn von ihnen hängen die **Form** des Graphen und die Wahl der **Quadranten** ab:
Sind Definitions- oder Wertebereich $\mathbb{N}$ bzw. $\mathbb{Z}$, so besteht der Graph nur aus **Gitterpunkten**.
Andernfalls ist der Graph eine **Linie**.
Sind alle Werte positiv ($\mathbb{N}$, $\mathbb{Q}^+$), so liegen die Punkte nur im **1. Quadranten**, ansonsten verläuft der Graph auch im zweiten oder in allen Quadranten.

- Erstelle die Schaubilder zu
$y = 2x - 2$; $\mathbb{D} = \mathbb{N}$ und $\mathbb{W} = \mathbb{Z}$
$y = -x + 5$; $\mathbb{D} = \mathbb{Z}$ und $\mathbb{W} = \mathbb{Z}$
$y = 0{,}3x - 0{,}2$; $\mathbb{D} = \mathbb{Q}$ und $\mathbb{W} = \mathbb{Q}$
$y = 0{,}5x + 0{,}5$; $\mathbb{D} = \mathbb{Q}$ und $\mathbb{W} = \mathbb{Z}$

$\mathbb{D} = \mathbb{N}, \mathbb{W} = \mathbb{N}$

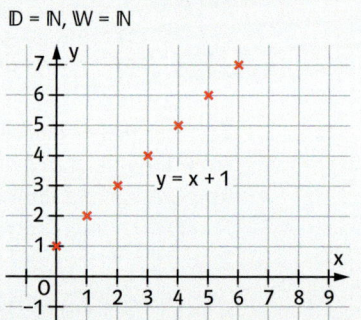

$\mathbb{D} = \mathbb{Q}^+, \mathbb{W} = \mathbb{Q}^+$

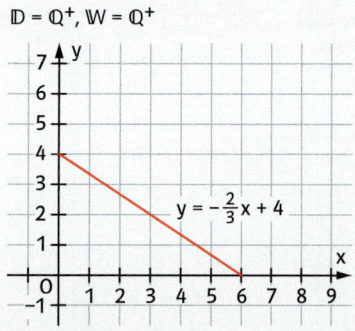

$\mathbb{D} = \mathbb{Z}, \mathbb{W} = \mathbb{Q}$

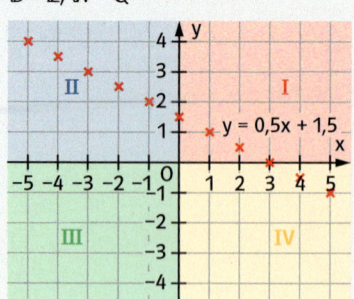

$\mathbb{D} = \mathbb{Q}, \mathbb{W} = \mathbb{Q}$

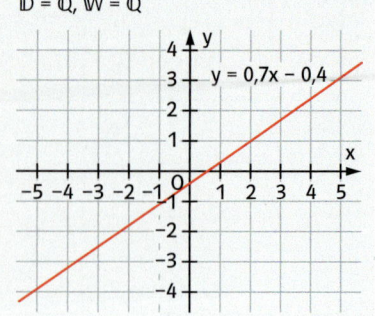

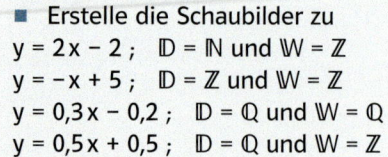

8 Prüfe rechnerisch nach, ob die Punkte A(2|3); B(1,5|4); C(−3|0) und D(−6|−4) zum Graphen der Funktionsgleichung gehören.

a) $y = 2x + 1$ b) $y = -x + 1,5$
c) $y = x^2 - 9$ d) $y = \frac{3}{4}x + 0,5$
e) $y = -0,6x - 0,6$ f) $y = x + 3$
g) $y = x^2 - 1$ h) $y = x^2 - 2x + 3$

9 Die Werbetafel auf dem Rand zeigt die Tarife des Parkhauses „Obere City".
a) Zeichne dazu ein Schaubild.
b) Frau Köhler parkt 3 Stunden, Herr Winter lässt das Auto $5\frac{1}{2}$ Stunden im Parkhaus.
c) Frau Weber stellt um 8.45 Uhr ihr Fahrzeug im Parkhaus ab. Beim Verlassen des Parkhauses bezahlt sie 9,50 €.
Wie spät mag es wohl sein?
d) Wann „lohnt" sich das Tagesticket?

10 Wie heißt die zugehörige Funktionsgleichung?
a) Jeder Zahl wird ihr Doppeltes vermehrt um 3 zugeordnet.
b) Jeder Zahl wird ihre Hälfte vermindert um 5 zugeordnet.
c) Jeder Zahl wird das Produkt aus der Zahl und der um 1 vermehrten Zahl zugeordnet.

11 Der Schall breitet sich in verschiedenen Stoffen unterschiedlich schnell aus. Beschreibe die Abhängigkeit von Zeit und Weg jeweils in einer Funktionsgleichung.

in Luft: 340 m pro Sekunde
in Wasser: 1450 m pro Sekunde
in Stahl: 5050 m pro Sekunde

12 Fertigt in der Gruppe jeweils zehn Kärtchen mit ausgefüllten Wertetabellen und den zugehörigen Funktionsgleichungen an. Legt die 20 Kärtchen anschließend verdeckt auf den Tisch und mischt sie durch. Nun könnt ihr damit Funktionen-Memory spielen.

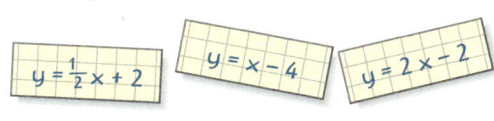

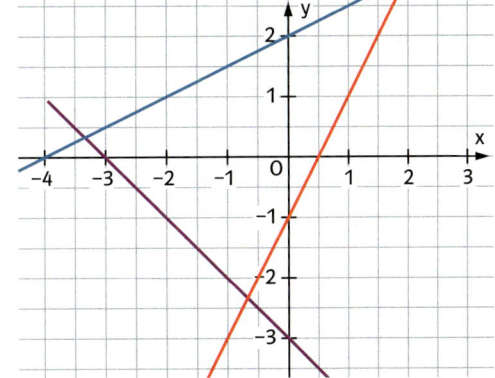

13 Berechne die y-Werte und zeichne das Schaubild.

a) $y = 2x - 1$

x	−3	−2	−1	0	1	2	3
y	☐	☐	☐	☐	☐	☐	☐

b) $y = -1,5x + 2$

x	−2	−1	0	1	2	3	4
y	☐	☐	☐	☐	☐	☐	☐

c) $y = -\frac{3}{x}$

x	−4	−3	−2	−1	0	1	2
y	☐	☐	☐	☐	☐	☐	☐

14 Stelle die Wertetabelle für ganzzahlige x-Werte von −4 bis 4 auf. Zeichne das Schaubild.
a) $y = 3x - 2$ b) $y = 2,5x + 1$
c) $y = -2x + 0,5$ d) $y = -x - 1,5$
e) $y = \frac{1}{2}x + 2$ f) $y = -\frac{1}{4}x - 1,5$
g) $y = (x - 1)^2$ h) $y = 2 - x^2$

15 Gib zu den Graphen passende Funktionsvorschriften in Worten an.

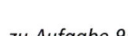

zu Aufgabe 9:

Parkhaus Obere City P

Parkgebühren:

für 1 Stunde   2,50 €

je weitere angefangene Stunde   1 €

Tagesgebühr   12 €

2 Proportionale Funktionen

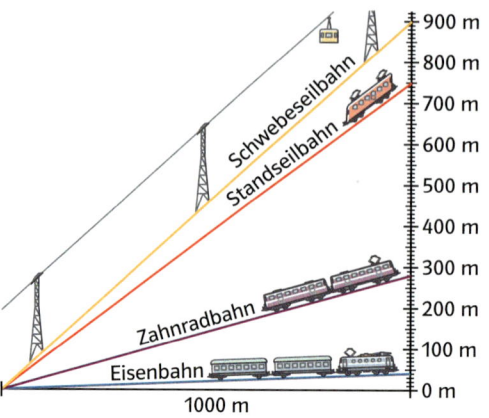

Die Steigung einer Bahn wird durch das Verhältnis des Höhenunterschieds zur horizontalen Strecke ausgedrückt. Die Malbergbahn in Bad Ems überwindet auf einer horizontalen Strecke von 520 m einen Höhenunterschied von 260 m. Ihre Steigung ist: $\frac{260}{520} = \frac{50}{100} = 50\,\%$.

➔ Lies die Steigungen der Bahnen ab. Gib die Steigung auch in Prozent an.

➔ Drücke die Abhängigkeit von Streckenlänge und Höhenunterschied jedes Mal in einer Funktionsgleichung aus.

Ist ein Wertepaar einer proportionalen Zuordnung bekannt, lassen sich weitere bestimmen. Da der Quotient aus y-Wert und x-Wert eines jeden Punkts gleich ist, nennt man eine solche Funktion eine **proportionale Funktion**. Den Quotienten bezeichnet man als **Steigungsfaktor m**. Man verwendet die **Funktionsgleichung y = m · x**.

positive Steigung

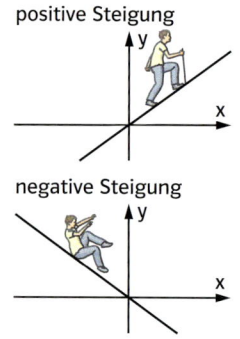

negative Steigung

Der Graph der Funktion $y = 2x$ zeigt: Erhöht sich der x-Wert um 1, so vergrößert sich der y-Wert um 2.

Der Graph der Funktion $y = \frac{3}{4}x$ zeigt: Erhöht sich der x-Wert um 1, so vergrößert sich der y-Wert um $\frac{3}{4}$. Ebenso kann man auch 4 Einheiten nach rechts und drei Einheiten nach oben gehen.

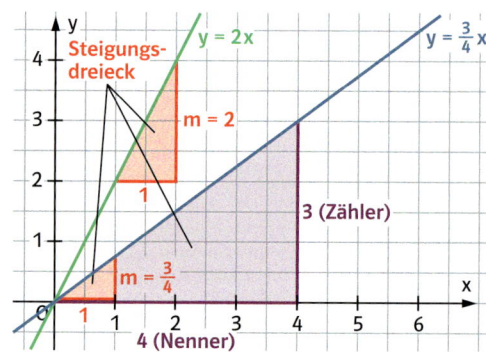

> Eine Funktion mit der Gleichung **y = m · x** heißt **proportionale Funktion**. Ihr Graph gehört zu einer Geraden, die durch den **Ursprung** des Koordinatensystems geht. Der Steigungsfaktor **m** bestimmt die **Steigung** der Geraden.

Beispiele

a) Zeichnen der Gerade

Der Graph der Funktion $y = \frac{3}{2}x$ lässt sich mithilfe eines Steigungsdreiecks zeichnen. Dazu geht man vom Ursprung des Koordinatensystems eine Einheit nach rechts und $\frac{3}{2}$ Einheiten nach oben. Um Brüche zu vermeiden, kann man auch 2 Einheiten nach rechts und 3 Einheiten nach oben gehen. Die Ursprungsgerade geht durch den Punkt P(2|3).

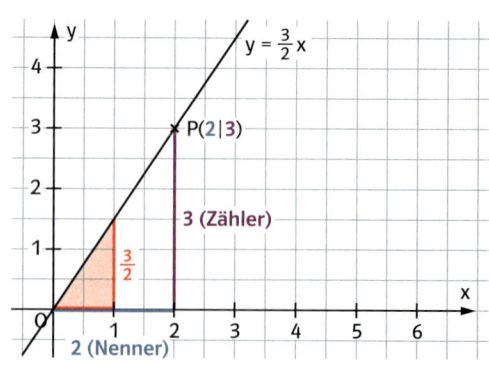

b) Bestimmen der Funktionsgleichung

Geht man vom Ursprung um zwei Einheiten nach rechts, muss man eine Einheit nach unten gehen. Daraus ergibt sich die Steigung $m = -\frac{1}{2}$.
Die Gerade hat die Gleichung $y = -\frac{1}{2}x$.

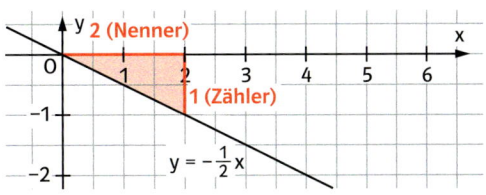

Aufgaben

1 Zeichne die Gerade einer proportionalen Funktion durch den angegebenen Punkt. Beschreibe den Verlauf der Geraden.
a) P(2|4)   b) P(6|1)   c) P(4,5|4,5)
d) Q(−3|2)   e) Q(−1|5)   f) Q(−8|2)

2 Zeichne das Steigungsdreieck samt Gerade. Gehe dazu vom Ursprung
a) um 1 nach rechts und 3 nach oben.
b) um 1 nach rechts und 2 nach unten.
c) um 3 nach rechts und 6 nach unten.
d) um 1 nach links und 4 nach unten.

3 Die Steigung m einer proportionalen Funktion legt den Verlauf der Geraden fest. Beschreibe die Lage der Geraden mit Worten. Verwende zur Eingrenzung die beiden Geraden $y = x$ bzw. $y = -x$.

Beispiel: $y = 2x$
Die Gerade verläuft durch den 1. und 3. Quadranten. Sie ist steiler als die Gerade $y = x$.

a) $y = \frac{1}{2}x$ b) $y = -\frac{1}{10}x$
c) $y = -1,5x$ d) $y = 3x$

4 Zeichne die Gerade mithilfe des Steigungsdreiecks.

Beispiel: $y = -\frac{2}{5}x$

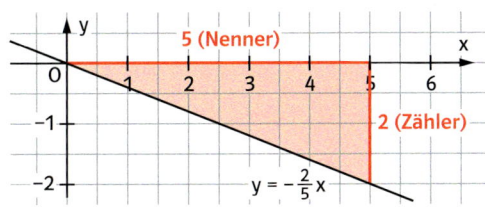

a) $y = \frac{1}{3}x$ b) $y = \frac{3}{7}x$ c) $y = \frac{4}{3}x$
d) $y = -0,8x$ e) $y = -0,3x$ f) $y = -2,3x$

5 Welche Gleichung gehört zu welcher Geraden?

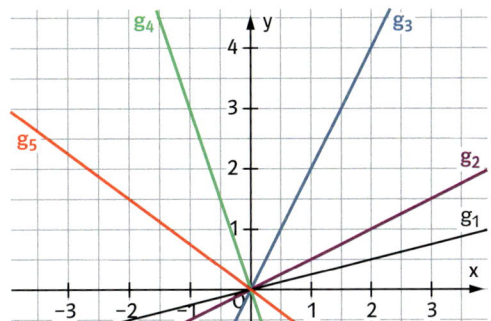

G1: $y = 2x$
G2: $y = -0,5x$
G3: $y = -\frac{2}{3}x$
G4: $y = \frac{1}{2}x$
G5: $y = -\frac{3}{2}x$
G6: $y = \frac{1}{4}x$
G7: $y = -3x$
G8: $y = -\frac{3}{4}x$

6 Gib zu jeder Gerade die Funktionsgleichung an.

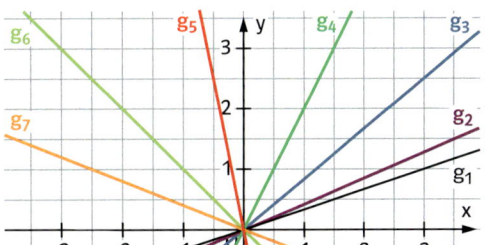

Zeichne die Gerade der proportionalen Funktion.

Was fällt dir auf?
$m = -3$
$m = -2$
$m = -1$
$m = 0$
$m = 1$
$m = 2$
$m = 3$

7 Eine Ursprungsgerade geht durch den Punkt P. Gib die Funktionsgleichung an.
a) P(6|3)   b) P(2|1)   c) P(−2|4)
   P(3|6)   P(2|−1)   P(4|−2)
   P(6|−3)   P(−2|−1)   P(−2|−4)

8 Liegt eine proportionale Funktion vor? Du brauchst nicht zu zeichnen.

a)

x	3	5	7	10	15
y	9	15	21	30	45

b)

x	−5	−2	0	3	7
y	−2,5	−1	0	1,5	3,5

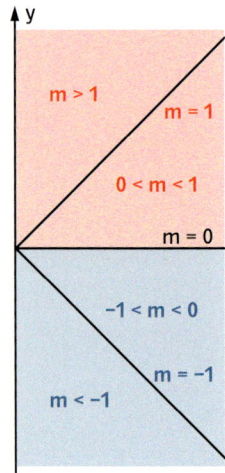

9 Das Wertepaar gehört zu einer proportionalen Funktion.
Bestimme die Funktionsgleichung.
a) $(2\,|\,7)$ b) $(-5\,|\,-7{,}5)$ c) $(8{,}4\,|\,2{,}8)$

10 a) Ordne die Gleichungen nach der Eigenschaft:
„Die zugehörige Gerade ist steiler als".
$y = 0{,}2\,x$ $y = 1{,}2\,x$ $y = x$
$y = 5\,x$ $y = \frac{1}{3}\,x$ $y = \frac{4}{3}\,x$

b) Ordne die Gleichungen nach der Eigenschaft:
„Die zugehörige Gerade hat eine geringere Steigung als".
$y = -\frac{2}{3}\,x$ $y = -2{,}5\,x$ $y = -0{,}5\,x$
$y = -\frac{5}{4}\,x$ $y = -x$ $y = -3\,x$

11 Vergleiche den Verlauf der beiden Geraden, ohne zu zeichnen.
a) $y_1 = \frac{1}{3}\,x$ $y_2 = \frac{1}{4}\,x$
b) $y_1 = -4\,x$ $y_2 = -6\,x$
c) $y_1 = -\frac{1}{4}\,x$ $y_2 = -\frac{1}{5}\,x$
d) $y_1 = \frac{9}{10}\,x$ $y_2 = \frac{10}{9}\,x$
e) $y_1 = \frac{2}{3}\,x$ $y_2 = 0{,}6\,x$

12 In die beiden quaderförmigen Behälter fließt in gleicher Zeit gleich viel Wasser. Die Höhe beider Behälter ist gleich. Welcher Graph gehört zu welchem Gefäß? Bestimme die jeweilige Funktionsgleichung. Mache eine Aussage über die Grundflächen der beiden Quader.

Mehr oder weniger als 100 % Gefälle?

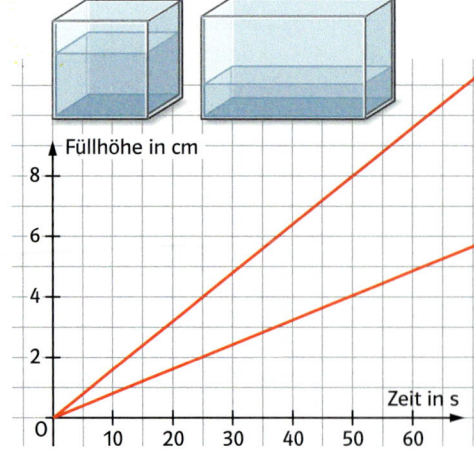

13 a) Die Ursprungsgerade g_1 geht durch drei der 24 markierten Punkte.
Wie heißt die Funktionsgleichung von g_1? Nenne weitere Gitterpunkte von g_1.
b) Finde weitere Ursprungsgeraden, die durch mindestens drei Punkte verlaufen.
c) Welche Ursprungsgerade geht durch vier Punkte?
d) Bestimme die Funktionsgleichungen sämtlicher Ursprungsgeraden, die durch zwei der 24 Punkte verlaufen.

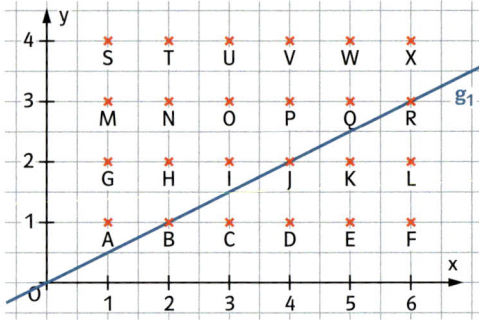

14 Welche Punkte liegen auf welcher Geraden?
A $(2\,|\,3)$ $y = \frac{1}{2}\,x$
B $(-2\,|\,-1)$ $y = -x$
C $(5\,|\,0{,}5)$ $y = 1{,}5\,x$
D $(-2\,|\,4)$ $y = 0{,}1\,x$
E $(-4{,}5\,|\,4{,}5)$ $y = \frac{2}{3}\,x$
F $(-3\,|\,-2)$ $y = -2\,x$

15 Beide Punkte liegen auf einer Ursprungsgeraden.
a) $S\,(2\,|\,-3)$ $T\,(-4\,|\,\square)$
b) $S\,(-2\,|\,-4)$ $T\,(1\,|\,\square)$
c) $S\,(-3\,|\,1)$ $T\,(1{,}5\,|\,\square)$
d) $S\,(4\,|\,-1)$ $T\,(6\,|\,\square)$
e) $S\,(1\,|\,3)$ $T\,(\square\,|\,4{,}5)$
f) $S\,(-7\,|\,-3)$ $T\,(\square\,|\,4{,}5)$

16 Berechne die fehlende Koordinate der beiden Punkte einer Ursprungsgeraden.
a) $A\,(4\,|\,6)$ $B\,(\square\,|\,9)$
b) $C\,(5\,|\,3)$ $D\,(2{,}5\,|\,\square)$
c) $E\,(1\,|\,9)$ $F\,(\square\,|\,13{,}5)$
d) $G\,(\square\,|\,7{,}5)$ $H\,(-2\,|\,-3)$
e) $I\,(8\,|\,-10)$ $K\,(-6\,|\,\square)$
f) $L\,(6\,|\,\square)$ $M\,(-4{,}5\,|\,7{,}5)$

3 Lineare Funktionen

Dem Schaubild kann man den Fahrpreis einer Taxifahrt im Nahverkehr entnehmen.
→ Gib für jede Entfernung an, wie viel bezahlt werden muss.
→ Weshalb verläuft die Gerade durch die Punkte nicht auch durch den Ursprung?

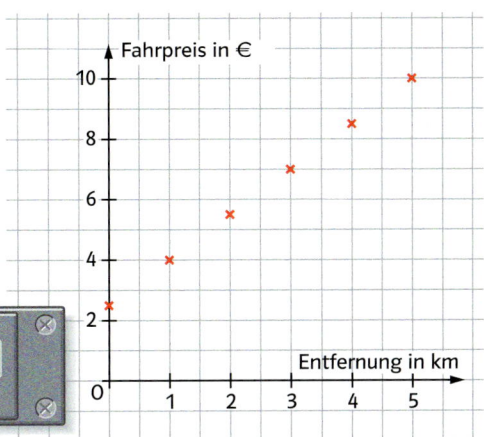

Der Graph der Funktion mit der Gleichung $y = \frac{1}{2}x + 2$ entsteht durch Verschieben der Geraden $y = \frac{1}{2}x$ in Richtung der y-Achse. Das zeigen die Wertetabellen und Graphen der beiden Funktionen.

Für $y = \frac{1}{2}x$ erhält man:

x	−2	−1	0	1	2	3	4
y	−1	−0,5	0	0,5	1	1,5	2

Für $y = \frac{1}{2}x + 2$ erhält man:

x	−2	−1	0	1	2	3	4
y	1	1,5	2	2,5	3	3,5	4

Hier erkennt man, dass jeder Punkt der Geraden $y = \frac{1}{2}x$ um 2 Einheiten in y-Richtung verschoben wurde.
Beide Geraden haben dieselbe Steigung $m = \frac{1}{2}$, sie verlaufen parallel.
Der Graph von $y = \frac{1}{2}x + 2$ geht nicht durch den Ursprung.
Die Funktion ist nicht proportional.

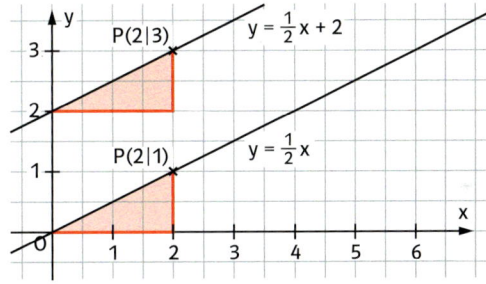

Eine Funktion mit der Gleichung $y = m \cdot x + b$ heißt **lineare Funktion**.
Ihr Graph ist eine Gerade mit der **Steigung m**. Die Gerade schneidet die y-Achse im Punkt $P(0|b)$. Man bezeichnet b als **y-Achsenabschnitt** der Geraden.

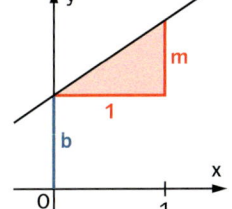

Bemerkung
Mit dem y-Achsenabschnitt $b = 0$ ergeben sich proportionale Funktionen.

Beispiele
a) Der Graph der Funktion $y = 3x − 2$ kann mithilfe des y-Achsenabschnitts $b = −2$ und der Steigung $m = 3$ gezeichnet werden.

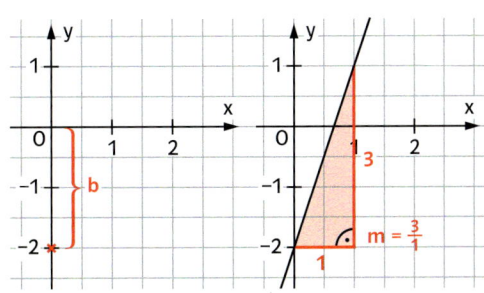

b) Aus dem Schaubild lassen sich die Werte für die Steigung m und den y-Achsenabschnitt b ablesen.

b = 2,5 $m = -\frac{3}{4}$

Zur Gerade gehört damit die Funktionsgleichung $y = -\frac{3}{4}x + 2{,}5$.

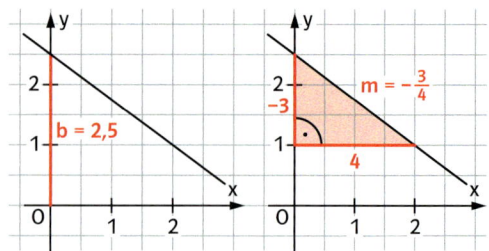

Aufgaben

1 Entscheide, ob eine lineare oder sogar eine proportionale Funktion vorliegt. Begründe deine Antwort.

Eingabegröße	Ausgabegröße
Kraftstoffvolumen	Kraftstoffpreis
Wärmezufuhr	Wassertemperatur
Bahnstrecke	Fahrpreis
Länge einer Kerze	Brenndauer
Arbeitszeit	Rechnungsbetrag

2 Welche Gerade gehört zu welcher Gleichung?

G1: $y = \frac{1}{2}x - 1$

G2: $y = 2x + 1$

G3: $y = x + 1$

G4: $y = -\frac{1}{2}x + 1$

G5: $y = -2x + 2$

G6: $y = -x - 1$

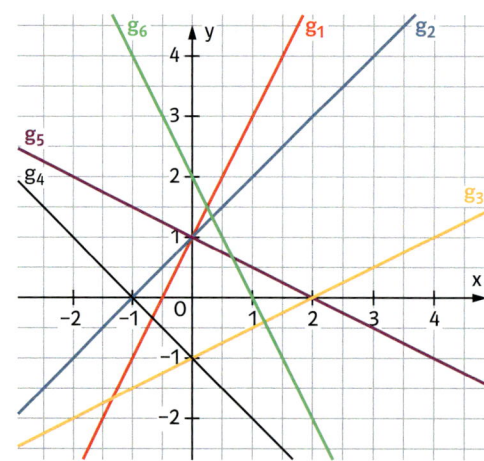

3 Zeichne die Gerade.
Verwende den y-Achsenabschnitt und ein Steigungsdreieck.

a) $y = 2x + 1$ b) $y = 2x - 1$

c) $y = -2x + 1$ d) $y = -2x - 1$

e) $y = 0{,}25x - 1$ f) $y = 0{,}7x + 2$

g) $y = -0{,}75x + 2{,}5$ h) $y = -0{,}8x - 0{,}5$

4 Bestimme die Funktionsgleichungen. Was fällt dir an den Geradengleichungen auf?
Vergleiche sämtliche y-Werte für x = 1,5 und für x = 3.

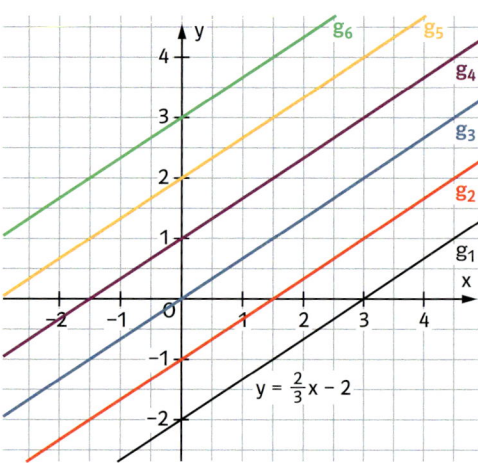

$y = \frac{2}{3}x - 2$

5 Alle Geraden gehen durch den Punkt P(0|1). Wie heißen die Gleichungen? Was fällt dir an den Geradengleichungen auf?

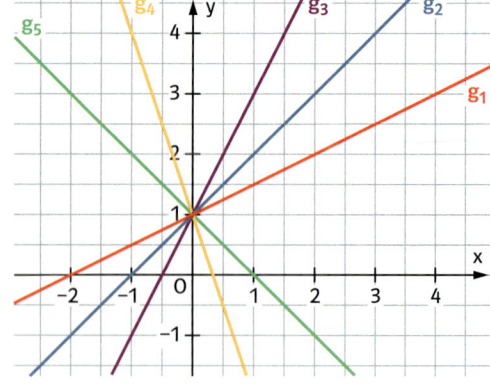

6 a) Bestimme die Gleichung der Geraden g.

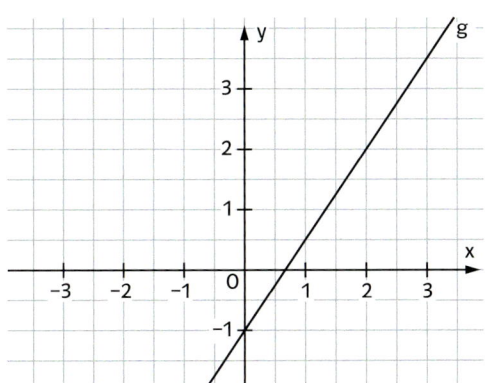

b) Zeichne zwei weitere, zu g parallele Geraden ins Schaubild und gib deren Gleichungen an.

c) Zeichne zwei weitere Geraden ein, die die y-Achse im selben Punkt schneiden wie die Gerade g. Bestimme deren Funktionsgleichung.

7 Die Gerade geht durch den Punkt T und hat den y-Achsenabschnitt b. Bestimme die Funktionsgleichung.
a) $T(3|2)$; b = 1   b) $T(-3|-1)$; b = 2
c) $T(4|-7)$; b = 1   d) $T(-2|0)$; b = -3

8 Wie heißen die Funktionsgleichungen?

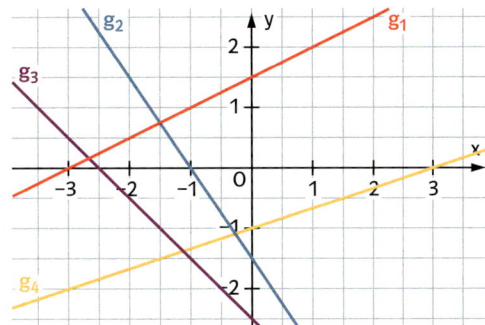

9 Wenn bestimmte Punkte einer Geraden bekannt sind, kann man die zugehörige Funktionsgleichung sogar im Kopf bestimmen.
a) $P(0|1)$ b) $P(0|1)$ c) $P(0|2)$
   $Q(1|2)$ $Q(1|4)$ $Q(1|-2)$
d) $P(0|-3)$ e) $P(0|2)$ f) $P(0|2)$
   $Q(1|3)$ $Q(-2|3)$ $Q(-3|-4)$

10 Bestimme die Funktionsgleichung mithilfe einer Zeichnung.
Die Gerade verläuft parallel zu
a) $y = 1{,}5\,x + 1$ und geht durch $P(2|6)$.
b) $y = -0{,}5\,x - 1$ und geht durch $P(4|-6)$.
c) $y = \frac{3}{4}x - 2$ und geht durch $P(-4|0)$.

Lebende Geraden

Im Schulhof könnt ihr „lebende Geraden" bilden. Auf dem Foto seht ihr die Gerade $y = x - 1$.

■ Wie müssen sich alle Schülerinnen und Schüler bewegen, dass die Gerade $y = x + 3$ entsteht? Wie entsteht die Gerade $y = x - 4$?

■ Wie müssen sich die Schülerinnen und Schüler bewegen, damit die Gerade $y = 2x - 1$ entsteht? Wie erhält man die Gerade $y = -0{,}5x - 1$?

■ Wie müssen sich die Schülerinnen und Schüler aufstellen, sodass eine Gerade mit der Steigung $m = 0$ dargestellt wird?

G1: $y = \frac{3}{4}x - 2$

G2: $y = \frac{3}{5}x - 2$

G3: $y = 1 + \frac{5}{3}x$

G4: $y = -\frac{5}{3}x + 1{,}5$

G5: $y = 0{,}75x - 0{,}5$

G6: $y = \frac{5}{3}x - 0{,}5$

G7: $y = -\frac{3}{4}x - 2$

G8: $y = -\frac{5}{3}x + 1$

G9: $y = -\frac{3}{5}x + 1{,}5$

11 Welche der neun Geraden verlaufen parallel, welche gehen durch denselben Punkt der y-Achse?

12 Zeichne die Gerade durch die Punkte A und B. Bestimme die Funktionsgleichung.
a) $A(4\,|\,2)$ $B(-1\,|\,8)$
b) $A(-1\,|\,5)$ $B(0\,|\,8)$
c) $A(4\,|\,-2)$ $B(-2\,|\,-5)$
d) $A(6\,|\,0)$ $B(-3\,|\,-3)$
e) $A(4\,|\,-6)$ $B(-2\,|\,-1{,}5)$
f) $A(5\,|\,-2{,}5)$ $B(0\,|\,1{,}5)$

13 Gib Gleichungen von Geraden an, die durch
a) den 1., 2. und 3. Quadranten gehen.
b) den 1., 2. und 4. Quadranten gehen.
c) den 2. und 4. Quadranten gehen.
d) den 2., 3. und 4 Quadranten gehen.

14 Welchen Quadranten durchläuft die Gerade nicht? Zeichnen ist eher hinderlich.
a) $y = 4x + 3$ b) $y = -x - 5$
c) $y = 1{,}5x - 2{,}5$ d) $y = -0{,}25x + 5{,}5$
e) $y = 0{,}001x - 0{,}01$
f) $y = -100x + 0{,}001$

15 a) Die Gerade g geht durch zwei der 25 markierten Punkte. Wie heißt die zugehörige Funktionsgleichung?
b) Nenne Gleichungen von Geraden, die durch drei markierte bzw. vier markierte Punkte gehen.
c) Gibt es eine Gerade, die durch fünf markierte Punkte geht und keine Ursprungsgerade ist? Gib ihre Gleichung an.
d) Nenne die Gleichung einer Geraden, die durch keinen der markierten Punkte geht.

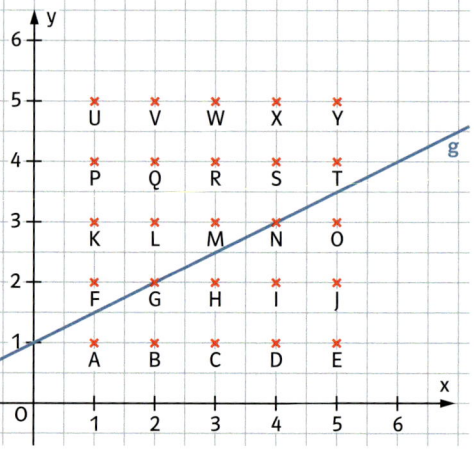

Zwei Punkte sind genug   ℹ️

Zwei vorgebene Punkte einer Geraden genügen, um die Steigung und damit auch die zugehörige Gleichung zu bestimmen.

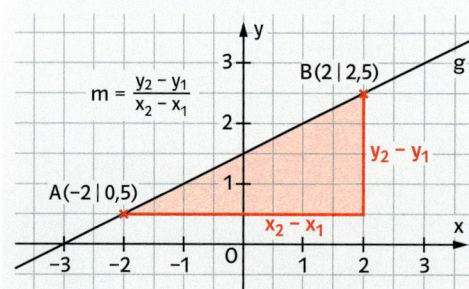

Beispiel:
Die Gerade g geht durch die Punkte $A(-2\,|\,0{,}5)$ und $B(2\,|\,2{,}5)$.

Für die Steigung m gilt damit:
$$m = \frac{y_2 - y_1}{x_2 - x_1}$$
$$= \frac{2{,}5 - 0{,}5}{2 - (-2)} = \frac{2}{4} = \frac{1}{2}$$

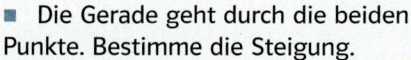

■ Die Gerade geht durch die beiden Punkte. Bestimme die Steigung.
g: $A(3\,|\,3)$; $B(-1\,|\,-5)$
h: $C(-2\,|\,5)$; $D(4\,|\,-4)$
i: $M(6\,|\,2{,}5)$; $N(-3\,|\,-3{,}5)$
j: $S(7\,|\,-3)$; $T(0\,|\,1)$
■ Die Gerade g geht durch die Punkte $A(3\,|\,6)$ und $B(-2\,|\,-6)$. Die Gerade h geht durch $P(-3\,|\,6)$ und $Q(2\,|\,-6)$. Bestimme die Steigungen. Was fällt dir auf?
■ Liegen die Punkte $P(6\,|\,1)$; $Q(1\,|\,-1{,}5)$ und $R(-8\,|\,-6)$ auf einer Geraden?
■ Die Gerade g verläuft durch $A(-18\,|\,1)$ und $B(24\,|\,22)$. Die Gerade h geht durch $P(-10\,|\,-5)$ und $Q(30\,|\,13)$. Sind die beiden Geraden g und h parallel? Eine zeichnerische Lösung macht große Mühe.

Ein großer Teil der Bevölkerung leidet an Übergewicht.
Nicht zuletzt deshalb wurden eine Reihe von Berechnungs-
modellen entwickelt, mithilfe derer eine Aussage über das
Körpergewicht im Zusammenhang mit der Körpergröße gemacht werden kann. Zur Erinnerung: Mit Gewicht ist immer der
physikalische Begriff Masse gemeint.

Der **Broca-Index** gibt an, wie das **Normalgewicht** berechnet wird.
Zur Berechnung der Maßzahl benutzt man die „Faustformel":
Normalgewicht in kg = Körpergröße in cm − 100
■ Erstelle für die zugehörige Funktionsgleichung
$y = x − 100$ ein geeignetes Schaubild.

Das **Idealgewicht** entspricht 90 Prozent des Normalgewichts.
Die lineare Funktion mit $y = 0,9 \cdot (x − 100)$, also $y = 0,9x − 90$
ermöglicht genauere Bestimmungen.
■ Wie schwer sollte ein 1,90 m großer Mann mit Idealgewicht
sein? Wie groß sollte ein 85 kg schwerer Mann mit Idealgewicht
sein? Wie groß müsste ein 150 kg schwerer Mensch sein?
Hier lässt dich das Schaubild im Stich.
■ Ist diese Berechnungsmethode für Kinder sinnvoll?

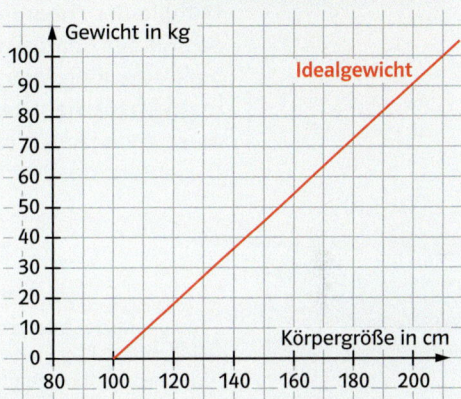

Der **Body-Mass-Index** (BMI) ist ein Maß für die Körperform.
Man bestimmt dazu das Verhältnis von Körpergewicht (in kg)
zum Quadrat der Körpergröße (in m²).

Beispiel: Der BMI bei einem Körpergewicht von 65 kg und einer
Körpergröße von 1,70 m berechnet sich so:
$$\text{BMI} = \frac{65\,\text{kg}}{1,70\,\text{m} \cdot 1,70\,\text{m}} = 22,49\,\frac{\text{kg}}{\text{m}^2}$$

■ Wie groß ist eine 70 kg schwere Frau mit Untergewicht?
■ Ein Mann ist 1,80 m groß und hat Übergewicht.

Insbesondere für Sportler ist der Body-Mass-Index von
Bedeutung.
Eine zu starke Reduzierung des eigenen Körpergewichts
ist nicht ungefährlich. Deshalb wurde für die Skispringer
ein BMI von mindestens 20 eingeführt. (Die Springer werden
dabei mit Schuhen und Ski gewogen.)
■ Berechne den BMI folgender Skispringer:

Jörg Ritzerfeld:	1,72 m/56 kg
Georg Späth:	1,89 m/70 kg
Janne Ahonen:	1,83 m/66 kg
Sigurd Pettersen:	1,80 m/60 kg

■ Berechne zum Vergleich den BMI anderer Sportler:

Yokozuna Akebono (Sumo-Ringer):	2,03 m/236 kg
Shaquille O'Neal (Basketballer):	2,16 m/143 kg

Einteilung von Über-, Unter- und Normalgewicht bei Erwachsenen

Gewicht	BMI in $\frac{\text{kg}}{\text{m}^2}$
Untergewicht	< 18,5
Normalgewicht	18,5 − 24,9
Übergewicht	> 25

4 Modellieren mit Funktionen

Lara möchte sich einen gebrauchten Roller
im Wert von etwa 1500 € anschaffen.
Dazu hat sie bereits 500 € gespart.
In den Sommerferien kann sie einen
Ferienjob annehmen. Für jede Arbeitsstun-
de bekommt Lara 9 € ausbezahlt. Die tägli-
che Arbeitszeit beträgt acht Stunden.
→ Reichen drei Arbeitswochen aus?
→ Lara überlegt, ob sie am Tag sieben
Stunden arbeiten soll.

Mithilfe der linearen Funktionen lassen sich bestimmte Fragestellungen und Probleme
des Alltags bearbeiten und lösen. Eine exakte Beantwortung der Fragen ist jedoch oftmals schwierig und auch nicht nötig. Vereinfachungen helfen, die reale Situation in einen
mathematischen Zusammenhang zu übersetzen. Die gefundene mathematische Lösung
muss dann jedoch in der Alltagssituation auf ein sinnvolles Ergebnis überprüft werden.
Diesen Kreislauf nennt man **mathematisches Modellieren.**

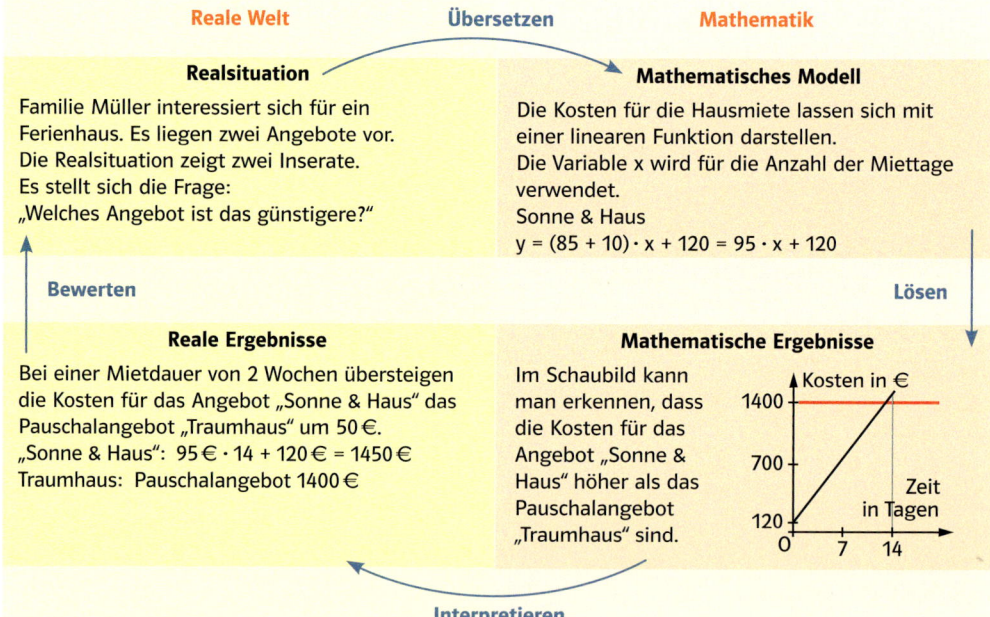

Eine Bewertung kann etwa so aussehen: Sollte Familie Müller das Angebot „Sonne & Haus" mehr zusagen,
ist sie vielleicht bereit, die Mehrkosten von 50 € zu tragen.

Das **mathematische Modellieren** läuft in Stufen ab.
1. **Übersetzen** der Realsituation in ein mathematisches Modell
2. **Lösen:** Ermitteln der mathematischen Ergebnisse
3. **Interpretieren** der Lösung in der Realsituation
4. **Bewerten** des realen Ergebnisses

Beispiel

Eine Computerfirma erstellt ein Angebot für einen Wartungsvertrag. Der Firmeninhaber hofft, für 3000 € den Zuschlag zu bekommen. Die Stundensätze betragen 70 € für einen Techniker und 40 € für eine Hilfskraft. Für Materialkosten werden 500 € kalkuliert. Die Fahrtkostenpauschale beträgt 250 €.

1. Realsituation
Wie viele Stunden dürfen Techniker und Hilfskraft längstens arbeiten?

2. Mathematisches Modell
Fahrtkosten + Materialkosten:
250 € + 500 € = 750 €
Techniker: 70 € pro Stunde
Helfer: 40 € pro Stunde
Gleichung: x steht für die Zeit in h.
Grundmenge: $\mathbb{G} = \mathbb{N}$

3. Mathematische Ergebnisse
$3000 = 250 + 500 + x \cdot (70 + 40)$
$x \approx 20,45 \approx 20$

4. Reale Ergebnisse
Techniker und Hilfskraft dürfen jeweils längstens 20 Stunden arbeiten.

> ⚠ *Beachte immer die Grundmenge bzw. Definitions- und Wertebereich.*

Aufgaben

1 Tobias misst die Länge einer brennenden zylindrischen Kerze. Um 9:00 Uhr misst sie 14 cm, um 12:00 Uhr hat sie noch eine Länge von 9,5 cm.
a) Wie lang war die Kerze um 8:00 Uhr, wie lang wird sie vermutlich gegen 17:00 Uhr sein?
b) Die Kerze wurde um 7:00 Uhr angezündet. Welche Länge hatte sie ursprünglich?
c) Wann ist die Kerze abgebrannt? Beachte dabei das Brennverhalten kurz bevor die Kerze abgebrannt ist.
d) Eine dünnere Kerze brennt doppelt so schnell ab. Sie wurde zum gleichen Zeitpunkt angezündet und war um 10:00 Uhr noch 10 cm lang.

2 Eine Telefongesellschaft bietet folgenden Tarif:
> monatliche Grundgebühr: 19,95 €
> Kosten für 1 Minute: 9 ct

Eine Tarifänderung schlägt vor, die Grundgebühr entfallen zu lassen.
a) Mache einen Vorschlag, der für die Telefongesellschaft keine finanziellen Nachteile bringt. Gehe von einer durchschnittlichen täglichen Gesprächsdauer von 30 Minuten aus.
b) Wie muss sich der Tarif pro Minute ändern, wenn die tägliche Telefonnutzung um 50 % höher liegt?

3 Familie Schwan hat im Urlaub 80 digitale Fotos geschossen und möchte diese nun auf Papier ausdrucken lassen. Welchen Rat würdest du geben?

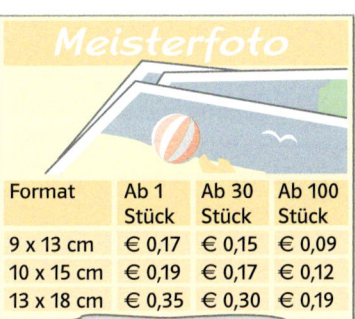

Meisterfoto

Format	Ab 1 Stück	Ab 30 Stück	Ab 100 Stück
9 x 13 cm	€ 0,17	€ 0,15	€ 0,09
10 x 15 cm	€ 0,19	€ 0,17	€ 0,12
13 x 18 cm	€ 0,35	€ 0,30	€ 0,19

Fotoservice Preisübersicht

Format	Preis	ab 25 Stück
9 x 13	0,22 €	0,15 €
10 x 15	0,26 €	0,22 €
13 x 18	0,42 €	0,33 €

4 Die Tabelle zeigt die Preise eines Telefonanbieters. (Abrechnung monatlich; Minutentakt; Preis pro Stunde)

bis 5 Stunden	4,50 €
ab 5 Stunden	3,60 €
ab 10 Stunden	3,00 €
ab 50 Stunden	2,40 €

a) Anna sagt zu Julia: „Das ist aber ein komischer Tarif. Da telefoniere ich lieber zehn Stunden lang als neun Stunden." Was meinst du? Was ist billiger – ein Telefonat über 50 oder über 45 Stunden?
b) Skizziere einen Graphen für die jeweiligen Abschnitte.

Taxitarife

Taxifahren ist nicht billig. Die Tabelle ermöglicht eine Übersicht über die Tarife der Stadt Stuttgart.

Grundtarif		2,40 €	2,40 €
Arbeitstarif		4 Uhr – 22 Uhr	22 Uhr – 4 Uhr
bis 4 km	je km	1,70 €	1,90 €
ab 4 km	je km	1,50 €	1,70 €
Zeittarif	je Stunde	30,00 €	30,00 €

Beispiel:
Für eine 15-km-Fahrt nach 22 Uhr ergibt sich folgende Berechnung:

Grundtarif		2,40 €
Arbeitstarif	$15 \cdot 1{,}70$ €	25,50 €
Zeittarif (12 Minuten Wartezeit)	$30\text{ €} \cdot \frac{12}{60}$	6,00 €
Summe		33,90 €

■ Frau Berg fährt am Nachmittag zu ihrer Freundin, die 12 km entfernt wohnt. Gegen Mitternacht fährt sie wieder zurück. Auf der Hinfahrt entstehen zehn Minuten Wartezeit, auf der Rückfahrt nur zwei Minuten. Was zahlt Frau Berg insgesamt? Um wie viel Prozent unterscheidet sich der Preis der Nachtfahrt von der Fahrt am Tage?
■ Für die Fahrt tagsüber vom Flughafen zur Hanns-Martin-Schleyer-Halle bezahlt Betty 36,90 €. Für Wartezeiten waren 9 € zu entrichten.
Was kostet die Fahrt nach 22 Uhr, wenn nur die Hälfte der Wartezeit anfällt?
■ Erstelle eine Funktionsgleichung für eine Fahrt zwischen 22 Uhr und 4 Uhr, die kürzer als 4 km ist.
Vergiss die Wartezeit nicht. Welches Problem entsteht?

5 Das Fahren mit der BahnCard ist in vielen Fällen preislich interessant. Die BahnCard 25 kostet einmal jährlich 50 € und ermäßigt jeden Fahrpreis im Fernverkehr um 25 %. Die BahnCard 50 kostet einmalig 200 € und halbiert jeden Preis. Die BahnCard 100 kostet pro Jahr 3250 €.

Strecke	Normalpreis
Stuttgart – München	45 €
Köln – Hamburg	66 €
Frankfurt – Berlin	95 €

a) Tina fährt alle zwei Monate die Strecke Stuttgart – München und zurück. Was kannst du empfehlen?
b) Noah fährt ebenso oft die Strecke Köln – Hamburg. Was schlägst du vor?
c) Herr Schmid fährt dreimal im Monat die Strecke Frankfurt–Berlin.

6 Eine Autovermietung wirbt mit diesem Angebot.

PKW Mittelklasse	
Miete für einen Tag (ohne Kilometerbegrenzung)	69,– €
Miete für einen Monat (pro gefahrenem km 0,03 €)	399,– €

a) Frau Specht hatte einen Unfall und kann für ungefähr eine Woche ihr eigenes Auto nicht benutzen.
b) Herr Seidel ist als Vertreter in ganz Süddeutschland tätig. Er braucht den Mietwagen für die Dauer von 3 Wochen.

7 Die Besucherzahlen des Freizeitparks „Dreamworld" haben in den letzten Jahren pro Jahr um etwa die gleiche Zahl zugenommen.

Jahr 2002	840 000 Besucher
Jahr 2007	1 070 000 Besucher

a) Wie sehen demnach die Besucherzahlen für die Jahre 2008–2010 aus?
b) Für das Jahr 2010 ist eine Erweiterung des Freizeitparks geplant. Der jährliche Zuwachs soll sich dadurch verdoppeln.

Die Klasse 8a der Jahn-Realschule untersucht die Ausbreitung des Schalls.
Dazu wurde eine Messreihe erfasst und ein Schaubild gezeichnet.

Weg in m	100	200	300	400	500	600	700	800
Zeit in s	0,4	0,5	1,0	1,1	2,0	1,9	2,1	2,3

Die im Koordinatensystem eingetragenen Wertepaare lassen sich durch eine so genannte **Ausgleichsgerade** annähern. Diese setzt man sinnvoller Weise per Augenmaß.
Folgende Orientierungshilfen werden normalerweise beim Zeichnen von Ausgleichsgeraden verwendet:
• Es liegen etwa gleich viele Punkte über wie unter der Geraden.
• Ausreißer werden nicht berücksichtigt.
Da die einzelnen Punkte im Koordinatensystem verstreut liegen, nennt man das Diagramm auch **Streudiagramm**.

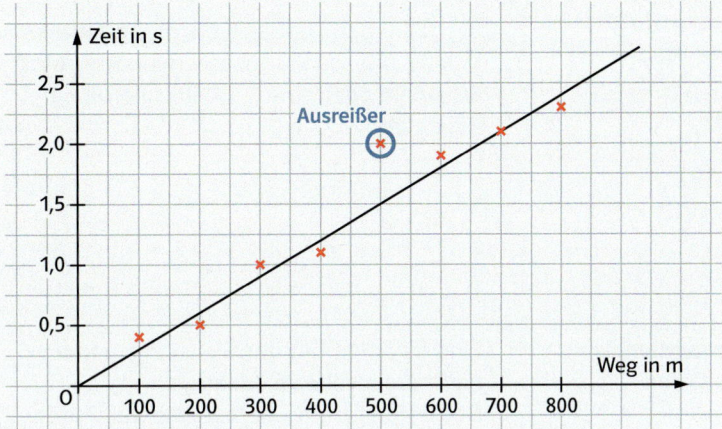

Für das Schallexperiment lässt sich die Gleichung einer Ausgleichsgeraden ablesen: $y = 330 \cdot x$.
Der Schall legt also in einer Sekunde ungefähr 330 m zurück.
Es liegen vier Messwerte unter der Gerade, drei Messwerte oberhalb. Ein Messwert liegt auf der Gerade.
Der Messwert (500 | 2,0) ist ein Ausreißer und wird nicht berücksichtigt.
■ Probiert die Versuchsreihe aus und vergleicht die Werte mit den hier abgedruckten.

Frau Sommer möchte den Durchschnittsverbrauch ihres neuen Wagens bestimmen.
Dazu hat sie folgende Werte festgehalten.

gefahrene km	380	425	295	350	410	365
Liter	27,0	31,5	21,0	24,5	29,5	26,0

■ Erstelle ein Schaubild und trage eine Ausgleichsgerade ein. Gib ihre Funktionsgleichung an.
■ Berechne mit dieser Funktionsgleichung den Durchschnittsverbrauch für 100 km.
■ Wie weit kann Frau Sommer mit einer Tankfüllung (36 l) voraussichtlich fahren?

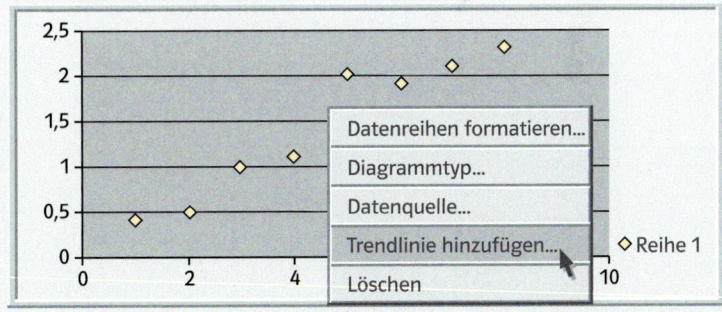

Mit einem Tabellenkalkulationsprogramm lässt sich die Gleichung der Ausgleichsgeraden bestimmen.
1. aus Datenreihen Punktdiagramm erstellen
2. Punkte im Diagramm mit rechter Maustaste anklicken
3. Trendlinie hinzufügen (linear)
4. Trendlinie mit rechter Maustaste anklicken, formatieren
5. Optionen, Gleichung im Diagramm darstellen

Zusammenfassung

Funktion

Eine **Funktion** ist eine Zuordnung, bei der zu jeder Größe eines ersten Bereichs (Definitionsbereich $\mathbb{D}$) **genau eine** Größe eines zweiten Bereichs (Wertebereich $\mathbb{W}$) gehört.

Eine Funktion lässt sich durch eine **Wertetabelle**, die aus Wertepaaren besteht, ein **Schaubild** oder eine **Funktionsgleichung** darstellen.

Funktionsgleichung $\quad y = -0,5x + 1,5$

Wertetabelle

x	−3	−2	−1	0	1	2	3
y	3	2,5	2	1,5	1	0,5	0

Schaubild

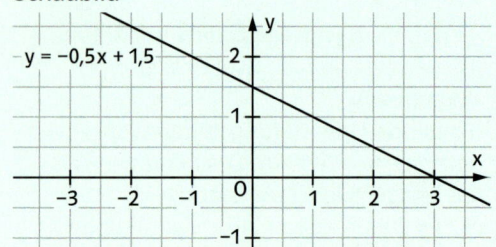

proportionale Funktion

Eine Funktion mit der Gleichung $\mathbf{y = m \cdot x}$ heißt **proportionale Funktion**.
Der Graph ist eine Gerade, die durch den **Ursprung** des Koordinatensystems verläuft. Die **Steigung m** bestimmt den Verlauf der Geraden.

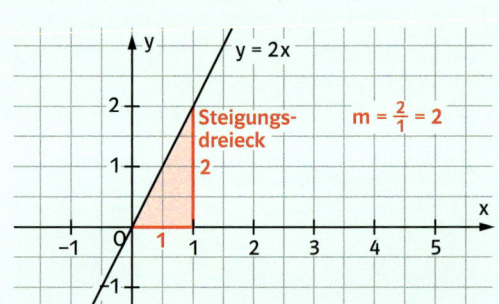

lineare Funktion

Eine Funktion mit der Gleichung $y = m \cdot x + b$ heißt **lineare Funktion**.
Der Graph gehört zu einer Geraden mit der **Steigung m**. Die Gerade schneidet die y-Achse im Punkt $P(0|b)$.
Der **Wert b** bezeichnet den **y-Achsenabschnitt** der Geraden.

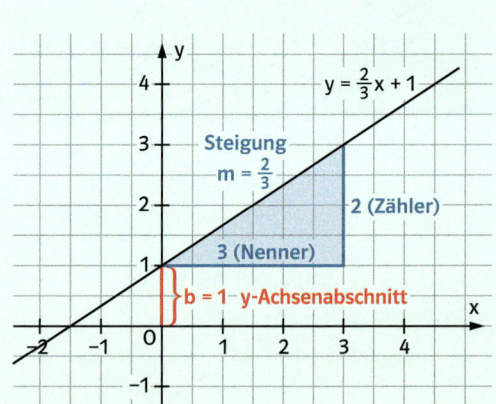

Modellieren

Beim Modellieren wird eine Problemsituation aus der realen Welt in ein mathematisches Modell übersetzt.
Mithilfe der Lösung werden mathematische Ergebnisse formuliert, die wiederum interpretiert werden können und zu realen Ergebnissen führen.
Abschließend erfolgt eine Bewertung des Ergebnisses in der realen Situation.

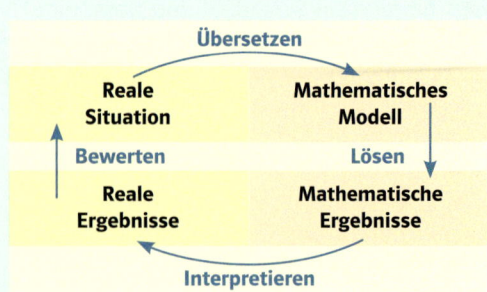

Natürliche Fabriken

Bäume produzieren durch Photosynthese lebensnotwendigen Sauerstoff. Ein hundertjähriger Baum mit etwa einer Million Blättern setzt pro Jahr etwa 4500 kg Sauerstoff frei. Das sind 3,15 Millionen Liter. Dafür benötigt er etwa 75 000 Tonnen Kohlendioxid.

■ Ein Mensch atmet in seinem Leben durchschnittlich ca. 5 000 000 m^3 Luft ein, 21 % davon ist Sauerstoff. Wie viele hundertjährige Bäume braucht er zum Leben?

In Baumschulen werden Setzlinge „auf Lücke" gepflanzt.

   ...

1 Reihe   2 Reihen   3 Reihen   4 Reihen ...

■ Ermittelt die Anzahl der Setzlinge in Abhängigkeit von der Anzahl der Reihen. Eine Tabelle verschafft Ordnung und hilft.
■ Stellt einen geeigneten Term auf, bei dem r für die Reihenzahl und s für die Setzlinge steht.
■ Wie viele Setzlinge befinden sich in 10; 100; 1000; ... Reihen?

Optimale Baumeister

Bienen, Wespen, Hummeln und Hornissen bauen aus Wachs Waben, die aus sechseckigen Zellen bestehen. Nur Bienen bauen ihre Waben doppelseitig; dadurch sparen sie den Boden einer Wabenseite. Eine Arbeiterinnenzelle der Bienen hat eine Diagonale von etwa 5,4 mm und eine Tiefe von 12 mm.

■ Übertragt mehrmals das nebenstehende Netz fünfmal so groß auf ein Blatt Papier und baut zusammen eine Bienenwabe.
■ Mit dem Schwänzeltanz beschreiben Sammelbienen den Ort einer Nahrungsquelle, die weiter als 100 m entfernt ist. Erklärt die Zeichnung.
Wie ändert sich wohl der Tanz, wenn der Ort entgegengesetzt zur Sonne liegt?

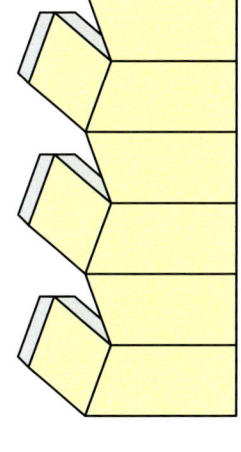

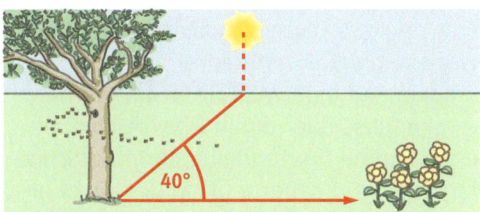

Wie viele Bienen sind erforderlich, um ein Honigglas vollständig mit Honig zu füllen? Für 100 g Honig sind rund 3000 Blütenbesuche erforderlich. Die Biene schleppt bei jedem Ausflug bis zu $\frac{1}{3}$ ihres eigenen Körpergewichts an Nektar.
■ Recherchiert: Wie sieht der Wabenbau bei Wespen, Hummeln, Hornissen aus?

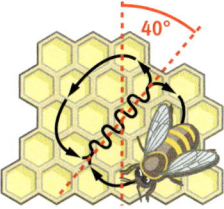

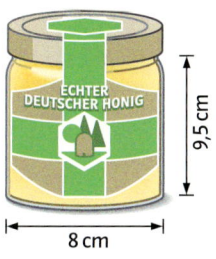

1 l Honig wiegt rund 1,4 kg.

... und jetzt auf in die Natur!

Plant gemeinsam mit eurer Klassenlehrerin oder eurem Klassenlehrer einen Unterrichtsgang oder einen eintägigen Klassenausflug, bei dem ihr einen Imker besucht und ein kleines Stück gemeinsam durch einen Wald oder einen Park geht. Vielleicht liegt ja auch ein See in der Nähe.
Zur Planung erstellt ihr für jede Station, also Imker, Wald, See usw. einen Fragenkatalog mit den Fragen, die bei der Bearbeitung dieser Seite aufgekommen sind. Diese werden dann während des Ausflugs beantwortet. Im Wald ist der Förster ein Experte, im Park gibt es vielleicht einen Gärtner, der ansprechbar ist. Wer könnte euch zu einem See Auskunft geben? Findet es gemeinsam heraus, vereinbart Termine und legt fest, wie ihr eure Ergebnisse festhaltet: mit Papier und Bleistift, Fotos, einem Video, ... Und dann kommt die Präsentation!

Die Jagd auf das Gelbe Trikot

Übrigens:
Heute gehen bei der Tour de France fast 200 Fahrer in über 20 Teams mit jeweils 9 Fahrern an den Start.

1 Zoll = 2,54 cm

Kleine Tourgeschichte

Im Jahre 1903 fand die erste „Tour de France" statt. Damals machten sich 60 wagemutige Radrennfahrer in nur sechs Etappen auf eine 2428 km lange, abenteuerliche Reise quer durch Frankreich. Die erste Etappe führte über zahlreiche Schotterpisten und dauerte bis in die Nacht hinein. Der Franzose Maurice Garin erreichte Paris mit einem Gesamtvorsprung von fast drei Stunden und einer Durchschnittsgeschwindigkeit von 25,679 $\frac{km}{h}$. 1997 wurde Jan Ullrich mit einem Vorsprung von 9:09 min auf den Franzosen Richard Virenque erster deutscher Toursieger. Rekordhalter Lance Armstrong aus den USA gewann 2005 mit 4:40 min Vorsprung vor dem Italiener Ivan Basso zum siebten Mal hintereinander die Tour.

Jahr	Strecke	Etappen	Siegerzeit
1997	3945 km	21	100 h 30:35 min
2005	3639 km	21	86 h 15:02 min

Leicht und stabil

1880 erfand ein Radbauer die Form des sogenannten Diamantrahmens. Während normale Rahmen heute aus Stahl oder Aluminium bestehen, werden Rennradrahmen aus leichtem Carbon hergestellt, das enorme Kräfte aushält. Die Radprofis verwenden in der Regel 28-Zoll-Laufräder mit Metall- bzw. aerodynamischen Carbonspeichen.

■ Berechnet für die drei Sieger die Gesamtzeit sowie die durchschnittliche Geschwindigkeit und durchschnittliche Etappenlänge. Vergleicht die Ergebnisse miteinander.
■ Wie schnell waren die Zweitplatzierten?
■ Erstellt ein passendes Zeit-Weg-Diagramm für alle Gewinner.
■ Wie schnell fahrt ihr im Vergleich?

■ Beim Zeitfahren auf ebener Strecke hat das vordere Kettenblatt 54 Ritzel, das hintere 15. Welchen Weg legt der Rennfahrer bei einer Pedalumdrehung zurück?
■ Eine gute Werbeidee? Wie groß wäre die Werbefläche eines Rennrades, wenn die vom Rahmen eingeschlossene Fläche beklebt würde?

Übrigens:
Seinen Namen erhielt der Diamantrahmen durch eine falsche Übersetzung von „Diamond", was auch Raute bedeutet und die Rahmenform beschreibt. Er besteht aus einem **Dreieck** und einem **Trapez**.

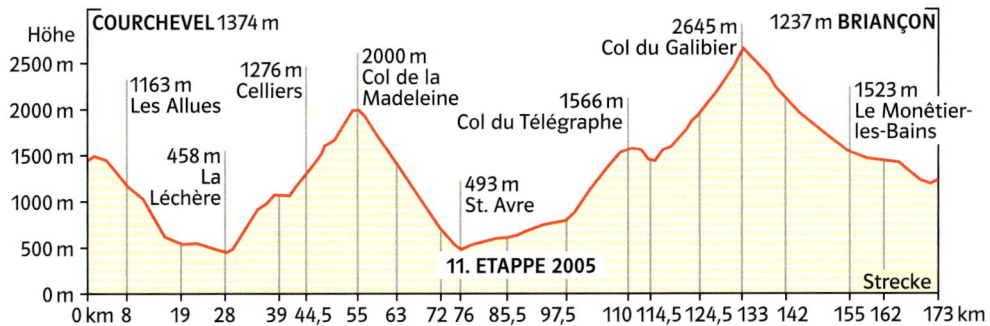

Steile Berge

Die Tour de France besitzt neben vielen flachen Strecken auch schwere Bergetappen im Hochgebirge. Eine davon war 2005 die 173 km lange 11. Alpen-Etappe von Courchevel nach Briançon. Der Kasache Alexander Winokurow gewann an diesem Tag nach rasanter Abfahrt vom 2645 m hohen Col du Galibier vor dem Kolumbianer Santiago Botero.

■ Schreibt eine Reportage zur Fahrt über den Col du Galibier vom Start bis ins Ziel. Beachtet dabei das Streckenprofil.
■ Zeichnet einen Graphen, der die Inhalte eurer Reportage wiedergibt. Vergleicht ihn mit dem Streckenprofil.
■ Berechnet die durchschnittliche Steigung an den beiden größten Bergen.
■ Warum nennt man die Tour de France auch die „Tour der Leiden"?

Grüne Punktejäger

Während der beste Fahrer in der Gesamtwertung das Gelbe Trikot erhält, kämpfen spurtstarke Fahrer um das begehrte grüne Sprinttrikot. Die Punkte dafür berechnen sich aus der Zielplatzierung sowie aus Punkten bei Zwischensprints (ZS).

Punktevergabe im Ziel (ab Platz 1):
Flachetappen:
35; 30; 26; 24; 22; 20; 19; 18; 17; …
bis 1 Punkt
Mittlere Bergetappen:
25; 22; 20; 18; 16; 15; 14; 13; … bis 1 Punkt
Schwere Bergetappen:
20; 17; 15; 13; 12; 10; 9; … bis 1 Punkt
Einzelzeitfahren:
15; 12; 10; 8; 6; 5; … bis 1 Punkt
Punkte bei Zwischensprints (ab Platz 1):
6; 4 und 2 Punkte

■ Wie viele Fahrer erhalten jeweils Punkte?
■ Welche maximale Sprintpunktzahl war 2005 möglich?
■ Wie könnte der Gewinner seine Punkte erhalten haben? Findet mehrere Wege.
■ Wie viel Pozent der maximalen Punktezahl haben die ersten vier Fahrer erreicht?

Grünes Trikot 2005:
1. Thor Hushovd
   (NOR)   194 P.
2. Stuart O'Grady
   (AUS)   182 P.
3. Robbie McEwen
   (AUS)   178 P.
4. A. Winokurow
   (KAZ)   158 P.

Tour de France 2005:
9 Flachetappen
(mit jeweils 3 ZS),
6 Mittlere Bergetappen (mit jeweils 2 ZS),
3 Schwere Bergetappen (mit jeweils 2 ZS),
2 Einzelzeitfahren
(ohne ZS),
1 Mannschaftszeitfahren (ohne Punkte)

… und jetzt Startschuss!

Macht mit eurer Klasse doch mal eine Fahrradtour. Messt eure Etappendaten: Strecke, Geschwindigkeit, Pulsfrequenz … Wer wird Etappen-, wer Gesamtsieger? Ihr könnt auch weitere Untersuchungen und Experimente durchführen: Wie funktioniert eure Gangschaltung? Besitzt jemand ein Rad mit Kettenblattschaltung? Wie viele Umdrehungen benötigt ihr bei verschiedenen Gangeinstellungen für bestimmte Strecken? Also, los gehts!

Nomaden der Meere

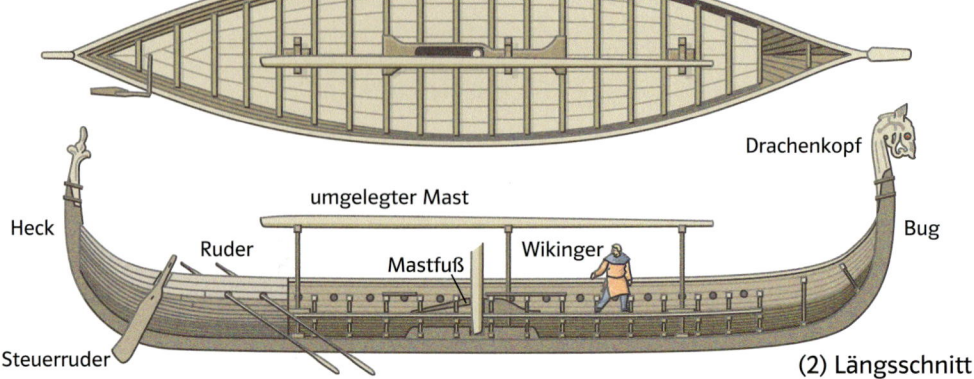

(1) Aufsicht

Drachenkopf

umgelegter Mast

Heck

Ruder

Mastfuß

Wikinger

Bug

Steuerruder

(2) Längsschnitt

Rekonstruktion eines Wikingerschiffes

Weitgereiste Händler

Der Name Wikinger leitet sich vermutlich vom altnordischen „víkingr" ab, was „Rauben" oder „Seeräuber" bedeutet. Doch die Seemänner aus Skandinavien waren nicht nur Plünderer, sie waren auch geschickte Händler. Wikinger waren mit ihren schnellen, flachen Drachenbooten auf den Meeren und Flüssen in ganz Europa bis nach Asien unterwegs.

- Atlasarbeit: Wie lang war der Seeweg, den die Wikinger vom heutigen Oslo bis nach Istanbul zurücklegen mussten?
- Wie lange waren die Männer dafür im Skuder etwa unterwegs? Bedenkt, dass sie auch Pausen und Zwischenstopps zur Proviantaufnahme machen mussten.
- Wie viel Trinkwasser verbrauchten die Männer wohl auf so einer Fahrt? Wovon hängt die Berechnung ab?

Schiffsbeispiel: „Skuder"
30 m Länge,
5 m Breite,
30–40 Mann Besatzung,
12 kn durchschnittliche Segel- und Rudergeschwindigkeit

1 Knoten (kn)
= $1 \frac{Seemeile}{h} \left(\frac{sm}{h} \right)$
≈ $1{,}85 \frac{km}{h}$

Entdeckungsfahrten im Drachenboot

Neben Händlern und Kriegern waren Wikinger auch Entdecker. Mit ihren hochseetauglichen Drachenbooten stießen sie weit nach Westen in unbekannte Regionen des Nordatlantiks vor. So besiedelten sie nach Island und Grönland um 1000 n. Chr. sogar die Küste Nordamerikas lange Zeit vor Christoph Kolumbus.

Schätzt die nötigen Maße und berechnet näherungsweise.

- Betrachtet die oben abgebildete Konstruktion: Wie viel Platz hatten die Wikinger bei diesem Bootstyp etwa an Deck?
- Wie viel Segelstoff musste vernäht werden?
- Könnt ihr anhand der Zeichnungen und dem Foto erklären, wie viel Wasser verdrängt wurde? Begründet.

Im Geschwindigkeitsrausch

Die „Nordmänner" bauten verschiedene Bootstypen: Große, träge Kriegsschiffe und kleine, wendige Handelsschiffe, die sie auch auf Flüssen navigieren konnten. Als Antrieb diente ein rechteckiges Segel unterstützt von Rudern.

- Welcher Graph des Diagramms gehört zu welchem Bootstyp? Erläutert.
- Schreibt eine passende Geschichte.
- Warum war die maximale Geschwindigkeit eines Wikingerschiffes begrenzt?

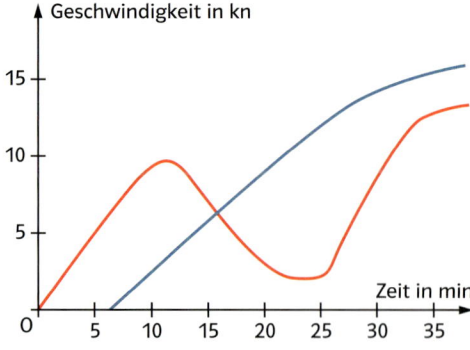

Schöner Schein

Zum Schutz vor der skandinavischen Kälte stellten Wikinger feste Kleidung aus gewebten Stoffen, Leder und Pelz her. Aber sie trugen auch Schmuck aus Gold, Silber, Bronze oder bunten Glasperlen. Viele Schmuckstücke wurden mit wiederverwendbaren Ton- oder Steingussformen in Massenproduktion hergestellt. Ein Bronzeschmied aus Jütland (im heutigen Dänemark) überließ z. B. seinen Kunden die Wahl zwischen dem Hammer als Zeichen des nordischen Gottes Thor oder zwei unterschiedlichen Kreuzen, was den späten Einfluss des Christentums auf die Wikinger verdeutlicht.

Langhaus der Wikinger

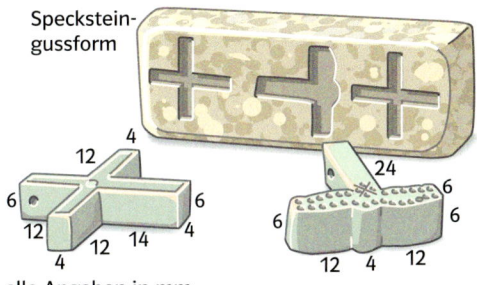

Speckstein-gussform

alle Angaben in mm

> **Bronze** ist eine Legierung aus mindestens 60 % Kupfer und bis zu 40 % Zinn. Sie besitzt eine Dichte von 8,8 g/cm³. Ihr Schmelzpunkt liegt bei ca. 990 °C.

■ Wie schwer sind die zwei Anhänger?
■ Wie viel Gramm Kupfer enthalten sie mindestens?
■ Wie teuer waren die Schmuckstücke im Verhältnis zueinander?

Leben auf dem Lande

Die Wikinger waren auch ein sesshaftes Bauernvolk. Sie lebten auf großen Höfen, bauten Getreide an und hielten Tiere. Die Langhäuser bestanden aus Holz oder Stein. Die Wikingerfrauen waren die Besitzerinnen von Land und Gut. Waren die Männer auf großer Fahrt, kümmerten sich ihre Frauen um Kinder und Hof.

Wikingerfamilie

■ Zeichnet den Grundriss dieses Langhauses in geeignetem Maßstab.
■ Berechnet die Außenfläche und das Volumen des Gebäudes.
■ Wie ändern sich die Werte, wenn sich die Raumhöhe um 0,5 m verringert oder erhöht? Es gibt mehrere Möglichkeiten.
■ Zeichnet ein Schrägbild zur Konstrukion des Holzgrundgerüstes.

> **Übrigens:**
> *Wikinger waren sehr fortschrittlich: Sie bügelten. Dafür spannten sie ihre Kleidungsstücke auf flache Bretter und glätteten sie mit Glaskugeln.*

... und jetzt Leinen los!

Feiert doch mal einen richtigen Wikingertag mit eurer Klasse. Wikinger liebten Sport und Spiele: Sie veranstalteten Wettrennen, vertrieben sich an Bord ihrer Schiffe die Langweile mit Geschicklichkeitsspielen und trainierten ihren Verstand mit Schach oder Würfelspielen. Dazu wurde immer gut gegessen und getrunken. Entwickelt für den Tag eigene Wettkampfspiele. Sucht Rezepte im Internet. Die Einladungen könnt ihr in Runenschrift, der Schrift der Wikinger, verfassen. Allerdings kannten die Nordmänner damals noch kein Papier und ritzten ihre Geschichten in Holz, Knochen oder Felsen. Trotzdem konnten viele Wikinger diese Geschichten nicht lesen: Sie waren Analphabeten!

Alles in allem

In den letzten beiden Jahren sind dir im Mathematikunterricht manche Themen immer wieder begegnet. Viele Ideen und Herangehensweisen konntest du wieder aufgreifen und weiterentwickeln. Auch in den nächsten Jahren werden dich einige dieser Leitideen wie rote Fäden durch die Mathematik begleiten:

Daten und Zufall – Um bestimmte Fragen beantworten zu können, werden Daten gesammelt, erfasst, übersichtlich dargestellt und ausgewertet.

Zahl – An Zahlen denken viele Menschen als Erstes, wenn sie Mathematik hören. Zählen und Rechnen mit natürlichen Zahlen, aber auch der Umgang mit Brüchen, Dezimalbrüchen … sind unter dieser Leitidee zusammengefasst.

Messen und Größen – Geld, Zeit, Gewicht, Länge, Volumen – vieles wird gemessen und verglichen. Dafür werden Maßeinheiten festgelegt und mit den gemessenen Größen gerechnet. Manche Berechnungen werden immer nach dem gleichen Schema durchgeführt, für solche Berechnungen stellt man Formeln auf.

Raum und Form – Bestimmte Figuren, Muster und Formen begegnen uns überall: Vierecke, Kreise, Würfel, Prismen … Wir untersuchen und beschreiben ihre Eigenschaften und Besonderheiten und lernen, womit wir rechnen können.

Modellieren – Alltägliche Erscheinungen müssen wir manchmal erst in die Sprache der Mathematik übersetzen, um sie untersuchen zu können und Fragen dazu zu beantworten. Die Mathematik dient uns als Werkzeug, Antworten zu finden, die wir dann aber wieder in die Alltagssprache übersetzen und überprüfen müssen, ob unsere Antwort auch alltagstauglich ist.

Funktionaler Zusammenhang – Oft gibt es im Alltag Abhängigkeiten zwischen Größen wie Temperatur und Wasserstand. Für die Beschreibung solcher Zusammenhänge verwendet man Funktionen, um Aussagen über nicht gemessene Werte machen zu können und um ähnliche Situationen vergleichen zu können.

Auf den nächsten Seiten
findest du Aufgaben zu allen Bereichen, die du in den letzten beiden Jahren kennen gelernt hast. Dabei kannst du testen, wie schnell du den roten Faden siehst und an welchen Stellen er schnell reißt.
(Die Lösungen stehen im Anhang.)

1 a) Berechne.
$(3x - 2)^2 = \boxed{}$
b) Ergänze.
$(\boxed{} - \boxed{})^2 = 49x^2 - 42xy \boxed{}$
c) Gib drei verschiedene Lösungen mit ganzzahligen Koeffizienten an.
$(\boxed{} + \boxed{})^2 = \boxed{} + 48xy + \boxed{}$

2 a) Welcher der Terme ist eine Umformung von $(3x - 4)(3x + 4) - 2(x - 5)^2$?
(A) $7x^2 - 20x + 66$ (B) $7x^2 + 20x - 66$
(C) $-7x^2 + 20x + 66$ (D) $9x^2 - 20x - 66$
b) Ergänze.
$(3 - \boxed{})(\boxed{} + y) = 3 \boxed{} 2y^2$
c) Vervollständige.
$(5a \boxed{})^2 = \boxed{} 70ab \boxed{}$

3 a) Welcher Term ist äquivalent zu
$2x - x(2x - 1)$?
(A) $2x^2 - 3x$ (C) $-2x^2 + 3x$
(B) $-3x^2 - 2x$ (D) $3x^2 - 2x$
b) Anna, Lina und Sofie vergleichen ihre Hausaufgaben.

Anna: $2x - 4(x + 1) = 2x - 4x - 1$
Lina: $2x - 4(x + 1) = 2x - 4x - 4$
Sofie: $2x - 4(x + 1) = 2x - 4x + 4$

Wer hat falsch umgeformt? Erkläre.
c) Welche Aussagen passen zur Gleichung: $x + (x + 1) + (x + 2) = 33$?
A Tina ist um ein Jahr älter als Sina, Sina ist um ein Jahr älter als Nina. Alle zusammen sind 33 Jahre alt.
B Nina ist 2 Jahre älter als Sina, Tina ist um 2 Jahre jünger als Nina. Alle zusammen sind 33 Jahre alt.
C Nina ist 2 Jahre älter als Sina, Sina ist um ein Jahr jünger als Tina. Alle zusammen sind 33 Jahre alt.

4 a) Vereinfache.
$(7x + 6y)^2 - (7x + 6y)(7x - 6y)$
b) Ergänze.
$5x (\boxed{} 2y) = 35x - \boxed{}$
c) Petra behauptet: „Ich wähle zwei beliebige Zahlen aus und bilde deren Summe und deren Differenz. Wenn ich nun die Summe quadriere und das Quadrat der Differenz davon subtrahiere, erhalte ich immer eine durch 4 teilbare Zahl."
Hat Petra Recht?

5 a) Faktorisiere. $121x^2 - 66xy + 9y^2$
b) Klammere vor dem Faktorisieren aus. $50s^2 - 140st + 98t^2$
c) Wenn man die Quadrate von vier aufeinander folgenden Zahlen abwechselnd addiert bzw. subtrahiert, erhält man als Ergebnis immer eine gerade Zahl. Begründe.

6 Die Summe von drei aufeinander folgenden natürlichen Zahlen kann man mit dem Term $x + (x + 1) + (x + 2)$ darstellen.
a) Wie heißen die drei Zahlen, wenn die Summe der beiden letzten Zahlen 35 ist?
b) Wie müsste der Term heißen, wenn x die größte der drei Zahlen ist?
c) Die Summe der drei Zahlen ist 99. Wie heißen die drei Zahlen?
Warum kann die Summe nicht 100 sein?

7 a) Finde einen Term mit den Variablen x und y, der für $x = 1$ und $y = 2$ den Wert 10 hat.
b) Gib einen Term mit x und y an, der für $x = -2$ und $y = -3$ den Wert 3 ergibt.
c) Gib drei Wertepaare für x und y an, die in den Term $2 \cdot (x - 2y)$ eingesetzt den Wert 6 ergeben.

8 Für den Oberflächeninhalt eines Quaders gilt: $O = 2a^2 + 4ah$.

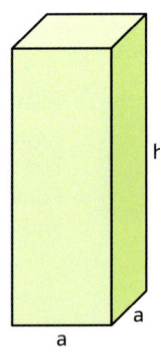

a) Berechne den Oberflächeninhalt für $a = 8{,}0\,cm$ und $h = 15{,}0\,cm$.
b) Löse die Formel nach h auf.
c) Die Höhe des Quaders ist um 50% länger als die Grundkante. Stelle jeweils eine Formel für das Volumen und den Oberflächeninhalt des Quaders auf.

9 Berechne die Größe der beiden Winkel.

a) Es gilt: $\overline{AB} = \overline{BD} = \overline{BC}$.

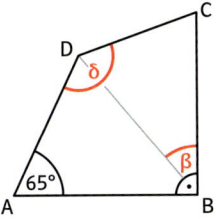

b) Es gilt: $\overline{AB} \parallel \overline{CD}$

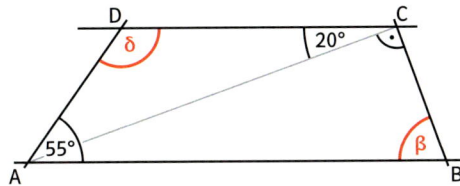

c) Es gilt:
$\overline{AE} = \overline{AD}$; $\overline{CE} = \overline{CD}$; $\overline{BE} = \overline{BC}$

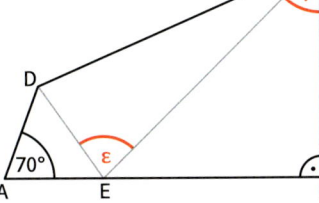

10 a) △ABC und △ABD sind gleichschenklig. Wie groß ist der Winkel γ?

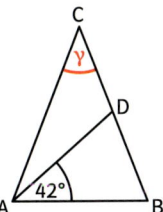

b) Im Dreieck ABC gilt:
$\overline{AC} = \overline{BC}$, $\overline{CE} = \overline{DE}$ und $\overline{AD} = \overline{AE}$
Bestimme die Größe des Winkels α.

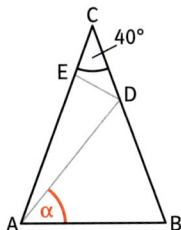

c) Für das Viereck ABCD gilt: $\overline{AB} = \overline{CD}$
Berechne die Größe des Winkels γ.

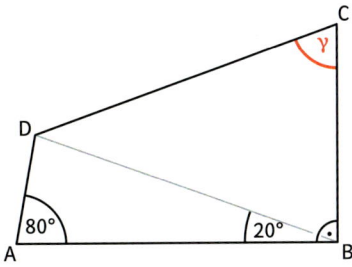

11 a) Berechne den Flächeninhalt des Trapezes. Es gilt: $\overline{AB} = 10{,}2$ cm; $\overline{CD} = 6{,}8$ cm; Trapezhöhe h = 5,2 cm.

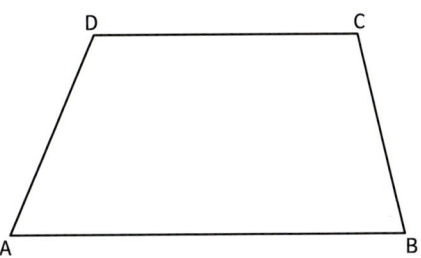

b) Berechne den Inhalt der gelben Fläche.

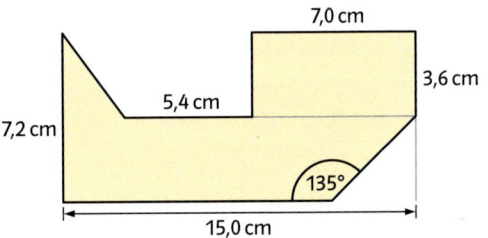

c) Welche Trapeze haben den gleichen Flächeninhalt? Begründe.

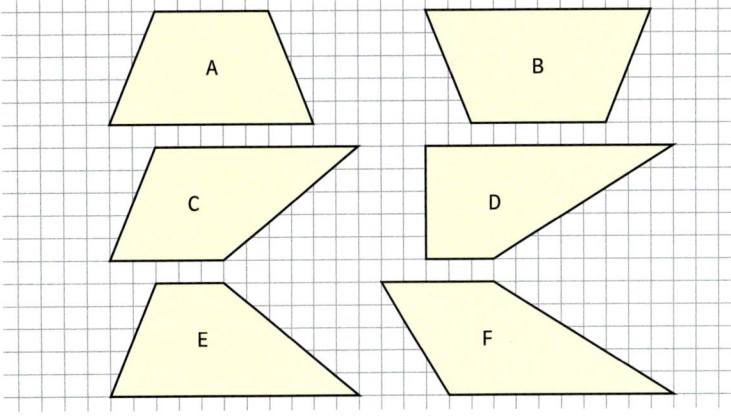

12 a) Welche Figur gehört zum Text?

Das Viereck ABCD hat in D einen rechten Winkel. Die Diagonalen $\overline{AC}$ und $\overline{BD}$ stehen senkrecht aufeinander. Die Strecke $\overline{AE}$ ist kürzer als die Strecke $\overline{EC}$.

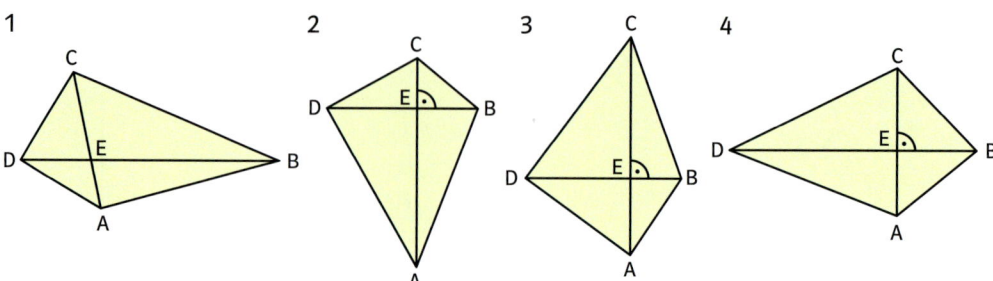

b) Welche der Beschreibungen gehört zur abgebildeten Figur?

A Das Viereck ABCD hat bei D einen rechten Winkel. Die Diagonalen halbieren sich. Die Strecken $\overline{BC}$ und $\overline{CD}$ sind gleich lang.

B Das Viereck ABCD hat bei A einen rechten Winkel. Die Diagonalen halbieren sich nicht. Die Strecken $\overline{BC}$ und $\overline{CD}$ sind gleich lang.

C Das Viereck ABCD hat bei C einen rechten Winkel. Die Diagonalen halbieren sich. Die Strecken $\overline{AD}$ und $\overline{AB}$ sind gleich lang.

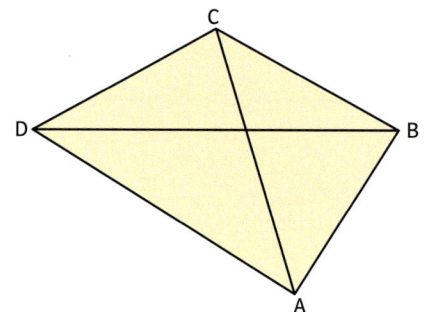

c) Welche Formel gehört zu welchem Körper? Begründe deine Entscheidung.

A $V = a^3 + 3a^2 + 2a$

B $V = 2a^3 - 2a$

C $V = a^3 + 2a^2$

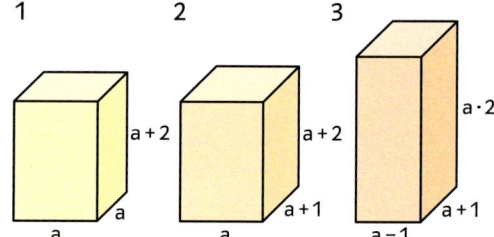

13 a) Konstruiere ein Dreieck aus
$a = 6{,}8\,cm$; $\beta = 43°$ und $\gamma = 64°$.
b) Konstruiere den Umkreis eines Dreiecks mit $a = 4{,}5\,cm$; $b = 7{,}2\,cm$ und $\gamma = 72°$.
c) Konstruiere das Dreieck $\triangle ABC$ mit folgenden Maßen:
$a = 10{,}0\,cm$; $b = 8{,}0\,cm$; $c = 12{,}0\,cm$.
Kennzeichne den Teil des Dreiecks, für dessen Punkte P folgende Bedingungen gleichzeitig erfüllt sind:
• P ist höchstens 4 cm von C entfernt.
• P liegt näher bei A als bei B.
• P liegt näher an a als an b.

14 a) Konstruiere ein Dreieck aus
$a = 5{,}2\,cm$; $b = 3{,}5\,cm$ und $c = 7{,}8\,cm$.
Miss die Innenwinkel.
b) Von einem Dreieck sind zwei Seitenlängen und zwei Winkel bekannt:
$a = 7\,cm$; $c = 8{,}6\,cm$; $\alpha = 42{,}5°$; $\beta = 67{,}2°$
Timo zeichnet mit den Bestimmungsstücken a, c und β und behauptet:
„In meinem Dreieck misst die Seite $b = 12{,}0\,cm$."
c) Laurin will ein Dreieck mit den Maßen $a = 7{,}5\,cm$; $b = 11{,}0\,cm$ und $c = 18{,}8\,cm$ konstruieren.

15 a) Konstruiere ein Dreieck aus
c = 5,2 cm; b = 3,5 cm und α = 68°.
b) Führe eine Achsenspiegelung des Dreiecks ABC an der Seitenhalbierenden S_c durch. Du erhältst das Dreieck A'B'C'.
c) Drehe das Spiegelbild um B' mit δ = 110°.
Bezeichne das Dreieck durch A''B''C''.

16 Das Dreieck A'B'C' mit A'(2|2); B'(6|3) und C'(4|6) ist das Bild des Dreiecks ABC. Die Koordinaten des Punktes A lauten: A(1|3).
a) Durch welche Achsenspiegelung bzw. Verschiebung ist A'B'C' aus ABC hervorgegangen?
b) Gib für eine Drehung mindestens drei mögliche Drehzentren an und bestimme die Koordinaten der Punkte B und C.
c) Was fällt dir auf?

17 Gegeben ist das Dreieck ABC mit A(1|1); B(4|2) und C(2|4).
Durch welche Abbildung wird das Dreieck ABC auf das Dreieck A'B'C' abgebildet mit
a) A'(3|2); B'(6|3); C'(4|5)
b) A'(7|7); B'(4|6); C'(6|4)
c) A'(3,5|1,5); B'(2,5|4,5); C'(0,5|2,5)

18 Das Dreieck A'B'C' ist das Bild des Dreiecks ABC nach einer Drehung.

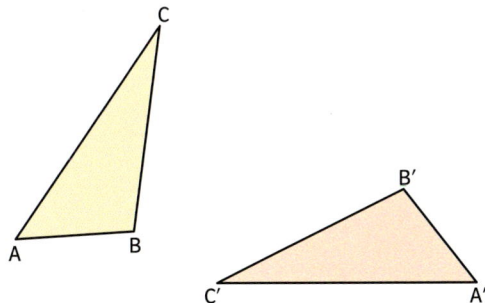

a) Wie kannst du das Drehzentrum wieder finden? Führe eine Konstruktion mit Lineal und Zirkel durch.
b) Bestimme die Größe des Drehwinkels.
c) Finde zwei Geraden, sodass durch eine Doppelspiegelung an diesen Geraden das Dreieck ABC auf das Dreieck A'B'C' abgebildet wird.

19 Trage die Punkte A(1|0); B(8|3) und C(6|5) in ein Koordinatensystem ein.
a) Konstruiere einen Kreis, der durch diese Punkte verläuft.
b) Verbinde die Punkte A, B und C zu einem Dreieck. Konstruiere den Punkt, der von allen Seiten den gleichen Abstand hat. Gib die Koordinaten dieses Punktes an.
c) Ergänze das Dreieck durch das Hinzufügen eines Punktes D zu einem
• Parallelogramm.
• achsensymmetrischen Viereck.
Wie viele Möglichkeiten gibt es? Gib jeweils die Koordinaten des Punktes D an.

20 Zu den beiden Gehöften A und B wird eine DSL-Leitung verlegt. Von einer Stelle C an der Hauptleitung sollen die beiden DSL-Leitungen geradlinig zu den beiden Gehöften verlaufen. Dabei sollen die Zuleitungen von den beiden Gehöften zur Anschlussstelle C insgesamt möglichst kurz sein.

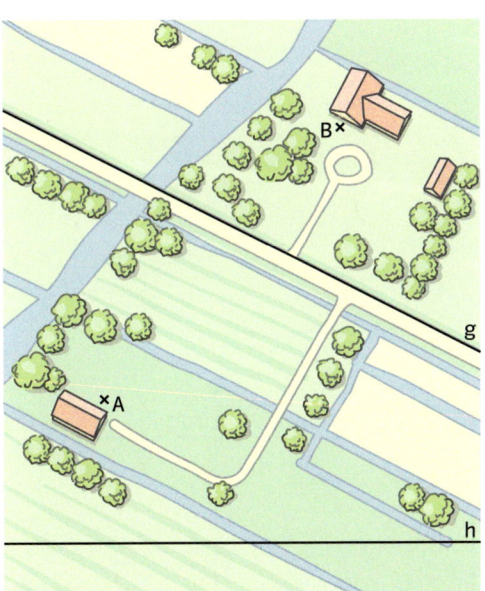

a) Wo müsste die Anschlussstelle C liegen, wenn g die Hauptleitung wäre?
b) Wähle auf der Geraden g einen von C verschiedenen Punkt P und begründe, dass der Streckenzug ACB kleiner als der Streckenzug APB ist.
c) Wo müsste die Trafostation gebaut werden, wenn h die Hauptleitung wäre?

21 a) Alle Behälter sind gleich hoch. Sie werden mit Wasser gefüllt. Das Wasser fließt gleichmäßig zu. Welcher Behälter gehört zu welchem Schaubild? Erkläre.

A

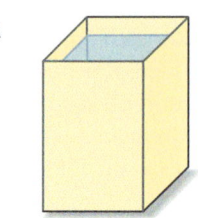

B

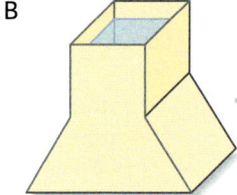

C

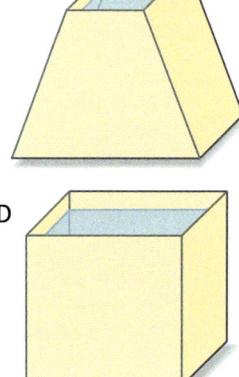

D

b) Zeichne zu der Geschichte ein passendes Schaubild. Trage die Zeit auf der Waagerechten und die zurückgelegte Wegstrecke auf der Senkrechten ab.

„Jana trainiert ihre Ausdauer durch einen Tempowechsellauf. Nach dem Start läuft sie langsam los. Nach 5 Minuten steigert sie ihr Tempo für die Dauer von 3 Minuten. Anschließend läuft sie 10 Minuten lang wieder das Anfangstempo. Nun sprintet sie 2 Minuten, läuft danach 3 Minuten langsam aus, sprintet erneut über die vorherige Zeitdauer und bleibt 5 Minuten lang stehen und macht Gymnastik."

c) Der aus Würfeln zusammengesetzte Körper wird durch einen gleichmäßigen Wasserzufluss von oben befüllt.

Was wurde im Schaubild falsch gemacht? Welche Fehler findest du? Erkläre sie und korrigiere das Schaubild.

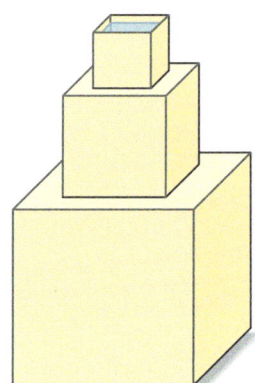

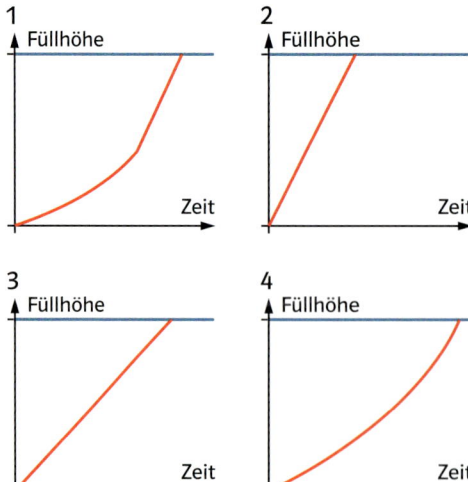

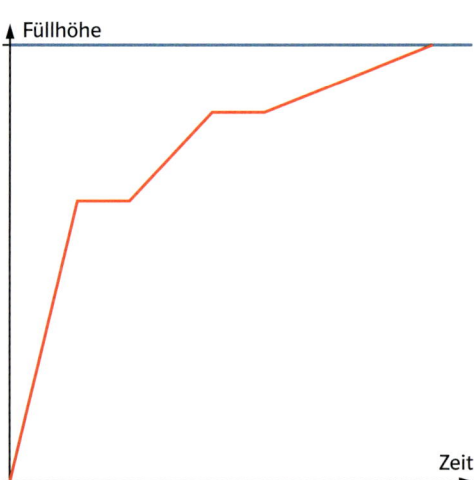

22 a) Bestimme die Funktionsgleichungen der Geraden.

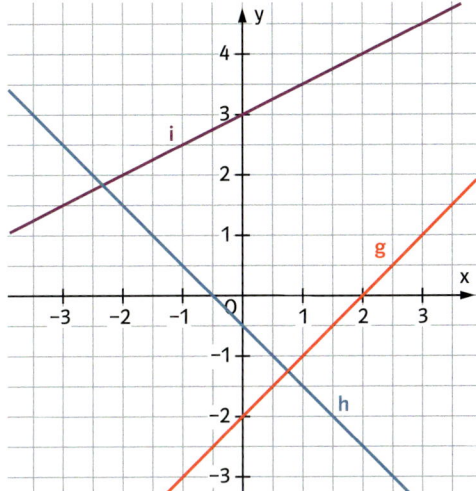

b) Welche der Geraden geht durch den Punkt P(10|9)?

c) Die Gerade k verläuft parallel zur Geraden i und geht durch den Punkt Q(−4|−5,5). Bestimme die Funktionsgleichung von k.

23 a) Liegt der Punkt Q(52|−48) auf der Geraden g?

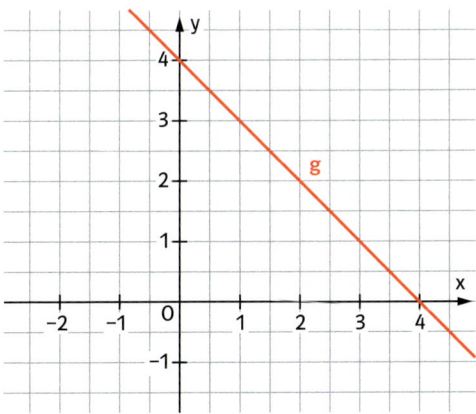

b) Eine weitere Gerade h geht durch P(3|1) und bildet zusammen mit der Geraden g und der y-Achse ein gleichschenkliges Dreieck, dessen Basis auf der y-Achse liegt.
Bestimme die Gleichung der Geraden h.

c) Berechne den Flächeninhalt des gleichschenkligen Dreiecks aus b).

24 a) Welche Funktion gehört zu welcher Geraden?

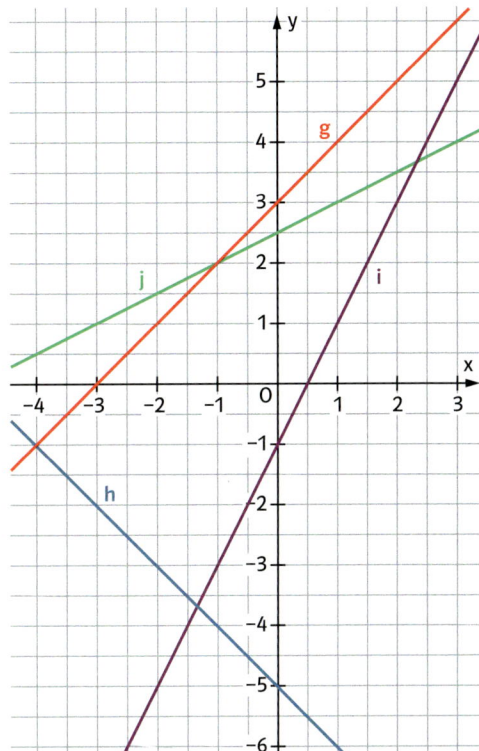

A $f(x) = -x + 3$ **B** $f(x) = \frac{1}{2}x - 2$
C $f(x) = 2x - 1$ **D** $f(x) = x + 3$
E $f(x) = -x - 5$ **F** $f(x) = \frac{1}{2}x + 2,5$
G $f(x) = -2x + 2$ **H** $f(x) = -\frac{1}{2}x + 2$

b) Durch den Punkt P(7|3) kann man beliebig viele Geraden zeichnen. Gib von zwei möglichen Geraden die Gleichungen an.

c) Eine Gerade g geht durch P(4|3). Sie verläuft durch den ersten, dritten und vierten Quadranten. Was kannst du über die Steigung der Geraden aussagen?

25 Die Graphen zweier linearer Funktionen gehen beide durch den Punkt P(3|4). Eine der beiden Geraden hat die Steigung $m = \frac{2}{3}$. Die andere Gerade geht durch Q(0|7).

a) Zeichne die Geraden in ein Koordinatensystem.

b) Bestimme die Funktionsgleichungen der beiden Geraden.

c) Berechne die Koordinaten der Schnittpunkte mit den Achsen.

26 a) Die Tabelle zeigt die Werte einer linearen Funktion. Zeichne das Schaubild. Wie heißt die Funktionsgleichung?

x	−3	−1	2	3	5
y	−7	−3	3	5	9

b) Gehören die beiden Tabellen zur gleichen linearen Funktion? Begründe.

x	−2	5	8
y	4	7,5	9

x	−10	2	7
y	−10	−4	−1,5

c) Eine lineare Funktion hat die Steigung $m = 2$ und geht durch den Punkt $P(-3 | -2)$. Durch welchen der vier Quadranten verläuft die Gerade nicht? Verschiebe die Gerade parallel, sodass sie durch diesen Quadranten geht. Gib eine mögliche Funktionsgleichung an.

27 a) Zeichne die Strecke $\overline{AB}$ mit $A(8 | 6)$ und $B(-2 | -1)$ ins Koordinatensystem. Gib die Gleichung einer Geraden g an, die die Strecke $\overline{AB}$ halbiert und durch $Q(-3 | 4,5)$ geht.
b) Diese Gerade g bildet zusammen mit den Koordinatenachsen ein Dreieck. Berechne den Flächeninhalt.
c) Die Gerade h hat die Gleichung $y = -x - 5$. Verändere die Steigung von h so, dass sie $\overline{AB}$ schneidet.

28 a) Welche Geraden begrenzen den Drachen?

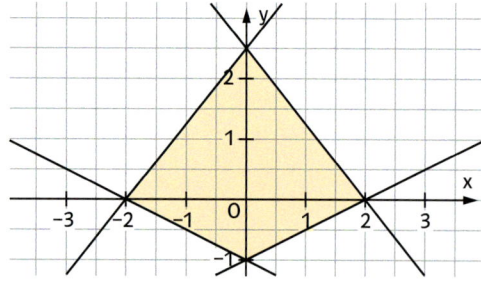

b) Beschreibe Unterschiede und Gemeinsamkeiten der Geraden $y = \frac{1}{3}x$ und $y = 3x$.
c) Gegeben sind die beiden Geraden g mit $y = -x - 1$ und h mit $y = mx + 2$. Wähle die Steigung m so, dass sich die Geraden im zweiten Quadranten schneiden.

Rent a mobil
Gefahrener km: 50 Ct
Einmalige Grundgebühr: 30 €

Auto-Service
Gefahrener km: 75 Ct

29 a) Eine 18 cm lange zylindrische Kerze brennt in 10 Minuten um 15 mm ab. Wie lange dauert es, bis die Kerze vollständig abgebrannt ist?
b) Drei Kerzen werden gleichzeitig angezündet. Die zugehörigen Graphen verlaufen parallel. Was kannst du über die Form der Kerzen aussagen?
c) Eine 24 cm und eine 12 cm lange Kerze werden gleichzeitig angezündet und brennen ab. Nach fünf Stunden sind beide Kerzen 4 cm hoch. Wie lange brennen die Kerzen jeweils insgesamt?

30 Löse folgende Ungleichungen in $\mathbb{N}$ und $\mathbb{Q}$. Bestätige die Lösungen durch eine geeignete Probe.
a) $12 - 2x < 7x + 3$
b) $3x + 4,5 > -3x - 2,5$
c) $2 \cdot (3x + 5) - 7 < -4x - (3 + x)$

31 Herr Schmitt kauft im Baumarkt Fliesen ein und möchte sie in seinem Pkw transportieren. Er darf laut Zulassung den Pkw höchstens mit 460 kg beladen. Ein Paket Fliesen wiegt genau 20 kg, sein Körpergewicht beträgt 80 kg. Er hat insgesamt 32 Pakete gekauft.
a) Wie viele Fahrten muss er insgesamt durchführen?
b) Wie ändert sich die Zahl der Fahrten, wenn seine beiden Kinder, die 28 kg und 42 kg wiegen, ebenfalls im Auto sind?
c) Wie würdest du die Pakete auf die einzelnen Fahrten verteilen?

32 Die SV der JAC-Realschule Trier verkauft auf dem Flohmarkt in Trier Brezeln. Sie rechnet mit 15 € festen Unkosten pro Tag. Der Verdienst an einer Brezel beträgt 0,23 €.
a) Wie viele Brezeln muss die SV verkaufen, damit sie 100 € verdient?
b) Die Stadt Trier erhebt eine Standgebühr von 10 € pro Tag.
c) Durch einen günstigeren Einkauf steigt der Gewinn pro Brezel um 25 %, die Kosten verringern sich um 10 %. Der Verdienst soll ebenfalls 100 € betragen.

33 Die Bodenfläche eines Schwimmbeckens soll mit blauen Fliesen ausgelegt werden. Der Fliesenleger erhält folgende Zeichnung.

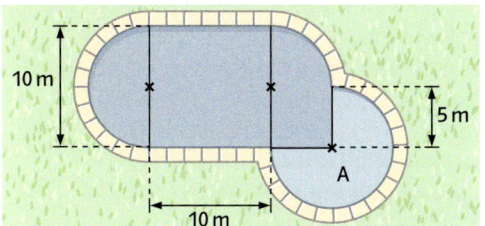

a) Hilf dem Fliesenleger, indem du die Bodenfläche des Schwimmbeckens berechnest.
b) Der Fliesenleger rechnet für Verschnitt und Bruch 15 % hinzu.
c) Im Kinderschwimmbecken (A) sollen die äußeren 30 cm mit Mosaikfliesen ausgelegt werden (65 € pro m²), auf der restlichen Fläche werden Bodenfliesen verlegt, die 45 € pro m² kosten. Was kostet das Fliesen der Bodenfläche insgesamt?

34 Um einen kreisrunden Brunnen, der einen Durchmesser von 3,20 m hat, wird ein 2,40 m breiter Streifen mit Porphyrsteinen gepflastert. (Die Kosten für 1 m² Porphyrpflaster betragen 65 € netto.)
a) Wie viel Quadratmeter Porphyr werden benötigt, wenn mit einem Verschnitt von 10 % gerechnet wird?
b) Der Streifen wird außen mit Betonpflastersteinen eingefasst. Ein Stein ist 15 cm lang und kostet 0,40 €. Wie viele Steine werden für das Einfassen benötigt?
c) Wie hoch sind die Bruttomaterialkosten der gesamten Baumaßnahme, wenn keine weiteren Kosten und Rabatte anfallen?

35 Dein Fahrrad hat die Radgröße 26 Zoll.
a) Welchen Weg legst du bei einer Radumdrehung zurück?
b) Das hintere Kettenblatt hat 13 Zähne, das vordere Kettenblatt 39 Zähne. Mit dieser Übersetzung fährst du an der Mosel entlang von Trier nach Koblenz (115 km). Wie oft drehen sich deine Räder?
c) Wie viele Pedalumdrehungen wären erforderlich, wenn du dauernd treten würdest?

36 Von einem Stoffrest der Breite 1,40 m und der Länge 1,60 m soll eine möglichst große kreisrunde Tischdecke hergestellt werden.
a) Welchen Flächeninhalt hat diese Tischdecke?
b) Der Rand soll mit einer Spitze eingefasst werden. Wie viel lfm Spitze werden hierfür benötigt?
c) Wie viel Prozent Verschnitt entstehen?

37 An einem runden Tisch sollen sechs Personen Platz finden. Jeder Person sollen 0,80 m Tischkantenlänge zustehen.
a) Welchen Durchmesser müsste dieser Tisch haben?
b) Für die Herstellung der Tischplatte berechnet die Schreinerei 135 € pro Quadratmeter. Berechne den Preis für die Tischplatte.
c) Wie hoch wären die Mehrkosten, wenn sieben Personen mit der gleichen Tischkantenlänge von 0,80 m Platz finden könnten?

38 In 24 Stunden dreht sich die Erde einmal um die eigene Achse.

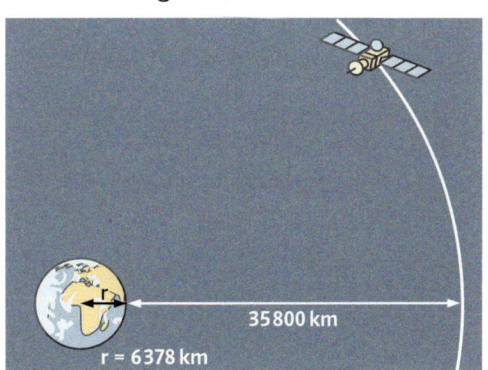

a) Welchen Weg legt dabei ein Punkt auf dem Äquator zurück?
b) Wie groß ist die Geschwindigkeit dieses Äquatorpunktes?
c) Von der Erde aus betrachtet scheint ein geostationärer Satellit am Himmel stillzustehen (da sich der Beobachter auf der Erde mit der gleichen Winkelgeschwindigkeit bewegt wie der Satellit). Wie groß ist damit die Umlaufgeschwindigkeit (in km/h) eines solchen Satelliten, der in 35 800 km Höhe über dem Äquator scheinbar stillsteht?

! *geostationär:*
Ein geostationärer Satellit umkreist die Erde mit derselben Richtung und Geschwindigkeit wie die Erdoberfläche selbst, wodurch er relativ zu dieser feststeht. Bekannte geostationäre Satelliten sind die Astra-Satelliten oder auch Meteosat.

39 Der Wurfkreis beim Diskuswerfen hat einen Durchmesser von 2,5 m und wird von einem 6 mm dicken und 76 mm hohen Stahlband begrenzt.
a) Kannst du es alleine tragen? Schätze zunächst.
b) Das Gewicht von 1 cm³ Stahl beträgt etwa 7,8 g. Berechne.
c) Wie ändert sich das Gewicht, wenn die Dicke des Stahlbandes um 1 mm vergrößert wird?

40 Der Minutenzeiger der Turmuhr Big Ben in London ist 4,27 m lang, die Länge des Stundenzeigers beträgt 2,75 m.
a) Welche Wege legen die Spitzen der Zeiger in einer Sekunde bzw. einer Minute zurück?
b) Welchen Weg legen die Spitzen von Minuten- und Stundenzeiger in einem Jahr zurück?
c) Mit welcher Geschwindigkeit (in km/h) bewegt sich der Minutenzeiger des Big Ben? Zum Vergleich: Eine Schnecke bewegt sich durchschnittlich mit $2\frac{m}{h}$.

41 Der Kilometerzähler eines Autos ist auf einen Reifendurchmesser von 68 cm abgestimmt. Mit der Zeit fahren sich die Reifen natürlich ab. Von anfänglich 9 mm Profiltiefe sind nach etlichen Kilometern noch gerade 3 mm übrig geblieben.

a) Wird der Kilometerzähler dadurch ungenau?
b) Um wie viel Prozent wird der Umfang kleiner?
c) Wie groß ist die Differenz der Radumdrehungen des Autos auf der 55 km langen Strecke zwischen Trier und Bernkastel mit neuen und abgefahren Reifen? Schätze zuerst die Differenz, berechne anschließend.

42 Boris und Ingo haben zwei Pizzen geholt. Die Pizzen werden jeweils in acht gleich große Stücke geschnitten. Boris isst seine eigene Pizza und außerdem zwei Stücke von Ingos Pizza, deren Rest Ingo selbst isst.
a) Wie viel Pizza isst Boris mehr als Ingo? Gib das Ergebnis auch in Prozent an.

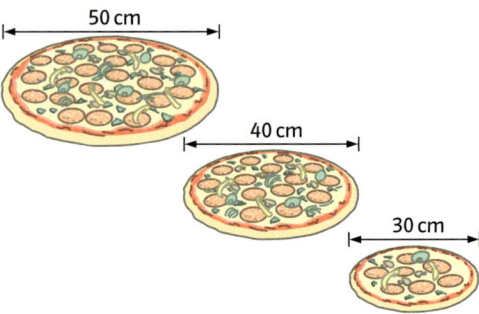

b) Die Pizzen, die kreisrund sind, sind in den Größen klein, mittel und groß erhältlich. Eine kleine Pizza hat einen Durchmesser von 30 cm, eine mittlere hat einen Durchmesser von 40 cm und eine große einen Durchmesser von 50 cm. Alle sind gleich dick. Die kleine Pizza kostet 6 €, eine mittlere 9 € und die große 14 €. Welche Pizza muss man kaufen, wenn man möglichst viel Pizza pro Euro bekommen möchte?
c) Boris und Ingo erwarten Gäste und benötigen insgesamt 10 kleine Pizzen. Sie überlegen, an Stelle der 10 kleinen Pizzen eine Kombination aus kleinen, mittleren und großen Pizzen zu kaufen, mit denen sie die gleiche Menge Pizza für weniger Geld bekommen würden.

43 Ein Auto mit einer Spurbreite von 1,60 m durchfährt eine kreisförmige Ringstraße mit dem Innenradius 60 m.
a) Um wie viel Meter ist bei einer Runde der Weg für die äußeren Räder länger als für die inneren Räder?
b) Ergeben sich auch daraus verschiedene Reifengeschwindigkeiten?
c) Zum Durchfahren einer Runde benötigt das Fahrzeug 25 Sekunden. Stelle dir mindestens zwei Fragen und berechne anschließend.

44 a) Der Körper ist aus einem Quader und einem Würfel zusammengesetzt. Berechne sein Volumen.

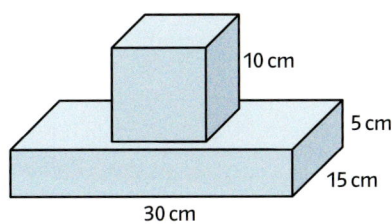

b) Aus einem Würfel wird ein zweiter Würfel mit der halben Kantenlänge herausgearbeitet. Wie groß ist die Oberfläche des entstandenen Körpers?

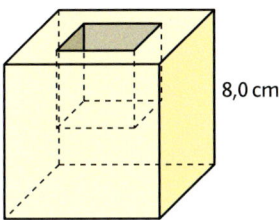

c) Von einem Würfel mit der Kantenlänge 15,0 cm werden 8 Ecken abgeschnitten. Erkläre, warum sich die Oberfläche nicht ändert.

45 Der Würfel ist in drei Richtungen ausgeschachtet.
a) Berechne sein Volumen, wenn der vollständige Würfel eine Kantenlänge von 12,0 cm hat.
b) Wie groß ist die neue Oberfläche?
c) Wie hat sich die Oberfläche prozentual verändert?

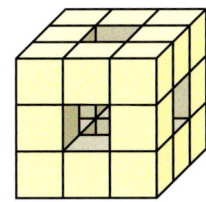

46 Vom Quader wurden zwei Teilwürfel entfernt. Die Teilwürfel haben eine Kantenlänge von 8 cm.
a) Berechne das Volumen des neu entstandenen Körpers.
b) Wie groß ist die Oberfläche des neu entstandenen Körpers?
c) Wenn man bestimmte Teilwürfel vom Quader entfernt, vergrößert sich die Oberfläche. Wie viele davon müssen mindestens herausgebrochen werden, damit der Oberflächeninhalt des ursprünglichen Quaders um mindestens 10 % zunimmt?

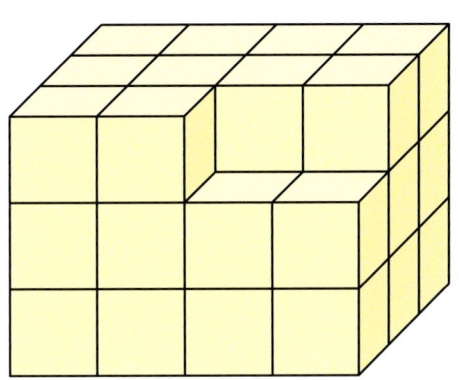

47 Auf dem Würfelnetz sind Linien eingezeichnet.

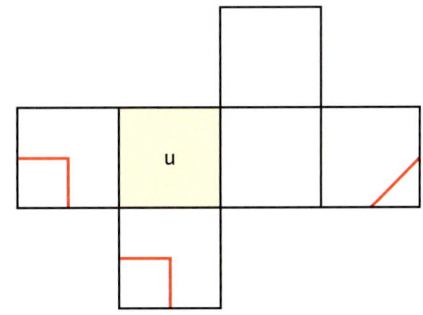

a) Zeichne das Schrägbild mit den Linien.
b) Zerschneidet man den Würfel längs der Linien, entstehen zwei Schnittflächen. Von welcher Art sind sie? Begründe.
c) Durch die zwei Schnitte wird der Würfel in zwei Teilkörper zerlegt. Das Volumen des kleinen Körpers verhält sich zum gesamten Würfelvolumen wie
    1:8   1:10   1:15   1:16.
Das Volumenverhältnis der Teilkörper ist
    2:8   1:14   1:15   1:16   1:17.

48 Der aus drei Quadern zusammengesetzte Glaskörper ist zum Teil mit Wasser
gefüllt.

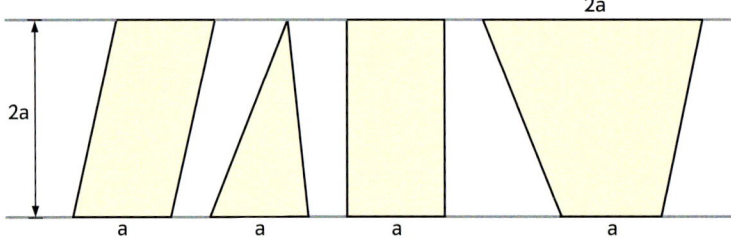

20 cm · 50 cm · 50 cm · 10 cm · 30 cm

Wie hoch steht das Wasser, wenn der
Körper
a) auf die rote Seitenfläche gestellt wird?
b) auf der grünen Seitenfläche steht?
c) auf die Vorderfläche gestellt wird?

49 Die abgebildeten Figuren sind Grundflächen von volumengleichen Prismen.

2a

2a · a · a · a · a

a) Welche Prismen sind gleich hoch?
b) Das Prisma mit der rechteckigen Grundfläche ist 12 cm hoch.
Wie hoch sind dann die anderen Prismen?
c) Vergleiche die Höhen der vier Prismen.
Was fällt dir auf?

50 a) Ergänze das Netz des Trapezprismas.
b) Wie groß ist die Oberfläche des Trapezprismas?
c) Ergänze das Netz des Dreiecksprismas
und trage den farbigen Streckenzug ein.
Miss die Länge des Streckenzugs.

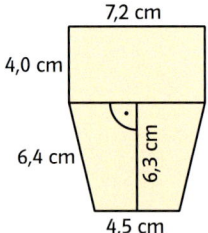

7,2 cm · 4,0 cm · 6,4 cm · 6,3 cm · 4,5 cm

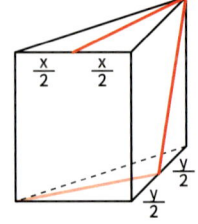

$\frac{x}{2}$ · $\frac{x}{2}$ · $\frac{y}{2}$ · $\frac{y}{2}$

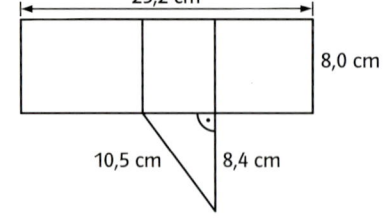

25,2 cm · 8,0 cm · 10,5 cm · 8,4 cm

51 Das Dreiecksprisma hat ein Volumen
von 750 cm³.

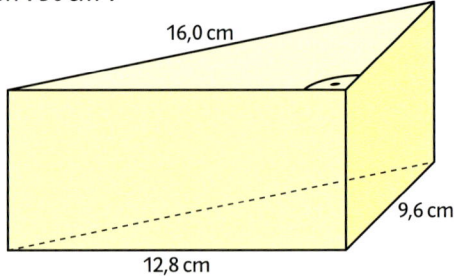

16,0 cm · 9,6 cm · 12,8 cm

a) Berechne die Höhe des Prismas.
b) Wie groß ist die Oberfläche?

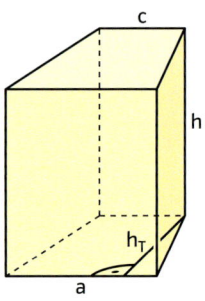

c · h · h_T · a

c) Ein weiteres Prisma hat eine trapezförmige Grundfläche. Die Maße sind:
a = 6,4 cm; c = 3,6 cm; h = 8,0 cm und
V = 300 cm³. Berechne die Länge der
Höhe h_T.

52 Zwei Trapezprismen werden zusammengesetzt. Dabei werden je zwei kongruente Flächen ohne Überstand verklebt.

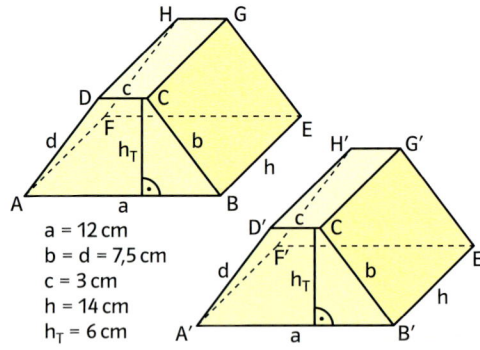

a = 12 cm
b = d = 7,5 cm
c = 3 cm
h = 14 cm
h_T = 6 cm

a) Wie viele Möglichkeiten gibt es? Sind
alle zusammengesetzten Körper Prismen?
b) Berechne die Oberflächeninhalte der
Körper aus a).
c) Für die zwei Prismen soll jetzt h = 12 cm
gelten. Beantworte Frage a) erneut.

53 Eine zylinderförmige Regentonne hat einen Innendurchmesser von 80 cm und eine Höhe von 1,5 m.
a) Gib das Fassungsvermögen der Tonne in Liter an.
b) Die Tonne ist zu 70 % mit Wasser gefüllt. Wie viel Wasser enthält sie?
c) In der Tonne sind 520 Liter Wasser. Wie hoch steht das Wasser?

54 Seit 1990 werden im „Fallturm Bremen" Experimente unter kurzzeitiger Schwerelosigkeit durchgeführt. Die Ergebnisse dieser Experimente werden unter anderem in der Raumfahrttechnik genutzt.

Die Fallkapsel stürzt durch die Fallröhre in die Abbremskammer. Beide Räume müssen luftleer sein.
a) Die Fallröhre ist ein Zylinder, der 110 m hoch ist und einen inneren Durchmesser von 3,50 m hat. Berechne ihr Volumen.
b) Die Abbremskammer ist ebenfalls ein Zylinder, der 10 m hoch ist, einen Außendurchmesser von 9,80 m und eine Wanddicke von 40 cm aufweist. Berechne ebenfalls ihr Volumen.
c) Aus der Fallröhre und der Abbremskammer wird jeweils die Luft evakuiert. Wie groß ist ihr Gewicht, wenn 1 dm³ Luft eine Masse von 1,29 g aufweist? Schätze zunächst und berechne anschließend.

55 Aus einem 80 cm langen Kantholz mit quadratischem Querschnitt (Die Seitenlänge beträgt 8 cm.) wird ein Rundstab mit größtmöglichem Durchmesser gedrechselt.
a) Berechne den Spanverlust in cm³.
b) Wie groß ist der prozentuale Verlust?
c) Es sollen 40 solcher Rundstäbe lasiert werden. Zur Verfügung steht eine Dose Holzlasur (1000 g). Der Verbrauch beträgt laut Herstellerangaben 90 g/m².

56 Tunnel werden häufig nicht mit halbkreisförmigen, sondern mit kreisförmigem Querschnitt in den Berg getrieben. Eine Fräse mit einem Durchmesser von 8 m schafft täglich eine Strecke von 15 m.

a) Wie viel m³ Fels müssen somit täglich abtransportiert werden?
b) Zur Stabilisierung wird die Röhre mit einer 50 cm starken Betonwand ausgekleidet. Der Tunnel ist insgesamt 495 m lang.
c) Ein m³ Fertigbeton kostet etwa 70 €. Welche Kosten für den Beton lassen sich einsparen, wenn die Dicke der Betonwand um 5 cm verkleinert wird? Schätze zuerst.

57 Im Getreidehafen Rostock sind 1992 für Getreide 16 neue Silos errichtet worden. Der zylindrische Füllraum hat einen Innendurchmesser von 12,5 m und ist 30 m hoch.
a) Wie viel Getreide passt in ein Silo?
b) Wie schwer ist bis auf eine Höhe von 8 m eingefüllter Weizen, wenn 1 m³ Weizen ein Gewicht von 750 kg hat?
c) In ein weiteres Silo wird Gerste eingefüllt, die eine Dichte von 600 kg/m³ aufweist. Die Gerste hat ein Gewicht von 850 t. Zeichne das Silo maßstabsgerecht und markiere die Füllhöhe der Gerste.

58 Auf einen Zylinder mit $r_1 = 10\,cm$ und $h_1 = 20\,cm$ wird ein Zylinder mit $r_2 = 5\,cm$ und $h_2 = 10\,cm$ aufgesetzt.
a) Bestimme das Volumen des gesamten Körpers.
b) Berechne den Oberflächeninhalt des zusammengesetzten Körpers.
c) Spielt es eine Rolle, ob der kleine Zylinder genau mittig auf den größeren Zylinder gesetzt wird? Schreibe auf, was du herausfindest.

59 Die Firma Knarr stellt Suppen her. Für eine neue Erbsensuppe beauftragt sie die Firma Kleinschmidt mit der Herstellung von geeigneten Dosen.

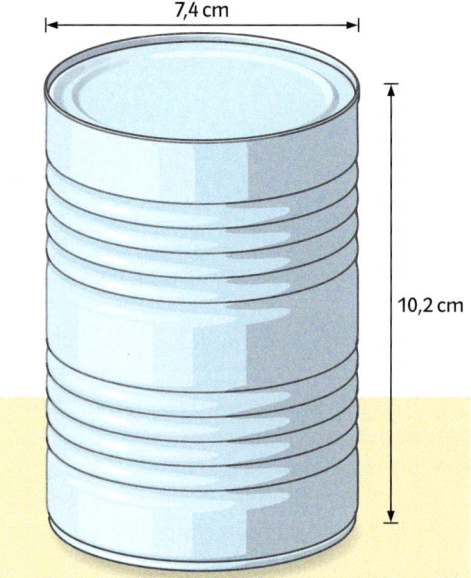

7,4 cm

10,2 cm

a) Die Dose ist nicht vollständig gefüllt. Die Füllmenge ist 4% geringer als das Dosenvolumen. Berechne die Füllmenge in ml.
b) Der Doseninhalt hat eine Dichte von $1,3\,g/cm^3$. Können 480 g Erbsensuppe in die Dose eingefüllt werden? Schätze zuerst und begründe anschließend durch eine Rechnung.
c) Aus verpackungstechnischen Gründen soll eine Dose hergestellt werden, die nur halb so hoch wie die abgebildete ist. Welcher Durchmesser muss für die Dose gewählt werden, wenn das Volumen unverändert bleiben soll?

60 In einem Wohnhaus ist die Warmwasserleitung vom Boiler im Heizkeller bis zum Bad 8,60 m lang. Der Innendurchmesser der isolierten Kupferleitung beträgt $\frac{3}{4}$ Zoll.
a) Wie viele Liter Wasser laufen durch die Leitung, bis das erste warme Wasser aus dem Boiler im Bad ankommt?
b) Die Durchflussgeschwindigkeit des Wassers beträgt beim Duschen etwa 0,12 Liter pro Sekunde. Wie lange kann geduscht werden, wenn man nicht mehr als 50 Liter warmes Wasser (T = 40 °C) verbrauchen möchte?
c) Der Boiler im Heizkeller hat ebenfalls eine zylindrische Form, fasst 160 Liter Wasser und ist 90 cm hoch. Wie groß ist der Durchmesser des Boilers?

61 In einem Wohngebiet werden neue Abwasserrohre verlegt.

Die Abwasserrohre haben einen 30 cm großen Innendurchmesser, eine Wandstärke von 45 mm und eine Länge von 5 m. Das Rohrsystem in dem Wohngebiet ist insgesamt 2,4 km lang.
a) Wie viel m³ Abwasser kann das Rohrsystem insgesamt aufnehmen?
b) Wie viel Beton wird benötigt, um alle erforderlichen Rohre anzufertigen?
c) 1 m³ Beton hat ein Gewicht von 2,4 t. Wie viele Fahrten mit einem Tieflader (max. Zuladung: 20 t) sind erforderlich, um die Rohre in das Neubaugebiet zu transportieren?

62 a) Frau Metzger kauft im Schlussverkauf einen Mantel. Der um 7,5 % reduzierte Preis beträgt dann 222 €.
b) Der Wert einer Antikvase erhöht sich um 12,8 %. Sie kostet dann 1522,80 €.
c) Wegen einer Geschäftsaufgabe werden alle Waren um 20 % verbilligt. Eine Kaffeemaschine wird anschließend nochmals um 50 € billiger verkauft. Sie kostet dann noch 590 €. Um wie viel Prozent wurde der Preis insgesamt reduziert?

63 a) Lola jubelt – sie hat 25 % gespart. Die Jeans kostet jetzt nur noch 69,90 €. Was kostete sie ursprünglich?
   A 52,43 €   **B** 87,38 €
   C 93,20 €   **D** 94,90 €
b) Ein Paar Schuhe wird um 10 € verbilligt. Anschließend wird der Preis nochmals um 10 % reduziert. Sie kosten dann 89,10 €.
c) Ein Viertel aller Mitglieder des Sportvereins spielt Tennis. Die Hälfte der Tennisspieler läuft zusätzlich noch Ski.
Wie viel Prozent aller Mitglieder spielen Tennis und laufen gleichzeitig auch Ski?

64 a) Der Preis einer Limonade ist von 1,50 € auf 1,80 € gestiegen. Um wie viel Prozent ist er gestiegen?
   A 10 %   **B** 15 %
   C 20 %   **D** 25 %
b) Eine Schokoladentafel ist um 50 % leichter als vorher. Sie wiegt jetzt 150 g.
c) Lara erhält im 1. Lehrjahr eine Ausbildungsvergütung von netto 390 €. Auf die Brutto-Ausbildungsvergütung zahlt sie 15 % Lohnsteuer und 150 € Abgaben.

65 Aus der Werbung: Das neue 4,5 kg Sparpaket! Jetzt 12,5 % mehr Inhalt zum neuen Preis von 16,99 €.
a) Was hat das bisherige Paket gewogen?
b) Auf einem alten Paket steht der Preis 14,99 €. Was meinst du?
c) Auf einem anderen Werbeplakat steht: „Der Preis wird um 20 % reduziert. Davon dürfen Sie noch ein Drittel des Preises abziehen."
Kostet die Ware dann mehr oder weniger als die Hälfte des ursprünglichen Preises?

66 Das Freizeitbad Toll-Aqua erhöht seine Preise.

	Vor der Erhöhung:	Nach der Erhöhung:
Jugendliche	2,00 €	2,50 €
Erwachsene	3,30 €	4,00 €

a) Für welche Altersgruppe hat sich der Preis prozentual stärker erhöht?
b) Eine Saisonkarte kostet für Jugendliche vor der Erhöhung 38,40 €.
Rechne mit derselben prozentualen Verteuerung wie beim Einzeleintritt.
c) Die Tabelle zeigt die Preisentwicklung bei der Familien-Saisonkarte.

	Vor der Erhöhung:	Nach der Erhöhung:
1. Erwachsener	63,90 €	75,00 €
2. Erwachsener	48,50 €	60,00 €
1. Kind	23,00 €	23,00 €
2. Kind	11,50 €	11,50 €
3. Kind	–	–

Um wie viel Prozent hat sich der Preis für eine fünfköpfige Familie verteuert?

67 a) Herr Boll kauft eine Bohrmaschine. Er erhält 3 % Skonto. Dies sind 14,67 €. Welchen Betrag muss Herr Boll an der Kasse bezahlen?

b) Ein Skateboard wird zweimal nacheinander um 10 % verbilligt. Es kostet jetzt 121,50 €. Berechne den ursprünglichen Preis.
c) Im Räumungsverkauf wird ein Fahrrad um die Hälfte billiger angeboten. Da es nicht verkauft wird, entschließt sich der Händler, den Preis nochmals zu halbieren. Welche Aussage ist richtig?
A Es kostet jetzt weniger als 30 % des ursprünglichen Preises.
B Der Preisnachlass beträgt drei Viertel des anfänglichen Preises.
C Das Fahrrad ist jetzt umsonst zu haben.

68 a) Leon zahlt bei einem Zinssatz von 13,5 % für eine Zeitdauer von 80 Tagen einen Zinsbetrag von 75 €.
b) Marie zahlt für 1 Jahr und 9 Monate einen Betrag von 5000 € auf einen Sparvertrag ein. Der Zinssatz beträgt 3,8 %.
c) Frau Berg bekommt für eine Spareinlage von ihrer Bank 3,0 % Zinsen.
Wenn der Zinssatz sich auf 5,0 % erhöhen würde, bekäme sie 150 € mehr Zinsen.
Wie hoch ist die Spareinlage?

69 a) Frau Grün überzieht ihr Girokonto 12 Tage lang um 1800 €. Die Bank verrechnet einen Zinssatz von 14,75 %.
b) Familie Bauer möchte ihre Wohnung neu einrichten. Der Gesamtpreis beträgt 18 000 €. Sie zahlt 9500 € an. Für den Restbetrag muss sich Familie Bauer zwischen zwei Angeboten entscheiden.

Stadtsparkasse	Möbelhaus Gigant
Kleinkredit für 6 Monate. Jahreszinssatz: 9,5 %	Rückzahlung in 6 Monatsraten zu je 1500 €

c) Familie Roth liegen zwei Darlehensangebote vor.

Bank A: Zinssatz 12 %; Laufzeit 1 Jahr; keine Bearbeitungsgebühr
Bank B: Zinssatz 9 %; Laufzeit 1 Jahr; 200 € Bearbeitungsgebühr

Ab welchem Betrag ist die Bank B günstiger?

70 Frau Schwarz vergleicht die Angebote zweier Banken.

Bank A: Darlehen 18 000 € 600 € Zinsen für 5 Monate
Bank B: Darlehen 18 000 € 960 € Zinsen für 8 Monate

a) Wie soll sie sich entscheiden?
b) Frau Schwarz entscheidet sich ganz anders und leiht bei Bank C. Dort zahlt sie nach einem Jahr 1350 € Zinsen.
c) Frau Schwarz überlegt, ihr Guthaben von 3000 € bei Bank D aufzulösen, wo sie 2,25 % Zinsen pro Jahr erhält. Den Rest will sie bei einer der Banken A–C leihen. Bewerte die Situation nach einem Jahr.

71 Arno zieht blind eine Karte aus einem Skatspiel.
a) Welche Karten gehören zum Ereignis
- „Kreuz",
- „Rot",
- „König",
- „Zahl"?
b) Auf welches Ereignis würdest du wetten?
c) Wie groß ist die Wahrscheinlichkeit, dass Arno Folgendes zieht:
- ein rotes Bild (Bauer, Dame, König);
- einen schwarzen Bauern.

72 Peter bastelt sich selbst einen besonderen Würfel.
a) Wie muss der selbst gebastelte Würfel beschriftet werden, damit die Zahl 6 die Wahrscheinlichkeit $\frac{1}{3}$ und die Zahl 1 die Wahrscheinlichkeit $\frac{2}{3}$ haben?
b) Welche Wahrscheinlichkeiten haben dann die anderen Zahlen? Wie wahrscheinlich ist es, eine 1 oder eine 6 zu würfeln?
c) Wie muss ein Würfel aussehen, bei dem $P(6) = \frac{3}{20}$ gilt?

73 Jan, Tim und Laura werfen zwei Münzen.

Jan gewinnt, wenn beide Münzen Wappen zeigen.
Tim gewinnt, wenn beide Münzen unterschiedliche Ergebnisse zeigen.
Laura gewinnt, wenn beide Münzen eine Zahl zeigen.
a) Ist das Spiel fair? Erklärt, was fair bedeutet.
b) Berechne die Wahrscheinlichkeiten für die jeweiligen Ergebnisse. Wer hat damit die größten Gewinnchancen?
c) Erfinde ein ähnliches Spiel, das für alle drei Spieler fair ist. Begründe auch, warum dieses Spiel fair ist.

74 a) Wie oft passt der Arbeiter in das Auge? Wie groß ist der Flächeninhalt des gesamten Werbeplakats?
b) Wie viele der 4 mal 6 Zentimeter großen Einzelfotos waren zur Herstellung des Plakats notwendig?
c) Wie groß wäre ein Mensch mit solch einem Auge?

Vor dem riesigen Bild eines Auges steht ein Arbeiter. Das Bild ist auf eine Kunststoffplatte aufgebracht und besteht aus mehreren hunderttausend einzelnen, jeweils 4 mal 6 Zentimeter großen Fotos, die mit Computerhilfe zusammengefügt wurden.

Weser Kurier, 1. 12. 2000

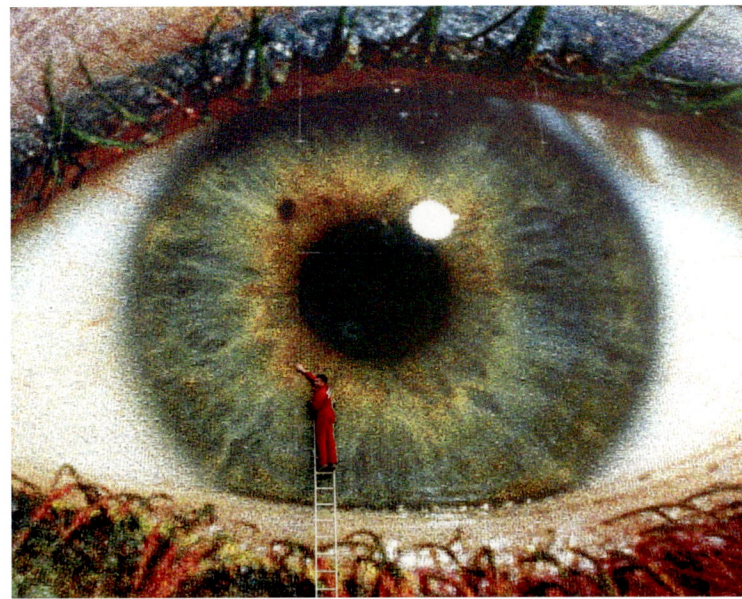

75 a) Bestimme die Größe des in Bronze gegossenen Fußes von Uwe Seeler.
b) Wie viele „normale" Fußballschuhe müssten hintereinandergestellt werden, damit die Größe des Bronzefußes erreicht wird?
c) Wie groß wäre ein komplett in Bronze gegossener Uwe Seeler?

Fuß des ehemaligen HSV-Idols und Ehrenspielführers der Nationalmannschaft Uwe Seeler in Bronze gegossen.
Die 3,9 Tonnen schwere Bronzeskulptur wird am 24. August 2005 in Hamburg enthüllt.

Stuttgarter Zeitung, 15.7.2005

Lösungen zum Basiswissen

Basiswissen | Rechnen mit Brüchen, Seite 6

1
a) 1   b) $\frac{3}{7}$ c) 2
d) $\frac{11}{12}$ e) $\frac{4}{5}$ f) $1\frac{1}{15}$
g) $1\frac{1}{3}$ h) $\frac{3}{8}$ i) $\frac{1}{2}$

2
a) $1\frac{5}{24}$ b) $1\frac{11}{20}$ c) $\frac{7}{36}$
d) $1\frac{27}{40}$ e) $\frac{11}{35}$ f) $\frac{4}{15}$
g) $\frac{13}{56}$ h) $\frac{59}{63}$ i) $\frac{11}{72}$

3
a) $1\frac{1}{4}$ b) $4\frac{1}{6}$ c) $4\frac{13}{24}$
d) $\frac{27}{40}$ e) $1\frac{5}{18}$ f) $2\frac{1}{3}$

4
a) $2\frac{1}{3}$ b) $1\frac{1}{4}$ c) $1\frac{23}{28}$
d) $2\frac{3}{8}$ e) $1\frac{27}{28}$ f) $2\frac{35}{36}$

5
a) $\frac{3}{10}$ b) $\frac{9}{10}$ c) $\frac{1}{3}$
d) $\frac{3}{8}$ e) $\frac{9}{28}$ f) $\frac{5}{7}$
g) $\frac{6}{5}$ h) $\frac{1}{2}$ i) $\frac{8}{9}$

6
a) $\frac{21}{30} = \frac{7}{10}$ b) $\frac{15}{56}$ c) $\frac{16}{45}$
d) $\frac{7}{36}$ e) $\frac{35}{36}$ f) $\frac{16}{63}$
g) $1\frac{1}{54}$ h) $\frac{35}{72}$ i) $\frac{21}{64}$

7
a) $\frac{2}{3}$ b) $\frac{2}{15}$ c) $\frac{1}{6}$
d) 2   e) $3\frac{3}{4}$ f) $2\frac{1}{2}$

8
a) $\frac{1}{2}$ b) $\frac{5}{14}$ c) 1
d) $\frac{4}{5}$ e) $\frac{3}{20}$ f) $\frac{1}{18}$

Basiswissen | Rechnen mit rationalen Zahlen, Seite 7

1
a) 59   b) -60 c) -58
d) 11   e) $-2,4$ f) $-\frac{1}{4}$

2
a) 16   b) 8   c) 59
d) -220 e) $-2,6$ f) $-\frac{3}{8}$

3
a) 108   b) 242   c) 125
d) 6,4   e) $\frac{1}{6}$ f) $-\frac{1}{6}$

4
a) -330 b) -171 c) -147
d) -12 e) -2 f) -16

5
a) 9   b) 12,5   c) 7
d) 30   e) $\frac{1}{40}$ f) -3

6
a) -8 b) -16 c) -20
d) -30 e) $-\frac{3}{2}$ f) -52

7
a) -68 b) -340 c) $-36,1$ d) 0
e) 71   f) $-\frac{1}{3}$

8
a) 5,6   b) 4   c) 1
d) $-11,5$ e) $-0,5$ f) $-0,25$

Basiswissen | Rechnen mit Termen, Seite 8

1
a) 3   b) -9 c) -18 d) -2

2

	x	-3	-2	-1	0	1	2	3
a)	$4 + 2x$	-2	0	2	4	6	8	10
b)	$-3x - 4$	5	2	-1	-4	-7	-10	-13
c)	$2x - 5x$	9	6	3	0	-3	-6	-9
d)	$2x^2 - x$	21	10	3	0	1	6	15

3

a) $11x + 8y$ b) $-9a + 15b$ c) $-11ab - 6xy$
d) $3a^2 - 3a$

4

a) $9y$ b) $17x$ c) $-4b$ d) $(xy - ab)$

5

a) $960x^2yz$ b) $60xyz$ c) $-288a^2bc$
d) $-12a^3bc$ e) $10xy$ f) $-5y^2$

6

a) $-59xy$ b) $2xy$ c) $-7a^2b^2 - c^2d^2$

7

a) $3a + 9b$ b) $5a + 9$ c) $5m - 6n$ d) $-5m + 6n$

8

a) $27ab + 18a$ b) $56ab - 72ac$
c) $60xy - 30y^2$ d) $-36x^2 - 30xy^2$
e) $54x^2 + 63xy^2$ f) $2a - 3$
g) $ab - 2bc$ h) $-16a^2b + 2b^2$

Basiswissen | Gleichungen lösen, Seite 9

1

a) $x = 6$ b) $x = 2$ c) $x = 1$
d) $x = 10$ e) $x = 0$ f) $x = -4$

2

a) $x = 14$ b) $x = 12$ c) $x = 5$
d) $x = \frac{9}{2}$ e) $x = -\frac{2}{5}$ f) $x = \frac{3}{2}$

3

a) $x = 2$ b) $x = 6$ c) $y = 9\frac{5}{14}$
d) $y = 0$ e) $u = -31$

4

a) $x = \frac{1}{2}$ b) $y = -\frac{2}{3}$ c) $z = 8\frac{1}{3}$

5

$x = 3$

6

a) $x = 4$ b) $x = 15$

7

$(x + 4) \cdot 2 + 10 = 3x + 12$
$x = 6$

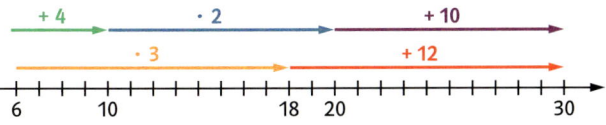

Basiswissen | Dreiecke, Seite 10

1

	α	β	γ	
a)	60°	60°	60°	spitzwinklig Dreieck
b)	40°	125°	15°	stumpfwinklig Dreieck
c)	45°	45°	90°	rechtwinklig Dreieck

2

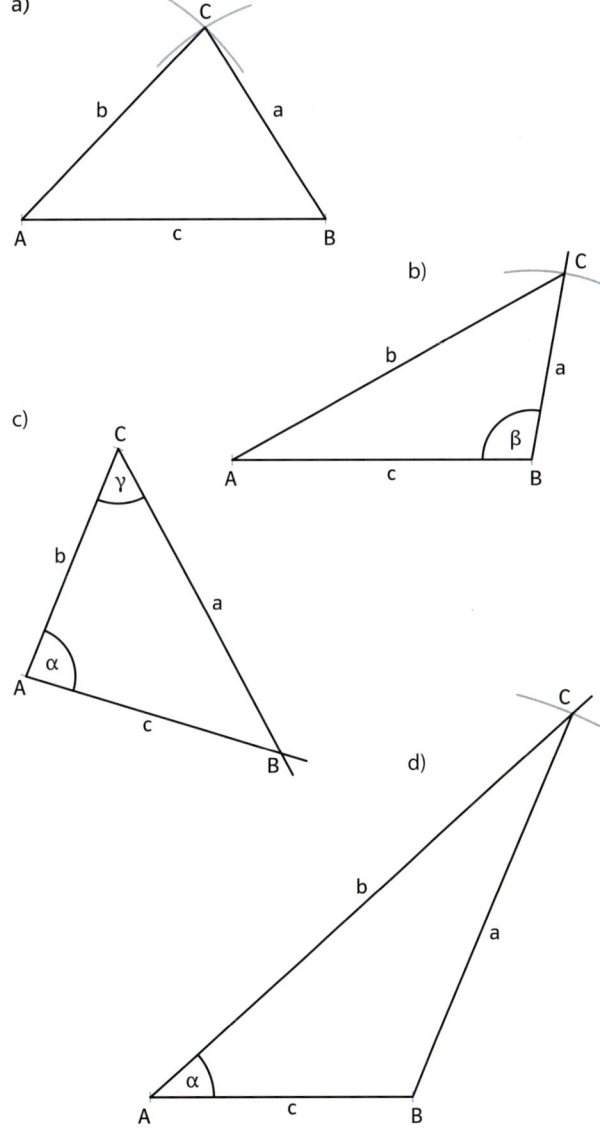

3

Einer maßstäblichen Zeichnung (1 cm entspricht 10 m)
entnimmt man: h = 15,9 cm.
Der Turm ist etwa 159 m hoch.

4

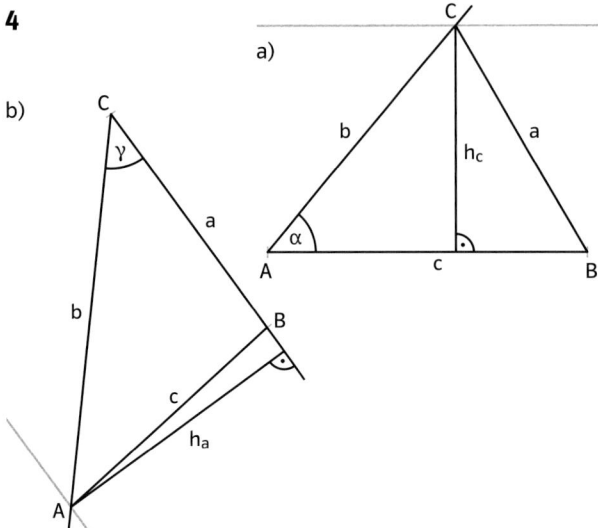

a)

b)

Basiswissen | Proportionale und antiproportionale Zuordnungen, Seite 11

1

a) Der Vorrat reicht für 12 Tage.
b) Die Bretter werden dann 6 cm dick.
c) Hajo braucht nur 8 Minuten.
d) Die restlichen 10 Personen erhalten jeweils 96 €.

2

Sie werden 1,20 € nehmen.

3

6: 4 Stunden
12: 2 Stunden
60: 24 Minuten

4

a) 9 h 46 Minuten
b) 95 km/h

Lösungen der Rückspiegel

Rückspiegel, Seite 31, links

1

a) $2n^2 + 2n = 2n(n + 1)$
b) $2n^2 + 3n + 1 = (2n + 1)(n + 1)$

2

a) $24abx + 18abx^2$ b) $-42m^2n + 3mn^2$
c) $x^2 - x - 12$ d) $-y^2 - 6y + 27$
e) $30x^2 - 3x - 6$ f) $6x^2 + xy - y^2$

3

a)

·	x	−6
x	x^2	−6x
5	5x	−30

$x^2 - x - 30$
$= (x - 6)(x + 5)$

b)

·	x	−7
x	x^2	−7x
12	12x	−84

$x^2 + 5x - 84$
$= (x - 7)(x + 12)$

4

a) $81x^2 + 90xy + 25y^2$ b) $9x^2 + 2,4xy + 0,16y^2$
c) $(y - 8x)^2$ d) $(4a + 5b)^2$
e) $(9t + 11s)(9t - 11s)$ f) $s^2 - 4u^2$

5

a) $x^2 + 16x + 64$ b) $a^2 - 20a + 100 = (a - 10)^2$
c) $121 - 22w + w^2 = (11 - w)^2$ d) $4x^2 - 4xy + y^2 = (2x - y)^2$
e) $(6r + 9s)^2 = 36r^2 + 108rs + 81s^2$

6

a) $0 = 6a^2 + 4ax$ b) $V = a^3 + a^2x = a^2(a + x)$

7

a) $4(x^2 + 6xy + 9y^2)$ $= 4(x + 3y)^2$
b) $3(16x^2 - 40xy + 25y^2)$ $= 3(4x - 5y)^2$
c) $28(u^2 - 4w^2)$ $= 28(u - 2w)(u + 2w)$
d) $0,5(p^2 - 4p + 4)$ $= 0,5(p - 2)^2$

Rückspiegel, Seite 31, rechts

1

a) $2n^2 + 4n + 2 = (2n + 2)(n + 1)$
b) $n^2 + 4n + 4 = (n + 2)^2$

2

a) $48a^2b + 64ab^2$ b) $-8x^3y + 24x^3$
c) $17r - 17s - rt + st$ d) $16b + 15a - ab - 240$
e) $16x^2 - 49x + 3$ f) $-6x^2 - 3,8xy + 0,8y^2$

3

a)

·	x	−3
x	x^2	−3x
14	14x	−42

$x^2 + 11x - 42$
$= (x - 3)(x + 14)$

b)

·	−3x	y
2x	−6x²	2xy
−3y	9xy	−3y²

$-6x^2 + 11xy - 3y^2$
$= (-3x + y)(2x - 3y)$

4

a) $256t^2 - 384st + 144s^2$ b) $0{,}49c^2 - 0{,}28cd + 0{,}04d^2$

c) $(3x + 0{,}5y)^2$ d) $(a + 0{,}5b)^2$

e) $(x + 0{,}5y)(x - 0{,}5y)$ f) $\frac{1}{9}a^2 - \frac{1}{4}b^2$

5

a) $9x^2 + 3xy + 0{,}25y^2 = (3x + 0{,}5y)^2$

b) $64m^2 - 32mn + 4n^2 = (8m - 2n)^2$

c) $c^2 - 34c + 289 = (c - 17)^2$

d) mehrere Lösungen möglich
   $16r^2 - 56rs + 49s^2 = (4r - 7s)^2$
   $4s^2 - 56rs + 196r^2 = (2s - 14r)^2$

e) $(15a - 5b)^2 = 225a^2 - 150ab + 25b^2$

6

a) $O = 22x^2 + 26x + 4$ b) $V = 6x^3 + 12x^2 + 6x$

7

a) $\frac{1}{2}(x^2 - 4x + 4) = \frac{1}{2}(x - 2)^2$

b) $\frac{3}{4}\left(v^2 - \frac{1}{4}w^2\right)$

c) $\frac{1}{5}(x^2 + 4xy + 4y^2) = \frac{1}{5}(x + 2y)^2$

d) $6(25x^2 + 20xy + 4y^2) = 6(5x + 2y)^2$

Rückspiegel, Seite 49, links

1

a) x = 3   b) x = 2   c) x = −2

2

a) 9   b) 21   c) 105   d) −15   e) −63

3

a) $x = -\frac{5}{2}$ b) y = −1   c) z = −11

4

a) $\mathbb{L} = \varnothing$ b) $\mathbb{L} = \left\{\frac{3}{10}\right\}$ c) $\mathbb{L} = \{1\}$

5

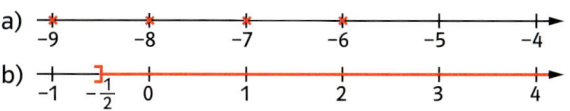

c)

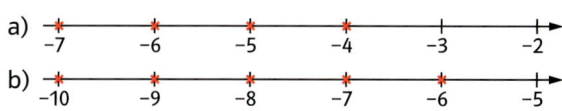

d) Die Lösung ist ganz $\mathbb{Q}$.

e)

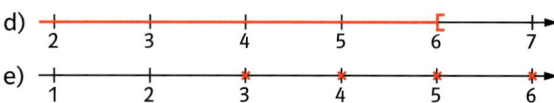

6

a) $b = \frac{A}{a}$

b) b = 4 cm ; b = 4,5 cm, b = 6,5 cm

7

2 € Einsatz: 13 034,10 €

4 € Einsatz: 26 068,20 €

6 € Einsatz: 39 102,30 €

8

a) x = 6 cm   b) x = 21 cm

Rückspiegel, Seite 49, rechts

1

a) x = 2   b) x = 8   c) x = 12

2

a) −2   b) 0   c) −6

d) +2   e) +0,5

3

a) x = 4   b) y = 21   c) z = 7

4

a) $\mathbb{L} = \{12\}$ b) $\mathbb{L} = \{2\}$ c) $\mathbb{L} = \{-2\}$

5

c) Die Lösung ist leer.

6

a) $G = \frac{w}{p\%}$ b) G = 420,00 €; G = 3500 m; G = 960 kg

7

Die erste Röhre würde das Becken in 3 Stunden, die zweite in 6 Stunden füllen.

8

Breite 2 cm; Länge 4 cm; Höhe 10 cm

Rückspiegel, Seite 77, links

1

$a = 12\,cm$ $u_R = 50\,cm$ $u_0 = 48\,cm$
Das Rechteck hat den größeren Umfang.

2

a) $u = 19,7\,cm$; Der Konstruktion entnimmt man $h_c = 4,8\,cm$
    und berechnet $A = 18,0\,cm^2$.
b) $u = 22,0\,cm$; Der Konstruktion entnimmt man $h_a = 5,2\,cm$
    und berechnet $A = 28,6\,cm^2$.

3

$A = 36,49\,m^2$

4

$A_1 = 591\,m^2$ $A_2 = 643\,m^2$

5

a) $2\,u = 27,65\,m$ b) $24 \cdot 7\,u = 3,59\,km$

6

a) $u = 28,6\,cm$; $A = 13,7\,cm^2$
a) $u = 33,1\,cm$; $A = 25,1\,cm^2$

Rückspiegel, Seite 77, rechts

1

$h = 20\,cm$

2

a) $u = 20,0\,cm$; Der Konstruktion entnimmt man
    $h_a = 3,0\,cm$ und berechnet $A = 19,5\,cm^2$.
b) $u = 22,1\,cm$; Der Konstruktion entnimmt man
    $c = 2,5\,cm$ und $h = 4,0\,cm$ und berechnet $A = 23,4\,cm^2$.
oder man entnimmt $c = 15,8\,cm$ und $h = 4\,cm$
und berechnet $A = 50\,cm^2$.

3

$A = 36,13\,m^2$

4

$A_1 = 591\,m^2$ $A_2 = 643\,m^2$ $A_3 = 689\,m^2$

5

gerundet: $11\,800\,\frac{m}{min}$; $11,8\,\frac{km}{min}$; $709\,\frac{km}{h}$

6

a) $A = 16,3\,cm^2$ b) $A = 20,57\,e^2$

Rückspiegel, Seite 97, links

	Grundwert	Veränderung in Prozent	Veränderter Grundwert
a)	315 €	+16 %	365,40 €
b)	820 km	−5 %	779 km
c)	20 km	+30 %	26 km

2
Herr Stark muss 1163,87 € bezahlen.

3
a) 679 €   b) 672,21 €

4
a) 10,20 € Zinsen; neuer Kontostand 690,20 €
b) 459 €

5

	Kapital	Zinssatz	Zinsen	Zeit
a)	600 €	5 %	10 €	4 Mon.
b)	1200 €	6 %	18 €	$\frac{1}{4}$ Jahr
c)	1800 €	6 %	4,20 €	14 Tage
d)	2400 €	11 %	198 €	270 Tage

6
Rechnungsbetrag abzüglich 2 % Skonto 1231,37 €,
also 25,13 €. Zinsen für diesen Betrag 7,90 €. Es lohnt sich,
sie spart 17,23 €.

Rückspiegel, Seite 97, rechts

	Grundwert	Veränderung in Prozent	Veränderter Grundwert
a)	23,56 €	+10,5 %	26,03 €
b)	124 m	$-3\frac{1}{4}$ %	119,97 m
c)	125,50 €	−2 %	122,99 €

2
Der Heimtrainer kostete ohne Mehrwertsteuer 755,46 €.

3
a) Der ursprüngliche Preis betrug 300 €.
b) um 23,5 %

4
a) 1330 €
b) Marion 1,75 % (Jan 1,5 %)

5

	Kapital	Zinssatz	Zinsen	Zeit
a)	564 €	4,5 %	14,81 €	7 Mon.
b)	678,50 €	10,5 %	53,39 €	$\frac{3}{4}$ Jahr
c)	1225,38 €	$3\frac{1}{4}$ %	8,85 €	80 Tage
d)	826,75 €	10,5 %	32,07 €	133 Tage

6

Frau Hahn muss für die 9000 € Rest beim Händler 630 € bezahlen, bei der Bank bekommt sie das Geld für 570 € Zinsen. Die Bank ist also günstiger.

Rückspiegel, Seite 113, links

1

Kniffel: Würfel
Domino: Spielsteine
Schach: Es gibt kein Zufallsgerät.
Roulette: Glücksrad
Quartett: Karten
Bingo: Zahlentrommel

2

a) Kopf oder Wappen
b) eine Zahl von 1 bis 49
c) eine Zahl von 7 bis 10, Bube, Dame, König, Ass

3

a) $\frac{1}{8}$ = 12,5 %   b) $\frac{1}{5}$ = 20 %   c) $\frac{1}{55}$ ≈ 1,8 %

4

a) $\frac{4}{16}$ = 25 %   b) $\frac{3}{16}$ = 18,75 %
c) $\frac{7}{16}$ = 43,75 %   d) $\frac{0}{16}$ = 0 %

5

Unter den 2100 geborenen Kindern sind ungefähr 1071 Jungen und 1029 Mädchen zu erwarten.

6

Peters und Sarahs Schätzungen sind sicher falsch, da Peter insgesamt 105 % und Sarah 98 % geschätzt haben. Zusammen müssen aber die Wahrscheinlichkeiten immer 100 % ergeben.

Rückspiegel, Seite 113, rechts

1

a) Eine Karte ziehen. Wer z. B. die höchste Karte zieht, muss geben.
Die Reihenfolge der Karten mit der höchsten beginnend:
Kreuz-Bube, Pik-Bube, Herz-Bube, Karo-Bube, alle Kreuz-Karten in der Reihenfolge Ass, 10, König, Dame, 9, 8, 7, Alle Pik-Karten, alle Herz-Karten, alle Karo-Karten in dieser Reihenfolge.
b) Eine weiße Figur in der rechten und eine schwarze Figur in der linken Hand verdeckt halten. Der Partner zieht – schwarz oder weiß – und spielt mit dieser Farbe.
c) Einen Würfel werfen. Wer die höchste Augenzahl hat, beginnt.

2

a) Loch 1 (unten), Loch 2 (oben), die Wand oder gar nichts treffen; Treffer oder kein Treffer.
b) Einen der Ringe von 1 bis 12 treffen oder daneben werfen.

3

a) $\frac{40}{100}$ = $\frac{2}{5}$ = 40 %   b) $\frac{9}{15}$ = $\frac{3}{5}$ = 60 %

4

a) 300 Lose   b) $\frac{2}{180}$ = $\frac{1}{90}$ ≈ 1,1 %

5

$\frac{(190 - 23)}{190}$ ≈ 87,9 % oder $1 - \frac{23}{190}$ ≈ 87,9 %

6

a) Gleichwahrscheinlich: 1; 4 und 5
Gleichwahrscheinlichkeit: 2 und 3
b)

Augenzahl	1	2	3	4	5
Wahrscheinlichkeit	24 %	14 %	14 %	24 %	24 %

Rückspiegel, Seite 145, links

1

$V = 1080\,cm^3$ $O = 663\,cm^2$

2

$c = 5\,cm$

3

a) $M = 565,5\,cm^2$; $O = 1017,89\,cm^2$; $V = 1696,5\,cm^3$
b) $M = 592,8\,cm^2$; $O = 678,8\,cm^2$; $V = 1096,7\,cm^3$
c) $M = 7,17\,m^2$; $O = 9,58\,m^2$; $V = 2,22\,m^3$

4

a) $V = 42\,412\,m^3$ b) $A = 5655\,m^2$

5

$G = \frac{1}{2}c \cdot h_c = 24\,cm^2$ $u = 32\,cm$
$V = G \cdot h = 192\,cm^3$ $M = u \cdot h = 256\,cm^2$
$O = 2 \cdot G + M = 304\,cm^2$

6

$V_1 = 56,1\,cm^3$; $V_2 = 254,5\,cm^3$; $V = 310,6\,cm^3$
$O_1 = 82,9\,cm^2$; $O_2 = 240,3\,cm^2$; $O = 287,0\,cm^2$

Rückspiegel, Seite 145, rechts

1

Das Volumen vergrößert sich mit dem Faktor 8.
Die Oberfläche vergrößert sich mit dem Faktor 4.

2

$c = 5\,cm$

3

a) $V = 2309,1\,cm^3$ b) $V = 115,9\,dm^3$
c) $V = 6,75\,dm^3$ d) $V = 63,2\,cm^3$
e) $V = 888,1\,cm^3$ f) $V = 2921,4\,cm^3$

4

a) $V = 5\,495\,651\,m^3$; 137 392 Güterwagen; 1717,4 km lang
b) 176,5 m

5

$G = a \cdot h_a = 75\,cm^2$ $u = 42\,cm$
$V = G \cdot h = 900\,cm^3$ $M = u \cdot h = 504\,cm^2$
$O = 2 \cdot G + M = 654\,cm^2$

6

$V_Z = 366,7\,cm^3$; $V_Q = 56,2\,cm^3$; $V = 310,5\,cm^3$;
$O = 2\pi rh + 2\pi r^2 - 2ab + 2ah + 2bh = 388,6\,cm^2$

Rückspiegel, Seite 169, links

1

a) $f_{(x)} = 2,5\,x$

x	−3	−2	−1	0	1	2	3
y	−7,5	−5	−2,5	0	2,5	5	7,5

b) $f_{(x)} = -2\,x - 1$

x	−3	−2	−1	0	1	2	3
y	5	3	1	−1	−3	−5	−7

c) $f_{(x)} = 0,4\,x + 1,5$

x	−3	−2	−1	0	1	2	3
y	0,3	0,7	1,1	1,5	1,9	2,3	2,7

d) $f_{(x)} = -\frac{3}{5}x + 0,8$

x	−3	−2	−1	0	1	2	3
y	2,6	2	1,4	0,8	0,2	−0,4	−1

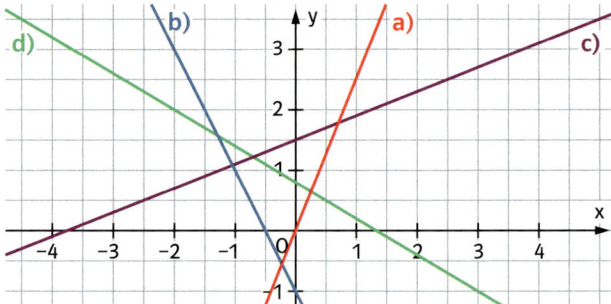

2

a) $y = -\frac{2}{3}x - 4$ linear, Steigung $-\frac{2}{3}$ und y-Achsenabschnitt −4
b) $y = 3\,x$ proportional, Gerade geht durch den Ursprung
c) $y = 2$ linear, Steigung 0, y-Achsenabschnitt 2
d) $y = x^2 - 5\,x$ weder linear noch proportional Schaubild ist keine Gerade

3

$g_1:\ y = \frac{1}{2}x + 2$ $g_2:\ y = \frac{3}{2}x - 1,5$
$g_3:\ y = -\frac{3}{4}x + 0,5$ $g_4:\ y = -\frac{2}{5}x - 0,5$

4

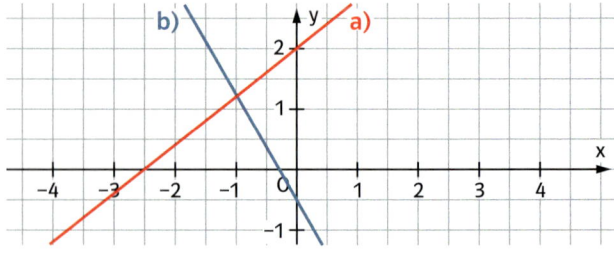

5

a) $P(2|1,5)$ b) $V(-2|4)$ c) $S(2|0,5)$
    $Q(4|3)$ $W(-1,5|3)$ $T(5|1,25)$

6

z.B. $y = -2x + 3$

7

a) $4\,m$
b) $y = 0,4x + 2$
c) Schaubild, nach ungefähr 20 Tagen

Rückspiegel Seite 169, rechts

1

a)

x	-3	-2	-1	0	1	2	3
y	4,5	3	1,5	0	-1,5	-3	-4,5

b)

x	-3	-2	-1	0	1	2	3
y	0,5	$-\frac{1}{6}$	$-\frac{5}{6}$	-1,5	$-\frac{13}{6}$	$-\frac{17}{6}$	$-\frac{21}{6}$

c)

x	-3	-2	-1	0	1	2	3
y	6,5	1,5	-1,5	-2,5	-1,5	1,5	6,5

d)

x	-3	-2	-1	0	1	2	3
y	5,5	5	4,5	4	3,5	3	2,5

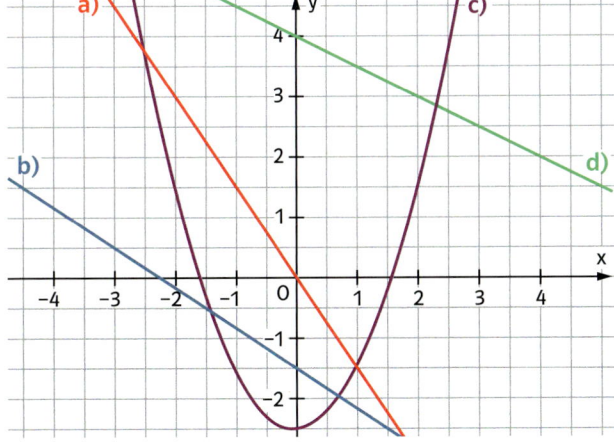

2

$y = 2,5x + 1$

3

g_1: $y = \frac{2}{7}x - \frac{5}{2}$ g_2: $y = \frac{5}{3}x + \frac{3}{2}$

g_3: $y = -2x + 2$ g_4: $y = -\frac{5}{6}x - \frac{1}{2}$

4

$y = -1,5x + 2$

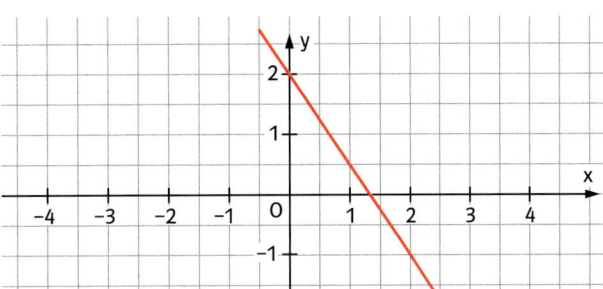

5

a) $y = x + 1$ b) $y = -x + 3$ c) $y = \frac{1}{2}x - 2$

6

a) $y = 15 + 25x$
x ist die Anzahl der Stunden, y die Wasserhöhe in cm.
b) 15 cm Wasserhöhe sind 12,5 %
    120 cm Wasserhöhe sind 100 %
Nach 4,2 h oder 4 h 12 min ist diese Höhe erreicht.

Lösungen des Sammelpunktes

1
a) $(3x - 2)^2 = 9x^2 - 12x + 4$
b) $(7x - 3y)^2 = 49x^2 - 42xy + 9y^2$
c) $(4x + 6y)^2 = 16x^2 + 48xy + 36y^2$
   $(3x + 8y)^2 = 9x^2 + 48xy + 64y^2$
   $(2x + 12y)^2 = 4x^2 + 48xy + 144y^2$

2
a) (B)
b) $(3 - 2y)(1 + y) = 3 + y - 2y^2$
c) $(5a - 7b)^2 = 25a^2 - 70ab + 49b^2$
   oder $(5a + 7b)^2 = 25a^2 + 70ab + 49b^2$

3
a) (C)
b) Anna und Sofie
c) A und C

4
a) $84xy + 72y^2$
b) $5x(7 - 2y) = 35x - 10xy$
c) Ja, Petra hat Recht. Es bleibt nach der Vereinfachung der Term $4xy$ übrig, d.h. das Ergebnis ist durch 4 teilbar.
Termansatz: $(x + y)^2 - (x - y)^2$

5
a) $121x^2 - 66xy + 9y^2 = (11x - 3y)^2$
b) $50s^2 - 140st + 98t^2 = 2(5s - 7t)^2$
c) Termansatz: $x^2 - (x + 1)^2 + (x + 2)^2 - (x + 3)^2 = -4x - 6$
$= 2(-2x - 3)$
Das Ergebnis ist also durch 2 teilbar und somit gerade.

6
a) Die Zahlen heißen 16; 17 und 18.
b) $x + (x - 1) + (x - 2)$
c) Die drei Zahlen heißen 33; 34; 35.
Der Term $x + (x + 1) + (x + 2)$ ergibt umgeformt den Term $3x + 3$. Dieser Term ist durch 3 teilbar.
Die Summe 100 ist nicht durch 3 teilbar.

7
a) z.B. $4x + 3y$
b) z.B. $3x - 3y$
c) z.B. $x = 1$ und $y = -1$; $x = 5$ und $y = 1$;
$x = -1$ und $y = -2$

8
a) $O = 2a^2 + 4ah$
   $O = 2 \cdot 8^2 + 4 \cdot 8 \cdot 15$
   $O = 608\,cm^2$
b) $h = \frac{O - 2a^2}{4a}$
c) $V = 1{,}5a^3$; $O = 8a^2$

9
a) $\delta = 135°$; $\beta = 40°$
b) $\delta = 125°$; $\beta = 70°$
c) $\gamma = 45°$; $\varepsilon = 80°$

10
a) $\gamma = 42°$
b) $\alpha = 50°$
c) $\gamma = 70°$

11
a) $A = 44{,}2\,cm^2$
b) $A = 77{,}4\,cm^2$
c) A, C, D, E

12
a) (3)
b) (B)
c) 1C; $V = a^2(a + 2) = a^3 + 2a^2$
   2A; $V = a(a + 1)(a + 2) = (a^2 + a)(a + 2)$
       $= a^3 + 2a^2 + a^2 + 2a = a^3 + 3a^2 + 2a$
   3B; $V = (a - 1)(a + 1)\,2a = (a^2 - 1)\,2a = 2a^3 - 2a$

13
a)
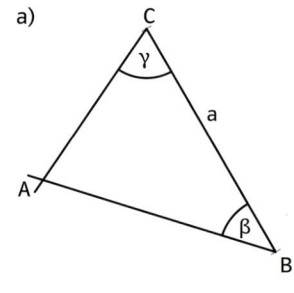
b)
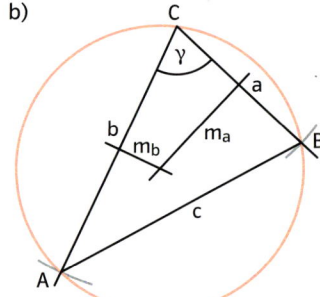
c)
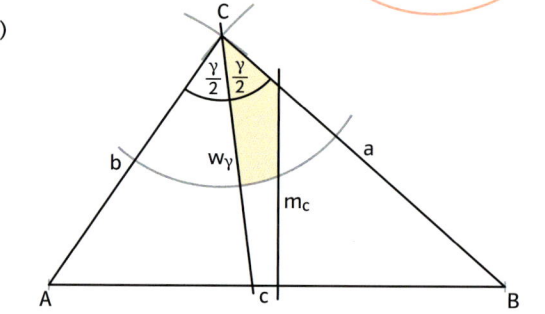

14
a) $\alpha = 32°$; $\beta = 21°$; $\gamma = 126°$
b) Es sind zu viele Angaben.
c) Die Seiten a und b sind zusammen kürzer als c.

15

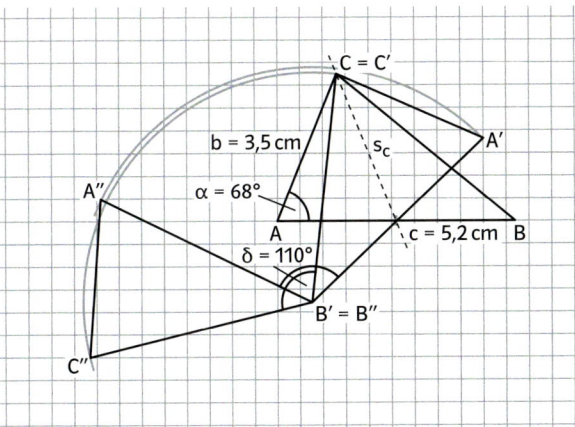

16

a) Achsenspiegelung

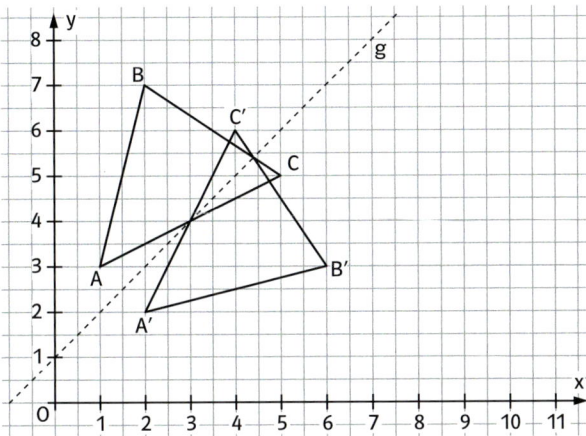

Verschiebung:

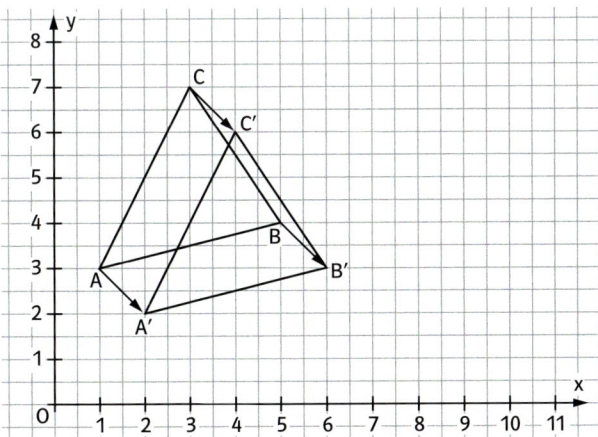

b), c) Jeder Punkt auf der Geraden g aus a) ist ein möglicher Drehpunkt.

17

a) Verschiebung (2 nach rechts, 1 hoch)

b) Punktspiegelung an Z (4|4)

c) Drehung um P (2|2,5) und $\alpha = 90°$

18

a) Der Schnittpunkt der Mittelsenkrechten von $\overline{AA'}$ und $\overline{BB'}$ ist der Drehpunkt.

b) $\alpha = 135°$

c) Die Geraden verlaufen durch den Schnittpunkt und schneiden sich in einem Winkel von $\alpha = 67,5°$.

19

a) und b)

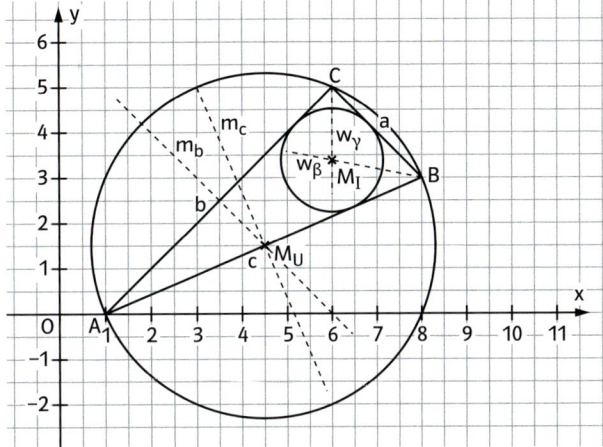

c) Parallelogramm: D(14|8); D(0|2); D(4|−2)
Drachen: D(12|10); D(5|7); wenn c die Symmetrieachse ist, liegt der vierte Punkt ungefähr bei D(9|0,3).

20

a)

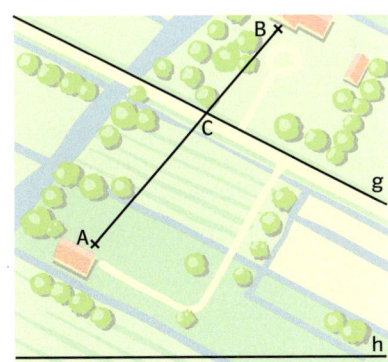

b) Wählt man einen Punkt P auf der Geraden g, so erhält man die Dreiecke APC und BPC. Beide Dreiecke sind rechtwinklig mit rechtem Winkel bei C.
Die Strecken AP und PB, die C gegenüber liegen, sind also jeweils die Hypotenusen der Dreiecke und damit die längsten Seiten.

Also ist AC kürzer als AP und BC kürzer als BP.

Daher ist auch die Strecke AB, die die „Summe" der Strecken AC und CB ist, kürzer als der Streckenzug APB, der die „Summe" der Strecken AP und PB ist.

c)

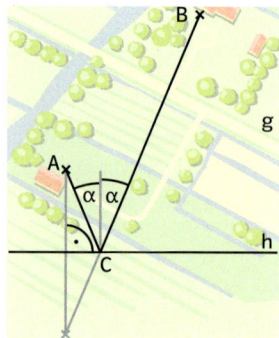

21

a) A 2; Behälter hat überall den selben Querschnitt, füllt sich also gleichmäßig; geringes Volumen; Wasser steigt schnell

B 1; Behälter füllt sich erst langsam, dann schneller, da der Querschnitt kleiner wird; weiter oben gleichmäßig

C 4; Behälter füllt sich erst langsam, dann immer schneller; gleichmäßige Verengung nach oben hin

D 3 Behälter überall den selben Querschnitt, füllt sich gleichmäßig; großes Volumen; Wasser steigt langsam

b)

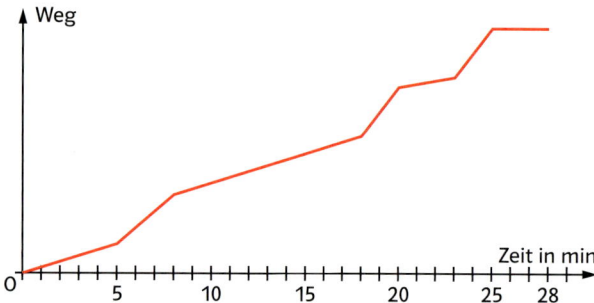

c) Es gibt keine waagrechten Abschnitte im Schaubild und die ansteigenden Abschnitte sind vertauscht: der flache gehört zum größten Würfel, der steile zum kleinsten.

22

a) g: $y = x - 2$ h: $y = -x - 0{,}5$ i: $y = 0{,}5x + 3$

b) keine

c) $y = 0{,}5x - 3{,}5$

23

a) ja, $y = -x + 4$ und $-48 = -52 + 4$

b) h: $y = x - 2$

c) 9 Flächeneinheiten

24

a) g D; h E; i C; j F

b) $y = x - 4$; $y = \frac{1}{2}x - \frac{1}{2}$; $y = 2x - 11$; $y = -x + 10$

c) Die Steigung muss größer als $\frac{3}{4}$ sein.

25

a)

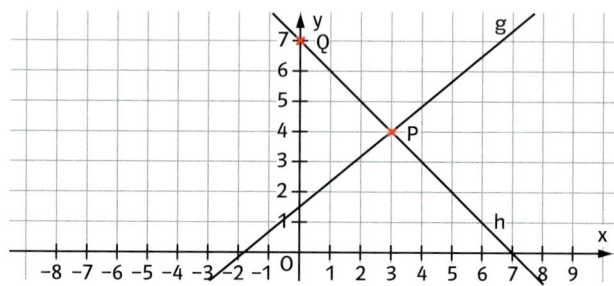

b) g: $y = \frac{2}{3}x + 2$ h: $y = -x + 7$

c) g: $S_1(-3\,|\,0)$; $S_2(0\,|\,2)$ h: $S_1(7\,|\,0)$; $S_2(0\,|\,7)$

26

a) Gerade durch $(0\,|-1)$ und $(1\,|\,1)$

$y = 2x - 1$

b) Nein.

1. Tabelle: $y = \frac{1}{2}x + 5$ 2. Tabelle: $y = \frac{1}{2}x - 5$

c) $y = 2x + 4$, geht somit nicht durch den IV. Quadranten.

z. B. $y = 2x - 3$

27

a) Zeichnung von $\overline{AB}$

Der Punkt $P(3\,|\,2{,}5)$ halbiert die Strecke $\overline{AB}$.

Die Gerade g hat die Gleichung $y = -\frac{1}{3}x + 3{,}5$.

b) Der Flächeninhalt des Dreiecks ist $A = \frac{10{,}5 \cdot 3{,}5}{2}$ FE, also 18,375 FE.

c) z. B. die Gerade h mit $y = 3x - 5$

28

a) Der Drachen wird durch die Geraden g_1 mit $y = -\frac{5}{4}x + 2{,}5$,

g_2 mit $y = \frac{5}{4}x + 2{,}5$, g_3 mit $y = \frac{1}{2}x - 1$ und g_4 mit $y = \frac{1}{2}x - 1$ begrenzt.

b) Die Gerade mit $y = \frac{1}{3}x$ verläuft flacher als die Winkelhalbierende $y = x$.

Die Gerade mit $y = 3x$ verläuft steiler als die Winkelhalbierende $y = x$.

Beide Geraden gehen durch den Ursprung und haben eine positive Steigung.

c) Wählt man bei der Geraden h beispielsweise die Steigung $m = 1$, dann schneiden sich die Geraden im II. Quadranten im Punkt $P(-1{,}5\,|\,0{,}5)$.

29

a) 120 Minuten

b) Die zylinderförmigen Kerzen sind dann gleich dick.

c) Die 24 cm lange Kerze brennt insgesamt 6 Stunden, die 12 cm lange Kerze brennt insgesamt 7,5 Stunden.

30

a) $\mathbb{L} = \{x \in \mathbb{N} \mid x > 1\} = \{2; 3; 4; \dots\}$

$\mathbb{L} = \{x \in \mathbb{Q} \mid x > 1\}$

b) $\mathbb{L} = \{x \in \mathbb{N} \mid x > -\frac{7}{6}\} = \mathbb{N}$

$\mathbb{L} = \{x \in \mathbb{Q} \mid x > -\frac{7}{6}\}$

c) $\mathbb{L} = \{x \in \mathbb{N} \mid x < -\frac{6}{11}\} = \{\}$

$\mathbb{L} = \{x \in \mathbb{Q} \mid x < -\frac{6}{11}\}$

31

a) Er muss zwei Fahrten durchführen.

b) Er muss eine zusätzliche Fahrt unternehmen.

c) Gleichmäßige Verteilung; 11 Pakete, 11 Pakete, 10 Pakete

32

a) 500 Brezeln

b) 544 Brezeln

c) Mit der Standgebühr von 10 € müssen nun täglich 430 Brezeln verkauft werden.

33

a) 242,8 m²

b) 279,2 m²

c) Fläche Mosaikfliesen: A = 6,86 m²

Fläche Bodenfliesen: A = 235,94 m².

Hinzu kommen jeweils 15 % für Verschnitt und Bruch.

Die gesamten Kosten: 12 722 €.

34

a) 46,4 m²

b) 168 Steine

c) Bruttokosten: 3669 €

35

a) 2,07 m

b) 55 556 Umdrehungen

c) 18 519 Pedalumdrehungen

36

a) A = 1,54 m²

b) 4,4 m

c) Verschnitt: 31,25 %

37

a) d = 1,53 m

b) Kosten: 247,50 €

c) Mehrkosten: 89,40 €

38

a) ca. 40 000 km

b) v = 1667 km/h

c) v = 11 040 km/h

39

b) m = 28 kg

c) m = 32,7 kg

40

a) Minutenzeiger: 44,7 cm/min, 26,8 m/h

Stundezeiger: 2,4 cm/min, 1,44 m/h

b) Minutenzeiger: 234,8 km pro Jahr

Stundenzeiger: 6,3 km pro Jahr

c) v = 26,8 m/h, ca. 13 mal schneller als eine Schnecke

41

a) ja, der Umfang der Reifen nimmt ab.

b) Der Umfang nimmt um 1,8 % ab.

c) Die Differenz beträgt 462 Umdrehungen.

42

a) Boris isst eine halbe Pizza mehr als Ingo (50 %)

b) Die große Pizza kostet 0,713 ct/cm²

c) 6 mittlere Pizzen

43

a) 10,05 m

b) ja, äußerer Reifen hat eine höhere Geschwindigkeit.

c) Wie groß ist die Durchschnittsgeschwindigkeit des inneren Reifens? Um wie viel Prozent ist die Geschwindigkeit des äußeren Reifens größer?

44

a) V = 3250 cm³

b) O = 448 cm²

c) An jeder Ecke entstehen drei neue Quadratflächen, die mit den vorherigen Außenflächen übereinstimmen. Daher ändert sich beim Abschneiden von Außenecken die Oberflächengröße nicht.

45

a) Es werden 7 Teilwürfel entnommen.

Das Volumen beträgt somit 1280 cm³.

b) Durch die Ausschachtung wird die Oberfläche vergrößert.

Sie besteht aus 72 Teilquadraten (20 Würfel, 8 davon haben 3 freie Flächen, 12 haben 4 freie Flächen).

O = 1152 cm²

c) Die Oberfläche hat um 33,$\overline{3}$ % zugenommen.

46

a) V = 17 408 cm³

b) Das Abschneiden von Eckwürfeln ändert die Oberfläche nicht.

O = 4224 cm²

c) Der ursprüngliche Quader hat 66 Oberflächenquadrate. Damit die Oberfläche um mindestens 10 % zunimmt, müssen mindestens 7 Teilquadrate hinzukommen. Beim Herausbrechen eines Teilwürfels entstehen 2 zusätzliche Teilquadratflächen.

Dies gilt allerdings nur für Teilwürfel, die an den Kanten aber nicht an den Ecken liegen. Es müssen also 4 solcher Teilwürfel herausgebrochen werden.

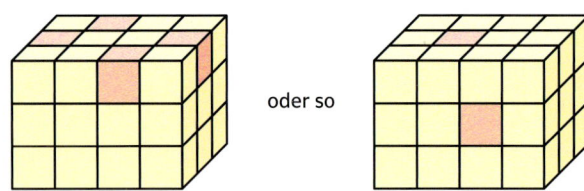

oder so

47

a)

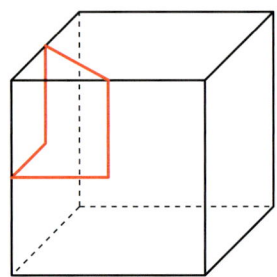

b) Es entstehen ein Rechteck und ein Dreieck.

Das Rechteck ist kein Quadrat. Die Seiten sind paarweise verschieden lang.

c) Das Volumen des kleinen Körpers verhält sich zum gesamten Würfelvolumen wie 1:16.

Das Volumenverhältnis der Teilkörper ist 1:15.

48

a) 50 cm　　　　　　　　b) 75 cm

c) $\frac{2}{3}$ des Gesamtvolumens sind mit Wasser gefüllt.

Wenn der Körper auf der Vorderfläche liegt, füllt das Wasser erneut zwei Drittel der Körperhöhe.

Also steht das Wasser 20 cm hoch. Rechnerische Lösung ebenso möglich.

49

a) Die Prismen mit der parallelogrammförmigen und der rechteckigen Grundfläche sind gleich hoch.

b) Das parallelogrammförmige Prisma ist ebenfalls 12 cm hoch.

Das Dreiecksprisma ist doppelt so hoch, also 24 cm.

Das trapezförmige Prisma ist 8 cm hoch.

c) Die Höhen verhalten sich wie 3:6:3:2.

50

a)

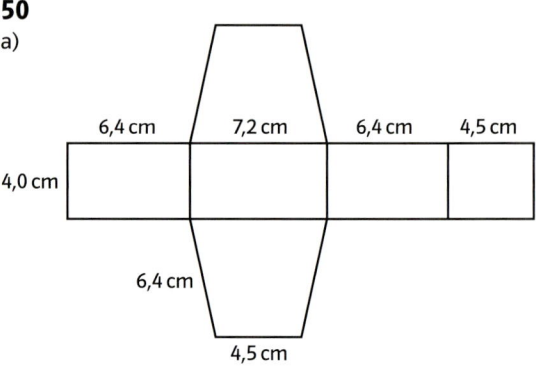

b) Die Höhe der Trapezfläche kann durch Abmessen bestimmt werden: h_t = 6,3 cm.

Damit gilt für die Oberfläche: O = 171,7 cm².

c)

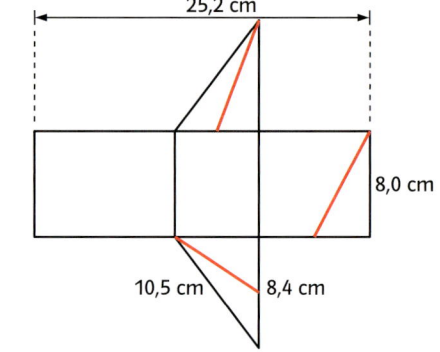

Der Streckenzug hat eine Länge von ungefähr 25,6 cm.

51

a) Die Körperhöhe beträgt 12,2 cm.

b) O = 591,36 cm²

c) h_t = 7,5 cm

52
a) Es gibt fünf Möglichkeiten. Alle entstehenden Körper sind Prismen.
b) Die Oberfläche eines einzelnen Prismas misst: $O = 510\,cm^2$
Die zusammengesetzten Körper haben folgende Oberflächengrößen: $930\,cm^2$; $684\,cm^2$; $810\,cm^2$; $936\,cm^2$.
c) Das große Mantelrechteck ist jetzt ein Quadrat.
Es gibt also eine weitere Möglichkeit der Zusammensetzung:
Das Quadrat A'B'F'E' wird dabei um 90° gedreht.
Der Körper ist dann allerdings kein Prisma.

53
a) 753,98 l
b) 527,79 l
c) $h = 1,03\,m$

54
a) $V = 1058,3\,m^3$
b) $V = 636,2\,m^3$
c) $m = 2186\,kg$

55
a) Verlust: $1098,8\,cm^3$
b) Verlust: 21,5 %
c) Bedarf 760 g, eine Dose ist ausreichend.

56
a) $V = 754\,m^3$
b) $V = 10886\,m^3$ Beton
c) Einsparung: 66 430 €

57
a) $V = 3681,55\,m^3$
b) $m = 736,3\,t$
c) $h = 11,54\,m$

58
a) $V = 7068,58\,cm^3$
b) $O = 2199\,cm^2$
c) Nein

59
a) $V = 421,14\,ml$
b) Ja, $V = 369\,cm^2$
c) $d = 10,47\,cm$

60
a) $V = 0,78\,l$
b) $t = 6$ Minuten 56 Sekunden
c) Innendurchmesser: $d = 47,6\,cm$

61
a) $V = 169\,646\,l$ Abwasser
b) $V = 117,1\,m^3$ Beton
c) 15 Fahrten; pro Fahrt 32 Rohre

62
a) Der Mantel kostete ursprünglich 240 €.
b) Die Antikvase hatte zuvor einen Wert von 1350 €.
c) 26,25 %

63
a) 93,20 €   b) Ursprünglicher Preis: 110 €
c) 12,5 %

64
a) 20 %   b) Die Schokoladentafel wog vorher 300 g.
c) 635,29 €

65
a) Das bisherige Paket dürfte 4,0 kg schwer gewesen sein.
b) Wäre der Preis proportional angehoben worden, hätte das neue 4,5-kg-Sparpaket nur 16,86 € kosten dürfen.
Es ist somit kein Sparpaket.
c) Die Ware kostet dann noch 53,3 % des ursprünglichen Preises, also noch mehr als die Hälfte.

66
a) Für die Jugendlichen (25 %), Erwachsene (21,2 %)
b) 48 €   c) 15,4 %

67
a) 474,33 €   b) 150 €
c) Der neue Preis beträgt noch 25 % des ursprünglichen Preises.
Folgende Aussagen sind deshalb richtig:
(1) Es kostet jetzt weniger als 30 % des ursprünglichen Preises.
(2) Der Preisnachlass beträgt drei Viertel des anfänglichen Preises.

68
a) $K = 2500$ €
b) Marie bekommt nach 1 Jahr und 9 Monaten 5337,92 € ausbezahlt.
c) Die Spareinlage beträgt 7500 €.

69
a) Es fallen 8,85 € Zinsen an.
b) Gesamtkosten über Möbelhaus Gigant: 18 500 €
Gesamtkosten über Stadtsparkasse: 18 403,75 €
c) ab 6666,67 €

70

a) In beiden Fällen beträgt der Zinssatz 8%.
Die Frage ist, für wie lange sie das Geld leihen muss.
b) Bank C bietet einen Zinssatz von 7,5% und ist dann am günstigsten, wenn sie das Geld auch für das gesamte Jahr braucht.
c) Zinsen für Sparguthaben: 67,50 €
Jahreszinsen bei den Banken A und B: 1200 €
Jahreszinsen bei Bank C: 1125 €
Ersparnis bei Bank A und B: 172,50 €
Ersparnis bei Bank C: 247,50 €

71

a) Kreuz: $P(E) = \frac{1}{8}$, Rot: $P(E) = \frac{1}{2}$,
König: $P(E) = \frac{1}{8}$, Zahl: $P(E) = \frac{5}{8}$
b) Zahl
c) $P(E) = \frac{3}{16}$ (rotes Bild),
$P(E) = \frac{1}{16}$ (schwarzer Bauer)

72

a) 2 mal 6, 4 mal 1

b) E = 0 (andere Zahlen), E = 1 (1 oder 6)

c) Ikosaeder mit drei Flächen, auf denen eine 6 steht.

73

a) Nein. Wahrscheinlichkeiten müssten gleich sein.

b) Jan: $P(E) = \frac{1}{4}$; Tim: $P(E) = \frac{1}{2}$; Laura: $P(E) = \frac{1}{4}$

c) Alle würfeln mit zwei Würfeln:
Jan gewinnt, wenn beide Würfel die gleiche Zahl aufweisen.
Tim gewinnt, wenn beide Würfel eine gerade Zahl aufweisen.
Laura gewinnt, wenn mindestens ein Würfel eine 5 aufweist.
$P(E) = \frac{6}{21}$

74

a) Der Arbeiter passt in der Höhe ungefähr 5-mal in das Auge. Wenn man annimmt, dass der Arbeiter 1,80 m groß ist, hat das gesamte Plakat eine Länge von ca. 15 m und eine Höhe von ca. 12 m. Der Flächeninhalt beträgt somit ungefähr 180 m².
b) Es wären ungefähr 66 700 Einzelfotos notwendig.
c) Das Auge hat auf dem Werbeplakat ungefähr die Höhe von 9 m. Das Auge eines Menschen ist ungefähr 2 cm hoch. Das ist bei einer Körpergröße von 1,80 m der 90. Teil. Also wäre der „Plakatmensch" 90·9 m = 810 m groß.

75

a) Die Länge des Unterarms entspricht etwa der Länge des kleinen Zehs. Der kleine Zeh passt ungefähr 10-mal in die gesamte Fußlänge. Rechnet man mit 50 cm Unterarmlänge, dann wäre der Fuß somit ungefähr 5 m lang und etwa 1,80 m breit.
b) Ungefähr 15 bis 18 Fußballschuhe.
c) Die Fußlänge misst etwa ein Sechstel der Körpergröße. Der komplett in Bronze gegossene Uwe Seeler wäre dann 30 m hoch.

Register

Mathematische Symbole

=	gleich
<	kleiner als
>	größer als
$\mathbb{N}$	Menge der natürlichen Zahlen
$\mathbb{Z}$	Menge der ganzen Zahlen
$\mathbb{Q}$	Menge der rationalen Zahlen
$g \perp h$	die Geraden g und h sind zueinander senkrecht
∟	rechter Winkel
$g \parallel h$	die Geraden g und h sind zueinander parallel
g, h, …	Buchstaben für Geraden
A, B, … , P, Q, …	Buchstaben für Punkte
α, β, γ, δ, …	griechische Buchstaben für Winkel
$\overline{AB}$	Strecke mit den Endpunkten A und B
$\vec{a}$	Verschiebungspfeil
A(−2|4)	Punkt im Koordinatensystem mit dem x-Wert −2 und y-Wert 4

Maßeinheiten und Umrechnungen

Zeiteinheiten

Jahr		Tag		Stunde		Minute		Sekunde
1 a	=	365 d						
		1 d	=	24 h				
				1 h	=	60 min		
						1 min	=	60 s

Gewichtseinheiten

Tonne		Kilogramm		Gramm		Milligramm
1 t	=	1000 kg				
		1 kg	=	1000 g		
				1 g	=	1000 mg

Längeneinheiten

Kilometer		Meter		Dezimeter		Zentimeter		Millimeter
1 km	=	1000 m						
		1 m	=	10 dm				
				1 dm	=	10 cm		
						1 cm	=	10 mm

Flächeneinheiten

Quadrat-kilometer		Hektar		Ar		Quadrat-meter		Quadrat-dezimeter		Quadrat-zentimeter		Quadrat-millimeter
1 km^2	=	100 ha										
		1 ha	=	100 a								
				1 a	=	100 m^2						
						1 m^2	=	100 dm^2				
								1 dm^2	=	100 cm^2		
										1 cm^2	=	100 mm^2

Raumeinheiten

Kubikmeter		Kubikdezimeter		Kubikzentimeter		Kubikmillimeter
1 m^3	=	1000 dm^3				
		1 dm^3	=	1000 cm^3		
		1 l	=	1000 ml		
				1 cm^3	=	1000 mm^3